高等教育"双一流"工程图学类课程教材

阴影与透视学

Yinying yu Toushixue

第二版

王子茹　何援军　邱　冰　张　帆　编著

高等教育出版社·北京

内容提要

　　本书是在 2004 年高等教育出版社出版的黄红武、王子茹等编著《现代阴影透视学》的基础上修订而成的，主要内容包括阴影（基础知识）、正投影图上的阴影、轴测图上的阴影、透视投影基础、建筑物的透视图、曲面体的透视图、倾斜画面透视图、透视图的阴影及倒影和虚像以及透视图的计算机生成、阴影的计算机生成等内容。知识体系完整、内容全面、插图精致是本书的特色。

　　与本书配套的王子茹、何援军、邱冰、张帆编著《阴影与透视学习题集》（第二版）由高等教育出版社同时出版，可供选用。

　　本书可作为高等学校建筑、土木类各专业及工业设计等专业的教材和教学参考书，也可作为从事产品设计和广告设计的工程技术人员的参考书。

图书在版编目（CIP）数据

阴影与透视学/王子茹等编著.--2版.--北京：高等教育出版社，2019.10

ISBN 978-7-04-052835-0

Ⅰ. ①阴… Ⅱ. ①王… Ⅲ. ①建筑制图-透视投影-高等学校-教材 Ⅳ. ①TU204.2

中国版本图书馆 CIP 数据核字（2019）第 217050 号

策划编辑	李文婷	责任编辑	李文婷	封面设计	王 鹏	版式设计	童 丹
插图绘制	于 博	责任校对	高 歌	责任印制	刘思涵		

出版发行	高等教育出版社	网　　址	http://www.hep.edu.cn
社　　址	北京市西城区德外大街 4 号		http://www.hep.com.cn
邮政编码	100120	网上订购	http://www.hepmall.com.cn
印　　刷	河北鹏盛贤印刷有限公司		http://www.hepmall.com
开　　本	787mm×1092mm 1/16		http://www.hepmall.cn
印　　张	13	版　　次	2004 年 8 月第 1 版
字　　数	310 千字		2019 年 10 月第 2 版
购书热线	010-58581118	印　　次	2019 年 10 月第 1 次印刷
咨询电话	400-810-0598	定　　价	26.80 元

本书如有缺页、倒页、脱页等质量问题，请到所购图书销售部门联系调换
版权所有　侵权必究
物　料　号　52835-00

第二版前言

本书自第一版出版以来,被很多院校使用。现根据《普通高等学校工程图学课程教学基本要求》(2015版)对本书作了修订。为了更科学,将原书名《现代阴影透视学》更名为《阴影与透视学》。与本书配套的《现代阴影透视学习题集》也同步更名为《阴影与透视学习题集》,并同时作了修订。

本次修订的主导思想是在保证书的框架结构更合理的基础上增加了一些原理性的叙述,既知怎么画,也知为何这样画。在实践内容上也有一些增加,例如在透视投影部分增加了距点法、网格法画建筑物组团总平面图、鸟瞰图的内容;在对点、直线透视投影概念的阐述中,增加了一些直观图,展示透视投影空间体系与正投影体系的关系与转换,使初学者更易理解和掌握透视作图的原理与过程,并在例题中采用了一些建筑物为实例。

在利用计算机绘制透视图和阴影图方面,补写了第9章 几何变换(含透视变换)和第10章 阴影绘制计算化。它与前面几章基于画法几何的投影理论的手工作图方法不同,这是基于解析计算的作图方法,是阴影绘制与透视变换的计算化实现。第二版中删除了第一版的第6、7章以及第8章计算机动画制作内容。

修订后全书框架结构更清晰,顺序安排更合理,文字表达更准确、更流畅,知识体系更完整,内容更丰富,另外使本书插图精致的特色得到进一步加强。书中插图按红黑套印,更便于理解与读图。

与本书配套的《阴影与透视学习题集》(第二版)也作了相应的修订,主要是增加了习题量,使内容简繁、难易搭配,供教学按需选取。

本书由大连理工大学、上海交通大学、南京林业大学等校联合撰写与修订。其中,第2至第5章由大连理工大学王子茹修订,前言、第1章、第9章和第10章由上海交通大学何援军撰写,第6、7章由南京林业大学邱冰修订,第8章由南京林业大学张帆修订。

本书第一版是教育科学"十五"国家规划课题"21世纪中国高等教育人才培养体系的创新与实践"子项目"工程图学课程体系与教学内容的研究与实践"课题的研究成果。

天津大学远方教授对本书作了审阅,并提出了许多宝贵意见,在此表示衷心的感谢。

本书在编写和修订过程中,得到了大连理工大学睦庆曦教授的指导和帮助。选用本书第一版的教师们也提出了宝贵的意见与建议。本书还参考了一些专家的著作和论文。在此一并表示谢意!

因作者水平所限,书中的不当之处在所难免,诚望读者批评指正。

王子茹
2018年12月

第二部分

第一版前言

本书是教育科学"十五"国家规划课题"21世纪中国高等教育人才培养体系的创新与实践"子项目"工程图学课程体系与教学内容的研究与实践"课题的研究成果。

透视图加绘阴影及色彩渲染,以其逼真的形象表达,不仅能直观地显现项目实现时的情景,具有很好的工程实用价值,而且使人赏心悦目,满足人们的审美需求,因此,建筑学、城市设计、园林景观设计、装修设计、工业设计等专业均把"阴影透视"作为必修课程。

计算机图形学进入工程图领域,不仅绘图的速度、质量是传统的手工绘图无法比拟的,而且对极其复杂的、传统手法难以表达的图形,在"计算机动画技术"面前也迎刃而解。可以说,现代阴影透视学是一项使技术与美术、工学与美学有机结合的交叉学科。

本书是为适应信息化社会和高校教学的需要,以及建筑工程和机械工程发展的要求,在总结国内多所院校教学实践和图学研究成果的基础上编写的。主要内容包括:阴影与透视的基本理论及其作图方法,计算机生成透视与阴影图,动画技术和工程图的艺术处理等。力求达到工程图学传统与发展,继承与创新相结合,以适应不同的技术工作环境。

与本书配套的习题集,由高等教育出版社同时出版。所选的练习题均经过精心设计和试作。习题简繁、难易搭配,并有一定数量同类型题,供教学需要选取。

本书由湖南大学黄红武和大连理工大学王子茹编著。第一章至第五章由王子茹执笔,第六章至第八章由黄红武、张爱军、李蓉执笔。全书由黄红武、王子茹统稿。

本书由大连理工大学眭庆曦教授、北京理工大学董国耀教授审阅,他们提出了很多宝贵的意见和建议。在此表示衷心的感谢。

因作者水平有限,本书仍会存在诸多不当之处,诚望读者不吝指正。

编 者

2004年2月

目 录

第1章	导论	1
1.1	阴影	2
1.2	透视	5
1.3	阴影与透视的理论基础和相互关系	6
1.4	总结	7

第2章	正投影图上的阴影	8
2.1	概述	8
2.2	点的落影	9
2.3	直线的落影	11
2.4	平面图形的落影	16
2.5	平面立体的阴影	19
2.6	曲线的落影	29
2.7	曲面立体的阴影	31

第3章	轴测图上的阴影	47
3.1	概述	47
3.2	点的落影	49
3.3	直线的落影	49
3.4	平面的落影	50
3.5	平面立体的阴影	51
3.6	曲面立体的阴影	54
3.7	中心光线下的阴影	56

第4章	透视投影基础	62
4.1	透视的基本概念	62
4.2	点的透视	63
4.3	直线的透视	65
4.4	平面的透视	74

第5章	建筑物的透视图	78
5.1	建筑物常用的透视图类型	78
5.2	透视参数的设置	80
5.3	视线法绘制透视图	84
5.4	透视图的其他作法	90
5.5	建筑物的局部简捷画法	101

第6章	曲面体的透视图	109
6.1	圆平面的透视	109
6.2	圆柱的透视	112
6.3	圆锥的透视	117
6.4	球的透视	117
6.5	曲线回转面的透视	121
6.6	平螺旋面的透视	121

第7章	倾斜画面透视图	125
7.1	基本概念	125
7.2	点的透视	126
7.3	直线的透视	127
7.4	视线法绘制倾斜画面透视图	130
7.5	交点法绘制倾斜画面透视图	132

第8章	透视图的阴影及倒影和虚像	137
8.1	平行透视与成角透视中的阴影	137
8.2	倾斜画面透视图中的阴影	146
8.3	透视图中的倒影	151
8.4	透视图镜中虚像	153

第9章	几何变换	158
9.1	几何变换基础	158
9.2	计算坐标系	160
9.3	三维一般变换	164
9.4	正投影	167
9.5	轴测变换	169
9.6	透视变换	173
9.7	总结	187

第10章	阴影绘制计算化	188
10.1	阴影的定义与类型	188
10.2	基础算法	190
10.3	阴影算法	192
10.4	总结	197

| 参考文献 | | 198 |

第1章

导　　论

在建筑设计、工业设计、产品设计和广告设计以及绘画等应用中,会通过透视和加绘阴影的手段增加设计效果,使图面立体感强、层次丰富、效果生动。例如在建筑设计过程中,常常需要绘制透视图、阴影图等一些建筑物的效果图,逼真反映建筑物的外貌,展现建筑物的立面和空间造型等的艺术效果,使看图者如同身临其境。

本书介绍通过手工作图方法制作阴影图与透视图的理论与方法。阴影绘制包括正投影图阴影、轴测图阴影和透视图阴影绘制三类,透视内容包括透视变换、透视图和透视图阴影的绘制。

手工作图是一种几何作图的方法,基于画法几何的投影理论,在平面上描述建筑物的空间效果,在牢固掌握画法几何投影基础知识的基础上,进一步培养和训练学生的空间想象能力、空间思维能力和空间构思能力。在计算机高度发达的今天,掌握和运用这种徒手作图能力将更便于发挥人的即时创新意识。

最后两章,本书将介绍直接使用计算机制作阴影图和透视图的原理和方法,这部分内容更重于原理性的介绍,让读者知道用计算机绘制透视图和阴影图时,其背后发生了一些什么,而不是仅知道单击按钮或屏幕上特定对象进行绘图,如同小学生用计算器进行数学计算题。计算机作图是基于解析计算得到几何坐标的作图方法,其基础是几何描述与代数运算,一旦进入代数运算,所有的几何意义、物理意义和思维过程均被屏蔽了。

本书命名为《阴影与透视学》,绘制阴影是主线,分别讲述正投影下、轴测投影下和透视投影下阴影的绘制原理和方法。这里,正投影、轴测投影和透视投影等不同投影从以下两个方面支持阴影图的绘制:

一是给出投影图相当于给出阴影图绘制时的一个"背景图"(或称为"绘制基础")。即给出正投影图就在此正投影图上绘制阴影图,给出轴测图就在此轴测图上绘制阴影图,给出透视图就在此透视图上绘制阴影图。

二是阴影图是采用所给出投影图的同一投影方法绘制的。即给出正投影图按正投影方式绘制阴影图;给出轴测图按轴测投影方式绘制阴影图;给出透视图按透视方式绘制阴影图。

但是,手工绘制轴测图阴影和透视图阴影时,均需要正投影图支撑。

透视,在这里有双重含义,透视图与透视图绘制在建筑领域有其独立的地位,而透视图又作为透视图阴影中的背景。透视理论与方法并非传统工程图学的基础课程,因此本书强调了透视的原理与透视图绘制的基本方法,并进而扩展到透视阴影图的绘制。

现有的阴影与透视的教材和课程主要是讲述"如何绘制"的问题,而较少说明"为什么这样绘制"。本书更注重绘制原理和方法的叙述,通过一些典型案例和核心技术去阐述如何运用投影理论将三维空间的形体经投射以后,用平面作图方法去找到空间直线与平面的交点,以平面上点、线的关系去演绎三维空间中的形体。这里,求解方法是二维的,而得到的解是三维的;求解的结果是二维的,描述的对象是三维的。而且,求解工具是尺规,而非计算。

1.1 阴 影

1.1.1 阴影的作用

先看两个例子,图 1.1.1 给出的是同一座建筑物(房屋)的两个立面图,图 1.1.1a 是房屋的正面投影图,没有绘出阴影,因此单从这一个投影图是确定不了房屋门、墙、窗之间的相对关系的。而在图 1.1.1b 中,由于加绘了阴影,增加了建筑物的立体感,给人一种生动逼真的感觉,还能更明显地反映建筑物形体的凹凸深浅、明暗效果,确定门、墙及屋顶之间的位置关系。所以,在建筑方案图中,经常在立面图上加绘阴影。

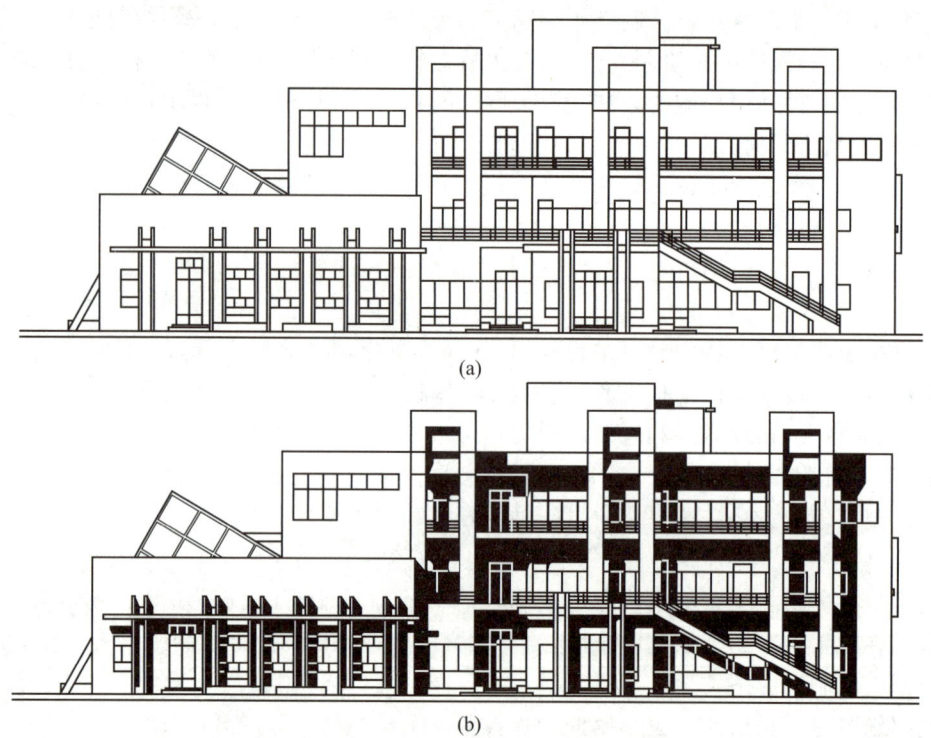

图 1.1.1 阴影的作用

加绘阴影还有更深层的原因,例如,在建筑群方案设计阶段就计算或绘制出一年中各个季节、一天中各个时辰建筑物在阳光下的影子,供计算相邻两建筑物间应相距的间隔作参考。

1.1.2 阴影的基本概念

太阳的照射下,一个建筑物的一些面是受光的,显得光亮些,一些面是背光的,显得暗些。一般建筑物是不透明的,建筑物上较前的构件会在较后构件的受光面上产生影子,在地面上也会显现整个建筑物的影子。

将建筑物抽象为"形体",形体受光的面称阳面(简称为阳),背光的面称阴面(简称为阴)。

光线被形体的阳面挡住而在某一受光平面上所产生的形体的影子称为落影(简称为影)。阴和影合称为阴影,这是一种严格的拆分。因为光是沿直线传播的,所以影可能在形体的阳面上产生,而不可能在形体的阴面上产生。

阴面与落影,两者的意义是不一样的。阴面,俗称背光面,比阳面暗一些,是形体本身在光照环境下显示出来的特性。落影,是两个形体之间的关系,是光线下其他形体(的阳面)在本形体阳面上产生的显示特性。

绘制阴面的方法基于分类法,绘制落影的方法基于制图法。因此,严格地说,有阳(阴)才有影,先决定阳(阴),再绘制影。而口头上,有时两者混叫,并不精确分辨。

下面通过一个轴测图阴影(图1.1.2),图示出阴影的一些基本概念。

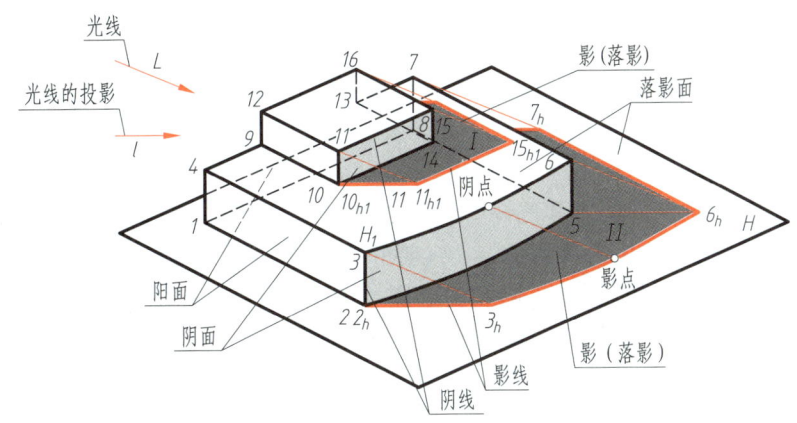

图 1.1.2　阴影的基本概念

(1) 阳面　形体上那些直接受光的面称为阳面(面1-2-3-4-1、4-3-6-7-13-14-10-9-4、1-4-9-12-16-13-7-8-1、12-11-15-16-12 和9-10-11-12-9)。

(2) 阴面(阴)　形体上那些背光的面称为阴面(简称为阴,面5-6-7-8-5、10-11-15-14-10、14-15-16-13-14 和2-1-8-5-2)。为了展示阴点和影点,设置了一个2-3-6-5-2曲面(参见后面阴点和影点的说明)。

(3) 阴线　形体上阳面和阴面的交线(边2-3、6-7、7-8、10-11、11-15、15-16、13-16 和曲边3-6)。

(4) 落影(影)　光线被形体的阳面挡住就在某一受光平面上产生了形体的影子,这个影子称为落影(简称为影)。点的落影为点,常规情况下,线的落影为线,面与体的落影为一个区域。图中所示的台阶将在下台阶(阳面4-3-6-7-13-14-10-9-4)上和地面(H)上分别产生2个落影(Ⅰ和Ⅱ两个深灰色区域)。

(5) 落影面　影所在的面称为承影面,也可称落影面。落影面可以是地面(水平面,平面H),也可以是形体的其他阳面(阳面4-3-6-7-13-14-10-9-4)。可以是平面,也可以是曲面。

(6) 影线　阴线在落影面上的影,它们构成形体落影区域的边界(图中两个深灰色落影区域的边界)。

(7) 阴影　建筑物背光的阴面(阴,浅灰色区域)与建筑物在地面上的影(落影,深灰色区域);阴和影两者一起构成阴影(所有灰色区域)。

(8) 阴点和影点　阴线和影线上的点分别称为阴点和影点,影点为阴点在落影面上的影。如果落影面是平面,直线阴线的影线也是直线(特殊情况下会退化为一点)。此时,只要求取直线段阴线的两个端点的影点,然后连接即可得到其影线。这种情况下,阴线和影线上的阴点和影点没有什么实际意义。当阴线是直线,但落影面是曲面或者直线影线落在不同落影面上时,会考虑直线段内部的阴点和影点。当阴线是曲线时,不管落影面是平面还是曲面,影线也是曲线,此时阴点和影点都会加以考虑。这些在后文将会详细叙述。

阴影绘制基于阴线端点在落影面上落影的作图,点连成影线,影线围成落影区的边界,从而形成落影区域。绘制阴影图,就是找到这个落影区的最大边界。

1.1.3　阴影的要素

通过上面的分析可以看出,产生阴影的要素是光线、形体和落影面。

1. 光线

在绘制阴影图时,光线被抽象成空间的一条条方向直线,一般分成平行光线和中心光线两种。太阳光可视为平行光线,灯光可视为中心光线。光线类型不同或是照射的方向不同,同一形体形成的阴影也不同。

在正投影图阴影、轴测图阴影和透视图阴影绘制时会采用不同定义的光线,例如在正投影图阴影绘制中的平行光线就采用一种特殊定义或特殊方向的光线,称为习用光线。在轴测图阴影绘制时也会根据轴测图(正等测、正二测和斜二测)的不同而设定相应的光线,供不同轴测图阴影绘制时参考。产生透视图阴影的光线将涉及更复杂的因素,如画面类型即画面是垂直画面还是倾斜画面等。

这些将在各章的开头讲述。

2. 形体

本书讨论的形体包括平面(物)体和曲面(物)体,常见的曲面体有圆柱、圆锥等比较规则的曲面体。

空间形体由面构成,面由线围成,线由空间两个端点决定,因此,最基本的形体元素是点和线,最基础的形体元素是点。所谓形体实际上是点、线、面按照一定的规则组合起来构造的,在同一平面上端点相连的有序线段描述一个平面,相邻连接平面围在一起构造空间形体,其中线主要是直线和圆弧,面主要是多角形与圆。最后,由上述几何形体组合成相对复杂的形体。

与数学意义上的无穷直线不同,形体上的线是有限线段,但是,为了叙述和交流的方便,本书将形体上的有限直线段也简单地称为直线,例如"直线的落影",确切地说应是指"直线段的落影",由线段的两个端点的落影连线构成。

3. 落影面

承载形体影子所在的面称承影面,也称落影面(图 1.1.2 中的平面 H 和阳面 4-3-6-7-13-14-10-9-4)。建筑物阴影绘制时的主落影面常选取地面,也就是以水平面作为落影面,常用字母 H 表示。但是,在建筑物的各构件之间也可能产生落影,所以落影面可以是任意空间平面,甚至于是曲面。

形体上的落影面只考虑阳面。一般,水平面是最常用的落影面。

1.1.4　阴影图背景

工程上常用的几种投影方法有多面正投影法、轴测投影法、透视投影法以及标高投影法。其中,正投影和轴测投影是平行投影,透视投影是中心投影。

根据上述不同的投影方法,本书讲述 3 种背景的阴影图:
- 正投影图阴影,即在形体的正投影图上加绘阴影(以正投影图作为阴影图的背景)。
- 轴测投影图阴影,即在形体的轴测投影图上加绘阴影(以轴测图作为阴影图的背景)。
- 透视投影图阴影,即在形体的透视投影图上加绘阴影(以透视图作为阴影图的背景)。

阴影的绘制也依赖于这 3 类原图的投影方式。

虽然,正投影、轴测投影这些基本的投影方法在画法几何里已经介绍过,但需要注意它们针对阴影作图的特殊要求。在讲述透视投影图阴影前,则先介绍透视图的作图方法,因为一般的画法几何不讨论透视投影理论和方法。

1.1.5 阴影作图要点

为了使整个阴影作图有一个宏观的概念,本节列出一些阴影作图的基本要点。开始可能较难理解这些内容,但是,一直在这个整体思想的指导下,就能对整个作图思想和作图过程有个掌控。

1. 绘制点的落影

点落影的绘制是绘制线、面、体落影的基础。

在三维空间中,点在投影面上的影是通过该点的光线与投影面的交点。手工绘制阴影是经过投影降维后在二维平面上进行的,这个交点的求取就转化成如下操作:根据投影原理,设法在给定的投影面上找到与该点有关的两条投影线(依赖于光线),它们的交点就是点在该投影面上的落影。三种阴影图的绘制都是如何去寻求这样的两条线,作出它们的交点,从而得到点的落影。例如,在正投影图阴影中采用的"过空间点的光线,过该点投影点的光线次投影线",在轴测投影图阴影中采用的"过空间点的光线,过该点投影点的光线次投影线"和在透视图阴影中采用的"过空间点透视的光线,过基透视的基投影光线"都是寻求的这两条线的典型例子,它们的交点就是点的落影。

2. 绘制直线的落影

一般情况下只需求出该线段的两端点在该投影面上的影,然后相连即可。在双投影面中,当一直线段的两个端点分别落在两个投影面上时,例如 H 面和 V 面,这时,应遵循直线段两端点在同一投影面上的影才能相连的原则,利用虚影找出折影点,求取相关投影面上的影。

这个过程很像日常生活中的一个例子:一个人靠近一墙面站立,在太阳照射下,人在地面和墙面上都有影子,而在墙与地面的交线处,人影被"分折"成两部分。

3. 绘制立体的阴影

在一般情况下先读懂已知的(背景)投影图,弄清形体的几何形状,在此基础上根据光线照射的方向判别出形体上哪些是阳面,哪些是阴面,由此确定该形体的阴线,最后作出这些阴线的影线,所有影线围成的区域就是形体的影子。

在双投影面中,在绘制立体的影时也有折影问题,要根据实际情况找出其折影点。

1.2 透 视

透视,出自绘画理论术语,即通过一块透明的平面去看景物,在平面上所见的景物的画面就是该景物的透视图。将这个现象抽象,就是把视点固定为一点,将观测者的视点与空间形体轮廓的各个点相连,形成一系列视线与画面的交点,在平面上按照空间形体的构造用线条来显示形体的空间位置、轮廓,这种描绘方式可较好地显现出空间形体之间的远近和层次关系。

透视,有透视变换、透视投影两个概念,前者是同维变换,后者是降维变换。本书将讲述透视图与透视阴影图的绘制方法。

1.2.1 透视变换

透视变换是三维空间变换,透视变换过程中,空间3个坐标均参与变换。透视变换前和透视变换后,原形体和变换后的形体都是三维形体。

在本书的"第9章 几何变换"中,将会证明"对于一个空间形体,一定存在另一个空间形体,使前者在画面上的透视投影与后者的平行投影是一样的,且保留了深度方向的对应关系。"这个性质可使复杂的透视投影转化成相对简单的平行投影,从而使图形处理大为简化。

1.2.2 透视投影

与透视变换不同,透视投影是三维到二维的降维变换。透视投影图是形体在画面上产生的图形。原形体是三维的,而投影图是平面图形,即是形→图的降维过程。透视投影的结果是产生了透视图与透视阴影图,它们都是平面图形。

透视的一个关键要素是"灭点"的概念。与画面不平行的空间直线的无限远点在画面上的透视点称为灭点,一组平行的直线有同一个灭点。"一组平行的直线",主要关注的是与形体的参考坐标系的坐标平面平行的那三组平行线。形体经过旋转以后,这三组平行线有一组与相应的坐标平面相交,就构成一灭点透视图(平行透视),有两组与相应的坐标平面相交,就构成二灭点透视图(成角透视),有三组与相应的坐标平面相交,就构成三灭点透视图(三灭点透视)。

灭点产生的原因是直线与画面不平行,即有交点,因此,可通过旋转空间形体(或人绕建筑物转)或者倾斜画面两种方法得到1至3个灭点的透视图。由于建筑物垂直于地面的特殊限制,在建筑透视中采用"倾斜画面"的方法得到三灭点透视图,这就是在后面的透视图绘制和透视阴影图绘制时有"垂直画面"和"倾斜画面"之分的缘故。

在建筑、工业设计、绘画等领域,绘制透视图有其独立的地位。在透视图上加绘阴影后,透视才与阴影联系在一起,如透视阴影图即一种在已有形体透视图上追加阴影而成的图。

透视阴影与透视投影是不同的概念,透视阴影应该划入阴影的范畴。这就有了正投影图阴影、轴测图阴影和透视图阴影三类阴影图的形式和三种不同的绘制方法。

1.3 阴影与透视的理论基础和相互关系

阴影与透视是两个完全不同类型的概念,阴影是一个"区域",或一种"标识",是建筑物的一种附加物被绘制在建筑图上。透视是一种视觉,在图纸上表现出它对所描述形体的感官。因为它们在"透视图阴影"上同时影响一幅图纸而被合并称为"阴影与透视",这是基于它们在建筑领域的共同应用。

图1.3.1显示了在画法几何投影理论与投影方法下,在建筑领域广泛应用的正投影图阴影、轴测图阴影和透视图阴影产生的理论依据和相互关系。

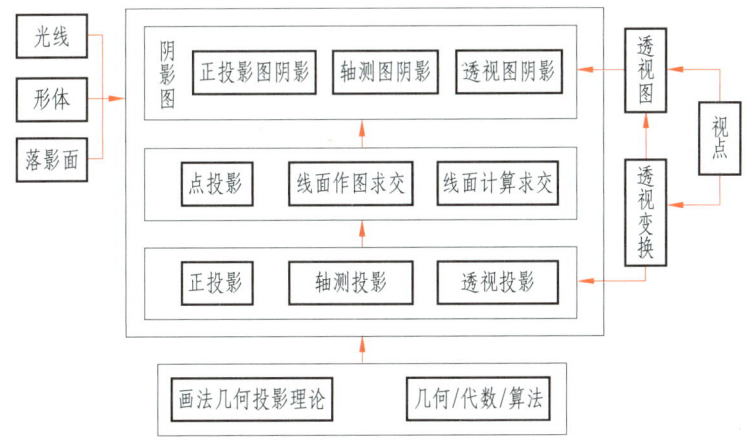

图 1.3.1　阴影与透视的理论基础和相互关系

它们的基础理论是画法几何的投影理论以及透视理论。在这个基础上,得到建筑物的正投影图、轴测图和透视图,在图纸上分别以相应的投影方式,通过尺规作图的方法获得线面交点,从而得到阴影图。

1.4　总　　结

阴影与透视,是两个完全不同的概念,它们之所以被合并称为"阴影与透视",是基于它们在建筑、设计等领域的共同应用。需要厘清它们各自的属性,以及它们之间的关系。光线与阴影也都不是建筑物本身的属性,只是被借用在建筑图纸上,用来增强图纸的立体感、美感等。当然,在设计中也会有真实的应用,例如建筑物在阳光下的阴影对计算两建筑物间的距离有参考作用。

绘制阴影图,除了光线、形体和落影面三个要素以外,还依赖于表示该建筑物的投影图——正投影图、轴测图和透视图。因此,绘制阴影图的先决条件是两个:投射的性质和阴影所依附的投影图。

本书阴影图与透视图的绘制,主要是讲手工绘制方法。在计算机广泛普及和应用的时代,这仍是必须掌握的技能。只知"如何绘制"而不知"为什么这样绘制",就掌握不了阴影图与透视图绘制的核心技术。知其然知其所以然,这是本书的宗旨。

本书大部分内容讲述阴影的绘制方法,透视既是独立的概念,在这里又为透视阴影绘制的必要掌握内容。正投影与轴测投影都是画法几何教材的传统内容,而透视图的绘制是建筑设计师必备技能。因此,本书将用专门的章节来叙述透视与透视变换的概念。

本书的最后两章是关于计算化绘制阴影图、透视图和透视变换的,这与前面手工作图截然不同,它们的最大区别是,手工绘制可以没有数字概念,而计算化绘制采用的是解析方法,它依赖于坐标系、坐标和数字化计算。

第 2 章

正投影图上的阴影

2.1 概　述

2.1.1 正投影图中加绘阴影的作用

正投影图是采用正投影法将空间几何元素或形体分别向投影面进行投射,并按一定规则绘制在图纸上所得到的图样。其优点是能够准确地反映形体的形状和大小,作图简便,度量性好,在工程上广泛采用。但正投影图是平面的,缺乏立体感,所以在房屋建筑设计的初始方案研究阶段,对主要正立面投影图加绘阴影,用以显示建筑物的形体、明暗、立体感,研究其立面各部分比例关系是否协调、主从关系是否明确、整体形象是否完美等。如第 1 章的图 1.1.1a 是建筑物正立面投影图,图 1.1.1b 是加绘阴影后的效果,立面显得凹凸通透、形象生动。所以在建筑设计的表现图中,特别是在表示建筑物外形的立面图上加绘阴影,有助于体现建筑造型的艺术效果。

本章介绍阴影在正投影图中的性质和在正投影图上绘制阴影的方法,包括点、直线和平面的落影,平面体的阴影以及曲线的落影和曲面体的阴影。

值得注意的是:在正投影图中加绘形体的阴影,实际上是画出阴和影的正投影。阴影的绘制是以画法几何中的投影原理为基础,采用传统手工方法绘制的。

2.1.2 习用光线

产生阴影的光线一般分成平行光线和中心光线两种。太阳光可视为平行光线,单一灯光可视为中心光线。光线类型不同或是照射的方向不同,同一形体形成的阴影也不同。

为了作图简捷、高效,在正投影图上绘制阴影时,常采用一种特殊定义的或特殊方向的平行光线,称为"常用光线"或"习用光线"。

习用光线选用一个以各侧面分别平行于相应投影面的单位正六面体中由"左、前、上"角到"右、后、下"角的对角线(线 AO)作为光线方向,用字母 L 表示(图 2.1.1)。

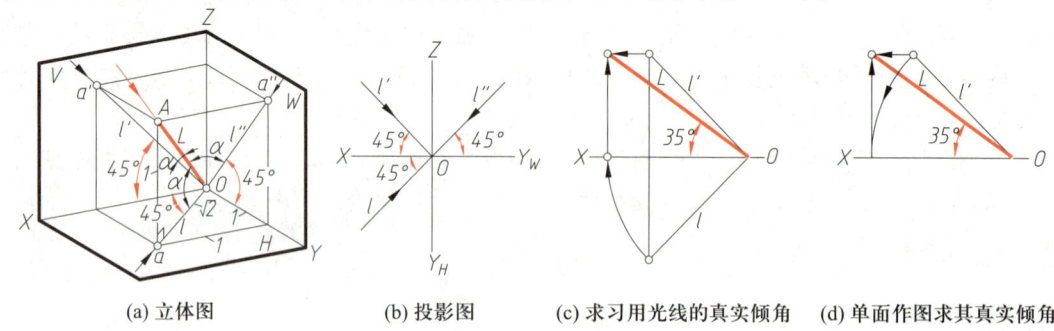

(a) 立体图　　(b) 投影图　　(c) 求习用光线的真实倾角　　(d) 单面作图求其真实倾角

图 2.1.1　习用光线

习用光线对各个投影面的实际倾角 α 均相等,在 △AaO 中,Aa = 1,∠AaO = 90°,aO = $\sqrt{2}$,所以 α = ∠AOa = 35°15′52″,近似等于 35°。同理在 △Aa′O 和 △Aa″O 中可求得 ∠AOa′ = ∠AOa″ = α = 35°15′52″(图 2.1.1a)。如果用作图法,可用旋转法(图 2.1.1c)或单面作图法(图 2.1.1d)求出习用光线的真实倾角 α。

习用光线 L 的三面正投影 l、l′、l″ 与相应投影轴的夹角均为 45°(图 2.1.1b)。由此,在习用光线下画正投影图阴影时,可以使用 45°三角板作图,简洁方便。同时,在某些情况下,还可以直接反映阴线同落影面的距离和建筑物某些部位的深度,这也是选用习用光线的原因之一。

【例 2.1.1】 图 2.1.2 为住宅入口部位的正立面图与其相对应的平面图,门上方带有雨篷。图 2.1.2b 为其立体直观图,在"习用光线"照射下,雨篷的 AB、BC、CD 直线以及门框 EF 直线为阴线,其在门洞的墙面和门面上的落影如图 2.1.2c 所示,即为正投影图的阴影。

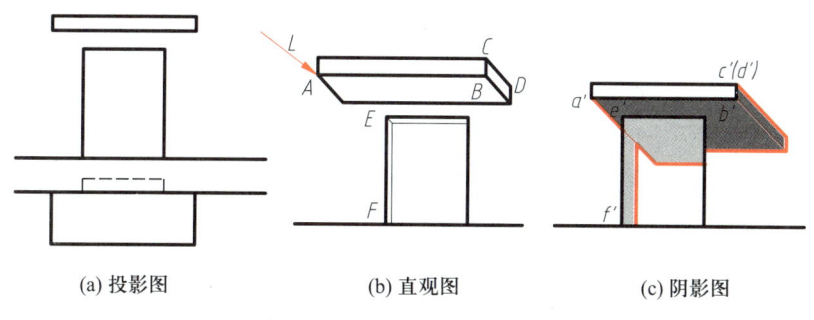

(a) 投影图　　　　(b) 直观图　　　　(c) 阴影图

图 2.1.2　住宅入口雨篷的阴影

2.2　点的落影

空间一点在某一落影面上的落影,就是通过该点的光线与落影面的交点。

图 2.2.1 中,空间一点 A 在光线 L 照射下,落于落影面 P 上的影子为 A_p。A_p 为点 A 沿光线到达平面 P 的点,因此 A_p 就是通过点 A 的光线与 P 面的交点。因此,求点在落影面上的落影,其实质是求通过点 A 的光线(直线)与落影面的交点。如果空间点就在落影面上,其落影即为该点本身,如图 2.2.1 中的 B 点,因 B 点在 P 面上,故其落影与自身重合($B = B_p$)。

为了对照方便,本书规定,点的落影用与空间点相同的字母加脚注来标记,脚注采用表述落影面字母的小写字母,如空间点 A、B 在平面 P 上的落影分别记为 A_p、B_p。

2.2.1　点在投影面上的落影

1. 点在投影面上的落影

点在投影面上的落影就是通过该点的光线对投影面的迹点。

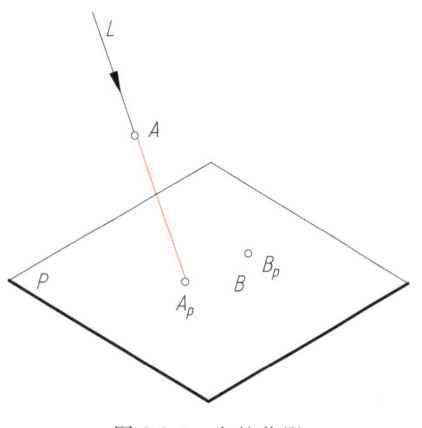

图 2.2.1　点的落影

如图 2.2.2a 所示，通过点 A 的光线 L 延长后，与 V 面交得的落影为 A_v（正面迹点），A_v 的 V 面投影 a'_v 与 A_v 重合，H 面投影 a_v 则位于 OX 轴上。根据点在线上的原理，a_v、a'_v 应分别位于光线 L 的投影 l、l' 上。现将立体图展开，故在投影图 2.2.2b 中，可先过 a、a' 分别作 $45°$ 方向的光线 L 的投影 l、l'（本书中将此类线简称为 $45°$ 线）。l 与 OX 轴相交，交点 a_v 就是落影 A_v 的 H 面投影。再通过 a_v 向上作垂线，与 l' 交得 a'_v，即落影 A_v 的 V 面投影。

判别点 A 的落影是在 V 面还是 H 面上的方法为：如图 2.2.2c 所示，当 $h_1 < h$ 时，点 A 落影在 V 面上；当 $h_1 > h$ 时，点 A 落影在 H 面上。

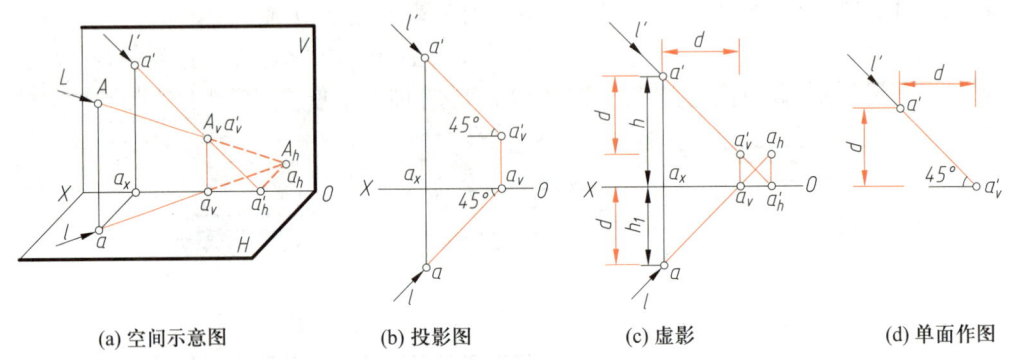

(a) 空间示意图　　(b) 投影图　　(c) 虚影　　(d) 单面作图

图 2.2.2　点在正投影面上落影的作图原理

2. 点的虚影

在图 2.2.2a 中，通过点 A 的光线 L 与 V 面交于点 A_v 后继续延长，与 H 面交于点 A_h（水平迹点），此影称为点 A 的虚影。

A_h 的 H 面投影 a_h 与 A_h 重合，V 面投影 a'_h 在 OX 轴上，a_h、a'_h 亦分别位于 l、l' 上。于是 a'_h 为 l' 与 OX 轴的交点。a_h、a'_h 位于一条垂直于 OX 轴的连线上。

虚影的投影作法：图 2.2.2c 为 a_h 随同 H 面旋转得重合于 V 面后的投影图。作图时，可延长光线 L 的投影 l、l'，l' 与 OX 轴相交于 a'_h，由 a'_h 作 OX 轴的垂线，与 l 交得 a_h。a_h、a'_h 即表示了虚影 A_h。

值得注意的是：虚影一般不必画出，只是以后在作阴影的过程中有时要利用它。

3. 落影的量度性

空间一点在某一投影面上的投影和落影之间的水平距离和铅垂距离，等于该点到该投影面的距离。如图 2.2.2c 所示，点 A 的落影 A_v 的 V 面投影 a'_v 与其同面投影 a' 之间的水平距离和铅垂距离，都正好等于点 A 到 V 面的距离，即投影 a 到 OX 轴的距离。

4. 单面作图法

根据落影的量度性，在一个投影面上，利用空间形体的一个投影完成求影的作图，称为单面作图法。

如图 2.2.2d 所示，若要作出与 V 面距离为 d 的点 A 在 V 面上落影的 V 面投影 a'_v，可先过 a' 作光线的投影 l'，再在右下方取水平和铅垂距离等于 d 的一点 a'_v，即为所求。

2.2.2　点在特殊位置平面上的落影

如果落影面不是投影平面本身，而是与投影面平行的面，如图 2.2.3 所示，面 P 为正平面，欲

求点 $A(a,a')$ 落于 P 面上的影子 $A_p(a_p,a_p')$。

利用积聚性投影作图。过 a 引光线的 H 面投影 l，与 P_H 交得 a_p，即落影 A_p 的 H 面投影，过 a_p 向上引垂线，与过点 a' 的光线的 V 面投影 l' 交于 a_p'，即为点 A 在正平面 P 上落影的 V 面投影。

2.2.3 点在一般位置平面上的落影

如果落影面是一个一般位置的空间平面，如图 2.2.4 所示，已知 $A(a,a')$，求点 A 在 $\triangle DEF$ 上的落影。因 $\triangle DEF$ 平面为一般位置平面，其投影没有积聚性，故只能采用"直线与一般位置平面相交"求交点的方法解题。首先，过 a、a' 作光线投影 l、l'，然后，包含光线 L 作辅助铅垂面 P，求辅助面 P 与 $\triangle DEF$ 的交线 MN，交线 MN 与光线 L 的交点 $A_v(a_v,a_v')$ 即为所求。

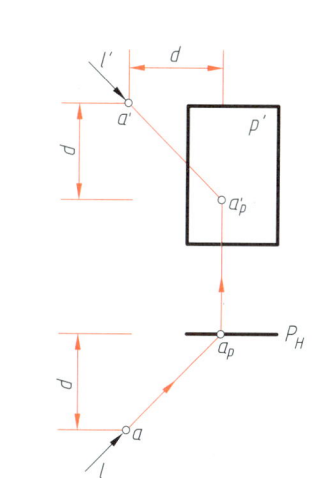

图 2.2.3 点在投影面平行面上的落影

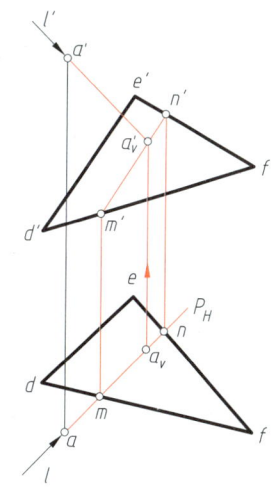

图 2.2.4 点在一般位置面上的落影

2.3 直线的落影

由于形体都是有限的，因此，这里所说的直线实际上都是指直线段，为了叙述方便，文中都称为直线，它由直线上的两个端点限定。

2.3.1 直线落影的概念

直线在落影面上的落影，是通过该直线的光平面与落影面的交线（图 2.3.1a）。因为两平面

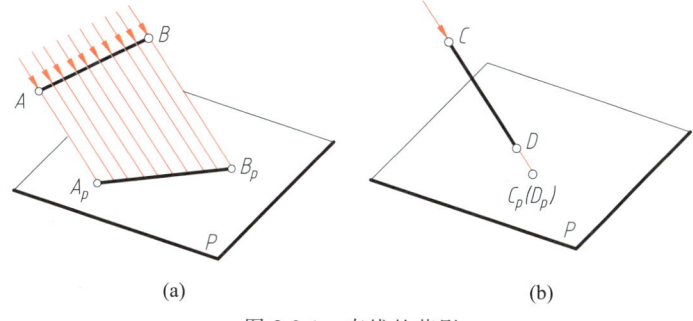

图 2.3.1 直线的落影

的交线为直线,所以当落影面为平面时,直线的落影仍为直线。因此,求直线的落影,只要求出直线上两端点的落影,然后将其相连即可。若直线与光线方向平行,则其落影重影为一点(图 2.3.1b)。

2.3.2 直线落影的求解

下面举例说明通过求直线上两端点的落影然后将其相连的办法求解直线落影的作图求解方法。

【例 2.3.1】 已知直线 AB 在 H、V 面上的投影(图 2.3.2),求直线 AB 在 H 面上的落影。

解 如图 2.3.2 所示,首先根据 2.2.1 节内容可判断出两点落影都在 H 面上,然后分别作过直线两端点 A、B 的光线的 H、V 面投影,求出这两条光线的水平迹点 A_h、B_h,连接点 A_h、B_h,则 A_hB_h 就是直线 AB 在 H 面上的落影。

【例 2.3.2】 已知直线 CD 的 H、V 面投影(图 2.3.3),求直线 CD 在 H、V 面上的落影。

解 如图 2.3.3 所示,直线 CD 在 H、V 面上的落影,实际上是过 CD 的光平面与两落影面的交线,因三个相交平面的三条交线必相交于一点,故通过直线 CD 的光平面与 H、V 面所交成的两段落影 C_hK、KD_v,必与 H、V 面的交线 OX 共同相交于一点 K,此点称为折影点。

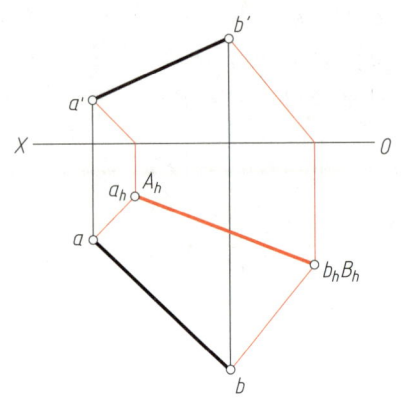

图 2.3.2 直线在 H 面上的落影

作图过程如下:过 c' 引光线投影,在 H 面上得到点 C 的落影 C_h;过点 d 引光线投影,在 V 面上得到点 D 的落影 D_v。因这两点的落影不在同一落影面上,故不能直接相连,需要求出折影点。如采用求虚影的方法来求折影点。求出点 D 在 H 面上的虚影 $d_h(D_h)$,连接 c_h、d_h 与 OX 相交,交点为 K(折影点)。连线 C_hK、KD_v 即为所求。

【例 2.3.3】 已知直线 CD 和一般位置平面 P 的 H、V 面投影(图 2.3.4),求直线 CD 在一般位置平面上的落影。

解 如图 2.3.4 所示,落影面为一般位置面。求直线 CD 在 P 面上的落影,可按求点在一般位置平面上的落影方法来求(图 2.3.4)。分别求出 C、D 两端点的落影 $C_p(c_p,c'_p)$ 及 $D_p(d_p,d'_p)$,然后连线 c_pd_p、$c'_pd'_p$ 就是所求直线落影的两个投影。

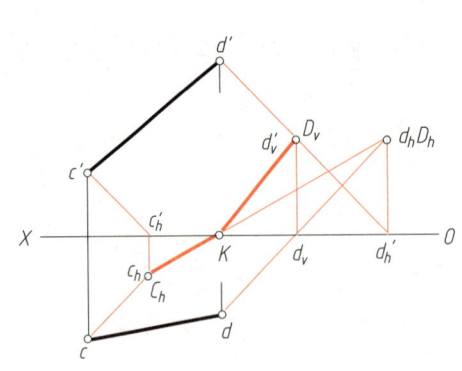

图 2.3.3 直线在 H、V 面上的落影

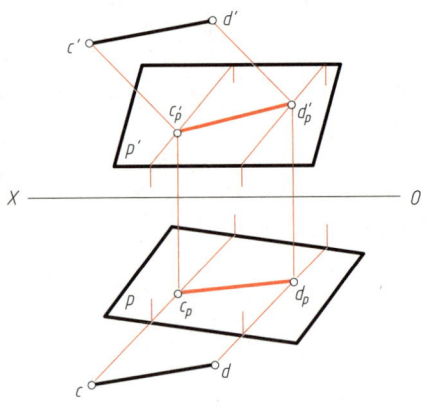

图 2.3.4 直线在一般位置平面上的落影

2.3.3 直线落影的性质

这里讲直线的落影的性质时,本质上是指工程上的"线段"而非数学上的无穷直线,这样才有长度的问题。

1. 与落影面相交的直线的落影性质

(1) 若直线与落影面相交,则直线的落影一定通过该直线与落影面的交点。

如图 2.3.5 所示,直线 AB 与落影面 Q 相交于点 B,其落影 B_q 与 B 重合,且又在直线的落影上,因此,直线的落影通过 B_q,即通过交点 B。作图时,只需求出该直线另一端点 A 的落影 $A_q(a_q, a_q')$,连线 $a_q'b_q'$ 即为所求落影的 V 面投影。

(2) 一直线在两个相交的落影面上的两段落影必然相交,落影的交点(折影点)必然位于两落影面的交线上。

如图 2.3.6 所示,求落影的方法同【例 2.3.2】。

也可运用返回光线法求出折影点 K_1 在 AB 线上的点 $K(k, k')$。点 K 是 P、Q 两面交线上的折影点。由 k_1' 作 $45°$ 线,即可得到折影点的 V 面投影 k',连线 $a_p k_1$ 和 $k_1 b_q$ 就是所求的两段影线的 H 面投影。

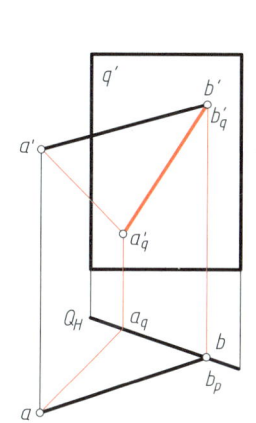 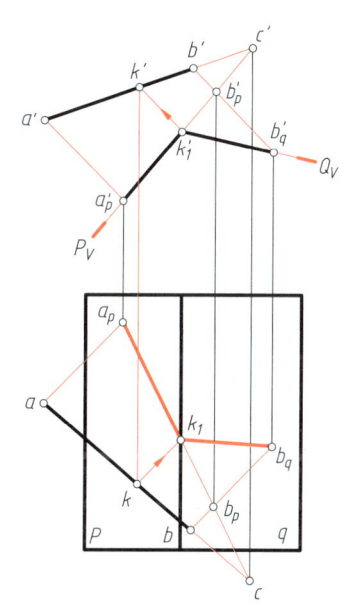

图 2.3.5 直线与落影面相交   图 2.3.6 直线在两相交平面上的落影

2. 与落影面平行的直线的落影性质

(1) 若直线与落影面平行,则直线的落影与直线本身平行且等长。

如图 2.3.7a 所示,直线 AB 与面 P 平行,则通过 AB 的光平面与面 P 的交线 $A_p B_p$ 必与直线 AB 平行,且等长。

如图 2.3.7b 所示,求直线 CD 在铅垂面 P 上的落影。从水平投影可知,cd 平行于 P_H,故直线 CD 与面 P 平行。按照直线与落影面平行时的落影特性,直线 CD 在面 P 上的落影 $C_p D_p$ 必然平行于 CD 本身且等长,它们的同面投影也一定平行且等长。具体作图时,只需求出直线 CD 一个端点的落影即可。如求出 c_p',即可求出与 $c'd'$ 平行且等长的落影 $c_p' d_p'$。

(2) 两直线互相平行,它们落在同一落影面上的两段落影应互相平行。

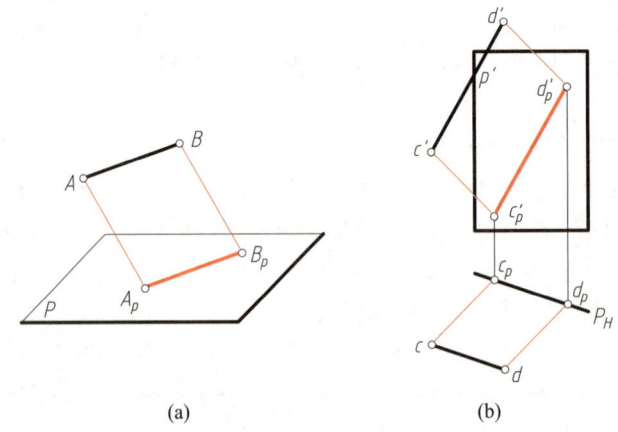

图 2.3.7 直线与落影面平行

如图 2.3.8 所示,因直线 AB 与 CD 平行,则通过两直线 AB、CD 的两个光平面互相平行,故与一个落影面交得的两段落影应互相平行。作图时,可先求出一条直线的落影,另一直线只需求出一个端点的落影,然后按直线的平行关系完成作图。

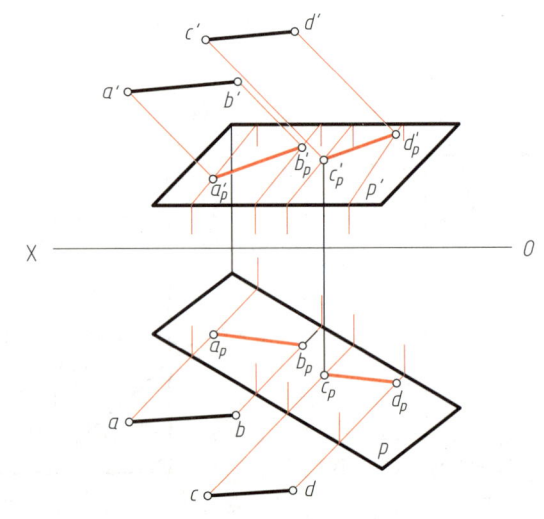

图 2.3.8 两平行直线的落影

3. 投影面垂直线的落影性质

(1) 投影面垂直线在任何落影面上的落影,在该直线所垂直的投影面上的落影必为一直线,其方向与光线在该投影面上的投射方向一致。

如图 2.3.9 所示,铅垂线 AB 落于 H 面及房屋的墙面 R 和屋面 P 上的落影为折线 $B_hC_rD_rA_p$,是通过 AB 的光平面与 H 面和房屋的交线。因通过铅垂线 AB 的光平面为铅垂面,在 H 面上的投影有积聚性,且与光线的 H 面投射方向一致。所以,光平面与 H 面及房屋相交所得到的落影,必积聚在光平面的 H 面投影上。

(2) 投影面垂直线在另一投影面(或平行面)上的落影,与原直线的同面投影平行,其距离等于该直线到落影面的距离。

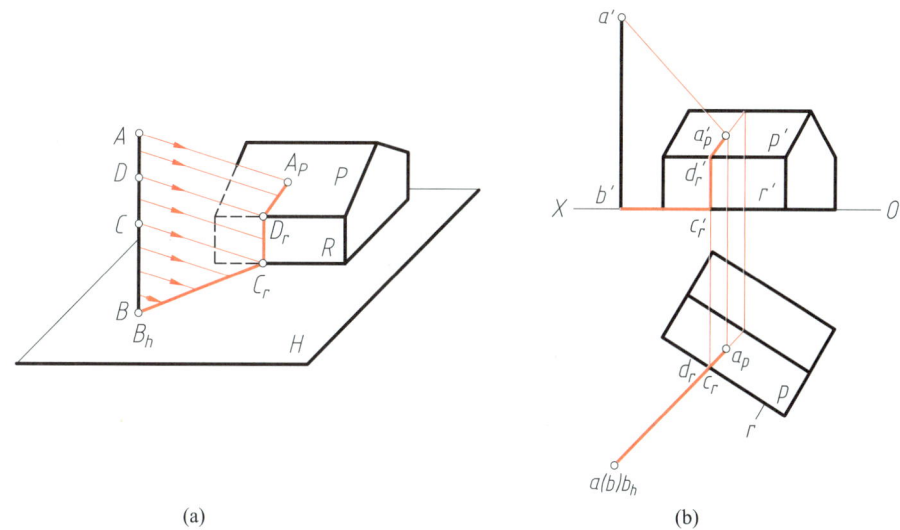

(a)   (b)

图 2.3.9 　铅垂线在地面和建筑物上的落影

图 2.3.10 所示为铅垂线 AB 在 V 面上的落影。在 V 面投影中，$a'_vb'_v$ 与 $a'b'$ 平行，而且它们之间的距离等于该直线与 V 面的距离 d。求侧垂线在 V 面上的落影的作图过程见图 2.3.11。图 2.3.12 所示为铅垂线 EF 的落影情况，一部分落在 V 面上，一部分落在 H 面上。

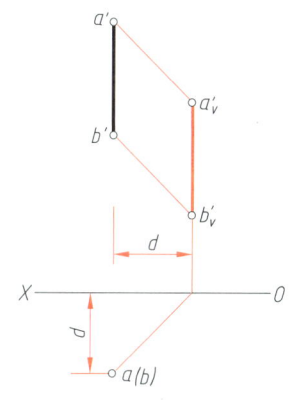

图 2.3.10 　铅垂线在 V 面上的落影

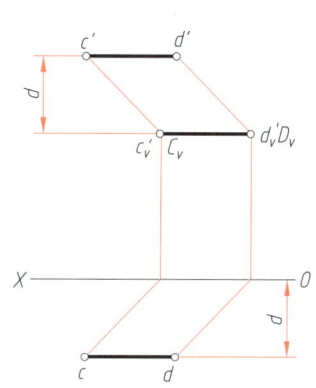

图 2.3.11 　侧垂线在 V 面上的落影

图 2.3.13 所示 AB 为铅垂线，落影面由一组垂直于 W 面的平面组合而成，因为通过直线 AB 所作的光平面与 V、W 面的倾角相等，所以，落影的 V 面投影对称于落影面的 W 面投影。

图 2.3.14 所示是两交叉直线 AB、CD 在 H 面上的落影，两直线落影上的点 K_{1h} 与 K_h 重影。该重影点是由同时能和直线 AB、CD 相交的一条光线照射得来的，由 K_{1h}、K_h 沿光线方向返回，即求出这条光线和直线 AB、CD 的交点 $K(k,k')$、$K_1(k_1,k'_1)$。

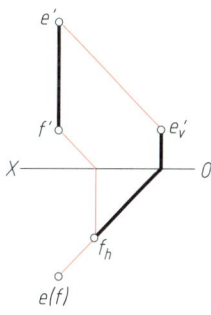

图 2.3.12 　铅垂线在 V、H 面上的落影

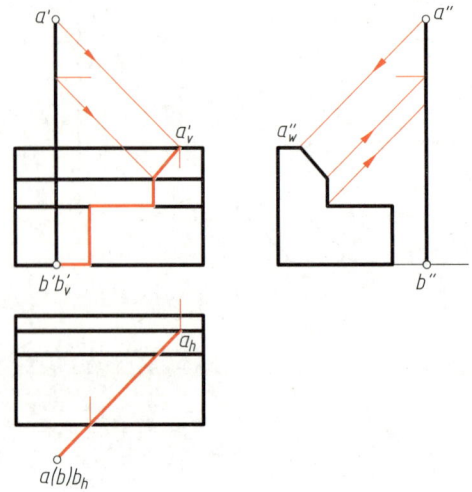

图 2.3.13 铅垂线在另一投影面垂直面上的落影

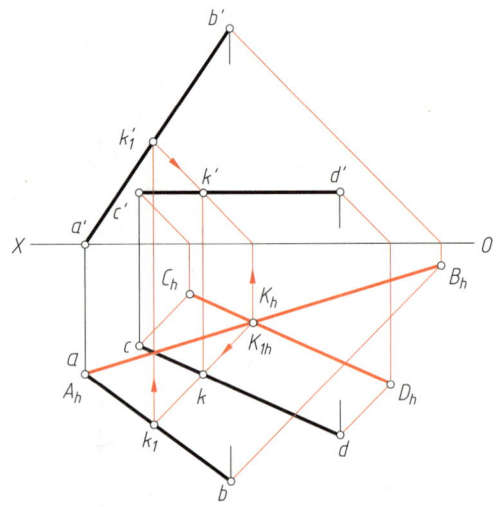

图 2.3.14 两交叉直线的落影

2.4 平面图形的落影

平面图形的落影实质就是构成平面图形几何要素(点、线)的落影,可利用前述点与线的落影作图方法作图。下面是几种不同性质的平面图形的落影特征及作图方法。

2.4.1 平行于投影面的平面图形的落影

如图 2.4.1 所示,由于平面多边形平行于 V 面,则在该面上的落影与投影的形状、大小完全相同,且反映该平面多边形的实形。

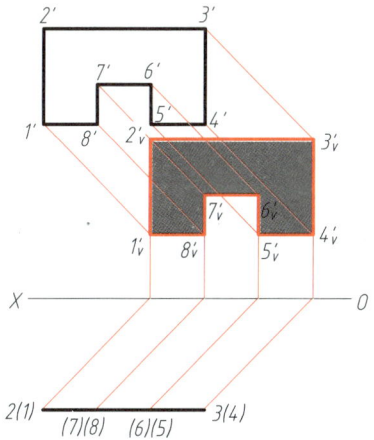

图 2.4.1 平行于投影面的平面在该投影面上的落影

2.4.2 平行于投影面垂直面的平面图形的落影

如图 2.4.2 所示,平面多边形平行于落影面 P,其落影与该多边形的大小、形状全同,它们的同面投影也相同。

2.4.3 平行于光线方向的平面图形的落影

如图 2.4.3 所示,当平面与光线平行时,它在另一投影面上的落影为一直线,并且平面图形的两面均为阴面。

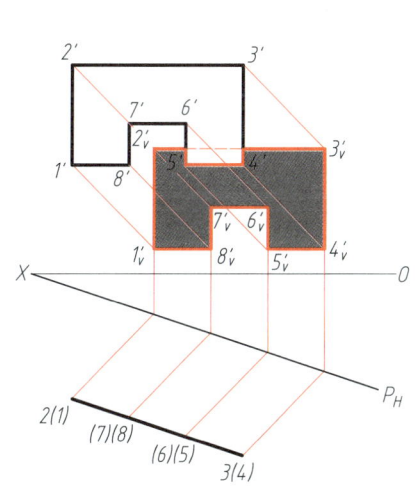

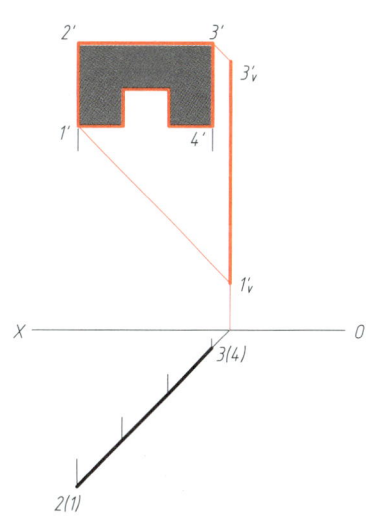

图 2.4.2 平面在其平行平面上的落影　　图 2.4.3 平行于光线的平面图形的落影

2.4.4 平面图形在两相交平面上的落影

图 2.4.4 所示为四边形平面在两相交平面 P、Q 上的落影。图 2.4.4a 是用返回光线的方法确定落影线上的折影点 E、F。图 2.4.4b 所示是利用虚影完成作图。

图 2.4.5 所示是一般位置平面在投影面上的落影。先作出三角形平面上三个顶点 A、B、C 的落影,三个点的影子不落在同一投影面内,因此,尚需求出点 C 的虚影 c_h,$\triangle a_h b_h c_h$ 是三角形平面

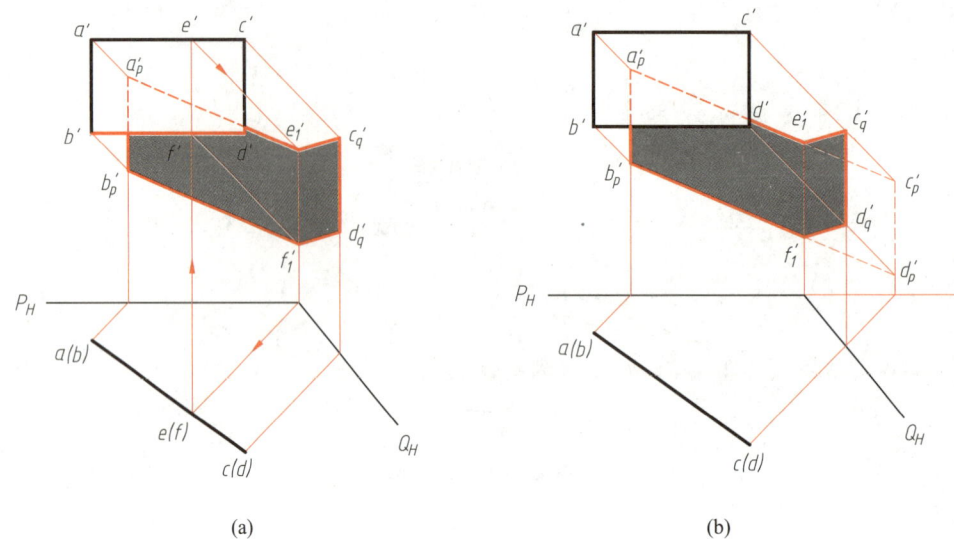

图 2.4.4 平面图形落影于两相交平面

在 H 面上的落影,从而得出它在 V 面上的落影。

2.4.5 平面图形阴面和阳面的判别

在正投影图中加绘落影,需要判别平面图形的各个投影是阳面的投影还是阴面的投影。判别方法如下:

(1) 当平面图形为投影面垂直面时,可利用积聚性投影加以判别,如图 2.4.6 所示,P、Q 两平面分别为正垂面和铅垂面,只需判断它们有积聚性的投影是阳面的投影还是阴面的投影即可。

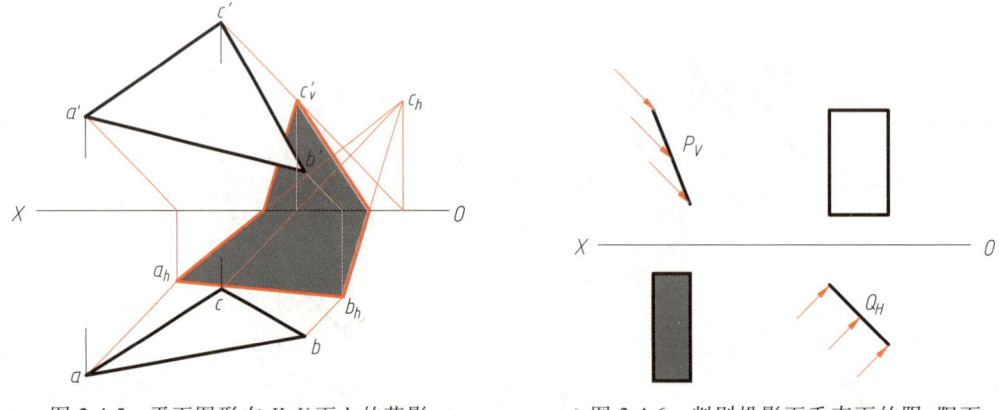

图 2.4.5　平面图形在 H、V 面上的落影　　　　图 2.4.6　判别投影面垂直面的阴、阳面

(2) 当平面图形处于一般位置时,用符号顺序判别。如图 2.4.7a 所示,当平面的两个投影各顶点的旋转顺序相同时,平面的两投影同为阳面(或阴面)的投影。判别时,可先求出平面图形的落影,当某一投影各顶点与落影各顶点的旋转顺序相同时,该投影为阳面的投影。由此可见,该平面的两投影均为阳面的投影。若旋转顺序相反,则一投影为阳面的投影,另一投影为阴面的投影。如图 2.4.7b 所示,平面的 H 面投影各顶点与落影的各顶点旋转顺序相同,则 H 面投影为

阳面的投影,而 V 面投影各顶点与落影各顶点的旋转顺序恰好相反,说明 V 面投影是阴面的投影。

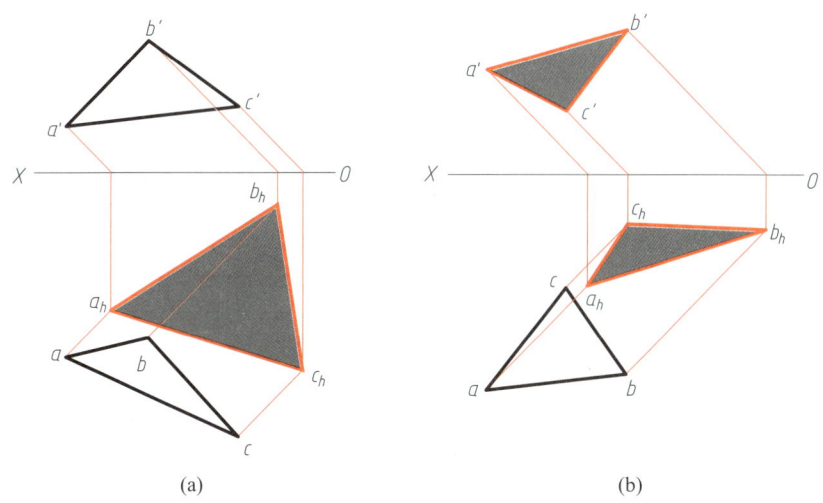

图 2.4.7　根据落影判别平面图形的阴、阳面

2.5　平面立体的阴影

2.5.1　平面立体的阴线

求作平面立体的阴影,关键是要判别出立体的阳面、阴面,确定出阴线。阳面与阴面相交的棱线即为阴线。一般情况下,阴线的落影就是立体的影线,影线所包围的图形即为立体的影子。特殊情况下,如果某阴线位于立体的凹陷处,则此类阴线不会产生相应的影线。所以作图时应避免不必要的作图,尽量排除凹陷处的阴线,对外凸的阴线要逐一求出影线,这样就得到平面立体的落影。阴线的确定有以下两种情况。

1. 立体的表面投影有积聚性时阴线的分析

当立体的表面是投影面平行面或投影面垂直面时,利用积聚性投影判别立体的阳面、阴面,立体上的阴线直接在投影面中用作图法确定。

图 2.5.1a 所示为一长方体的三面投影图,在投影图中,作常用光线的 H、V、W 面投影与长方体的同面投影相切,切点为阴线的积聚性投影位置,如光线与长方体的 V 面投影切于点 $e'(d')$、$a'(b')$,说明正垂线 ED、AB 就是长方体上的两条阴线。从光线与长方体的 H、W 面投影相切的情况可知,铅垂线 CD、AG 和侧垂线 CB、EG 分别为该立体上的阴线。根据所求的阴线,确定出长方体的上、前、左三面为阳面,则长方体上的阴线为 AB、BC、CD、DE、EG、GA,如图 2.5.1 所示。

2. 立体的表面为一般位置平面时阴线的分析

由于立体的表面为一般位置平面,故立体的表面在投影图中没有积聚性,则不能根据其正投影图直接判别阳面、阴面而确定阴线。因此,对于包含一般位置平面的平面立体,可以利用光截面的方法来判别阳面和阴面。图 2.5.2 所示为不等边的棱锥体,光截面 L_h 截得三角形截面

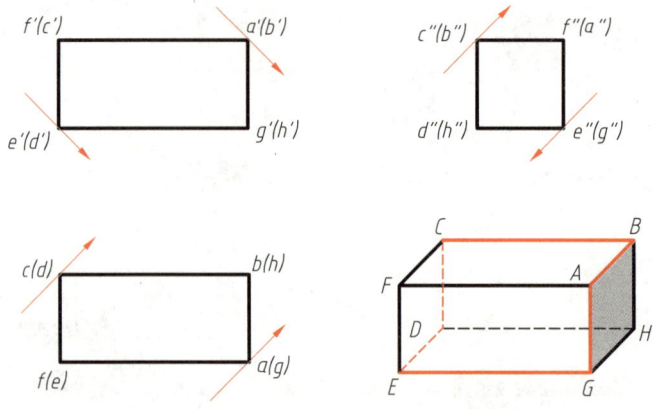

图 2.5.1　长方体阴线的确定

ⅠⅡⅢ，其 H 面投影为 123，V 面投影为 1′2′3′。2′3′不可见，因ⅡⅢ为平面 ABD 上的直线段，则 ABD 平面为阴面。同理可知 CBD 平面亦为阴面。

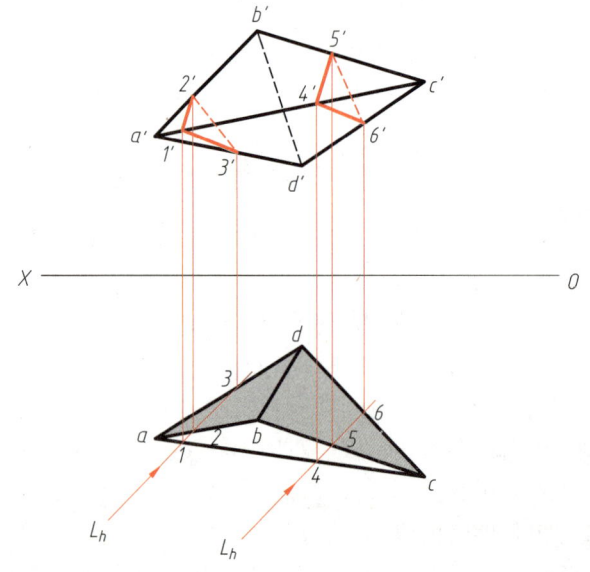

图 2.5.2　光截面判别阴面、阳面

2.5.2　平面基本形体的阴影

立体的影线就是立体阴线的落影，求作平面立体的阴影，其实质是求立体上阴线的落影。由此得出求阴影的基本作图步骤为：

（1）确定阴线，作出那些有效的阴线的落影。如果不能直接判断平面立体的阳面、阴面和阴线，那么只能先作出立体上各棱线的落影，围成落影图形最外轮廓的线就是立体的影线，影线对应的棱线就是立体的阴线，从而确定出立体的阴面、阳面。

（2）求各阴线落于某一个或某一些落影面上的落影，影线所围成的图形就是平面立体的落影。

（3）将立体的阴面和落影涂上颜色符号（阴面与落影可分别涂浅灰色、深灰色，以示区别），表示该部位阴暗。

1. 棱柱的阴影

图 2.5.3 所示为一正三棱柱的阴影。三棱柱的各棱与 H 面垂直,各棱面均为投影面垂直面。在习用光线照射下,三棱柱顶面 ACE 和棱面 $ABDC$ 为受光阳面,其余各面均为阴面。根据阳面、阴面,确定出该形体的阴线为 AB、BD、DC、CE、EA。然后按直线的落影性质,求出这些阴线在 H、V 面上的落影(如阴线 AB 为铅垂线,它在 H 面上的落影与光线的投影方向一致,在 V 面上的落影与棱线本身平行)。影线所围成的图形就是三棱柱的阴影。

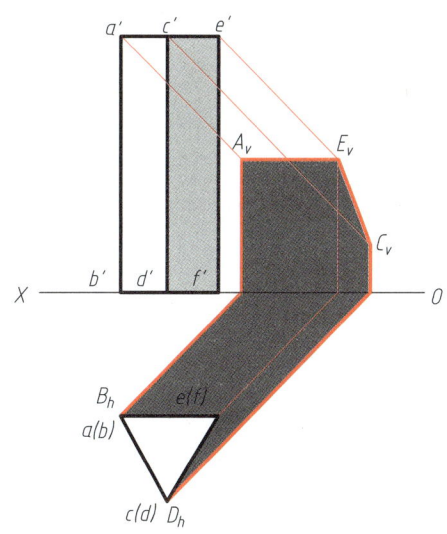

图 2.5.3 棱柱的阴影

如图 2.5.4 所示,光线照在一水平矩形板上,其顶面、前面和左面为阳面,其他三面为阴面,阴线为 AB、BF、FG、HG、HD、DA。在投影图中,求出各阴线端点的落影,如 D_v、A_v、B_v、F_v、G_v,将各落影点顺序相连,即得该矩形柱的阴影。

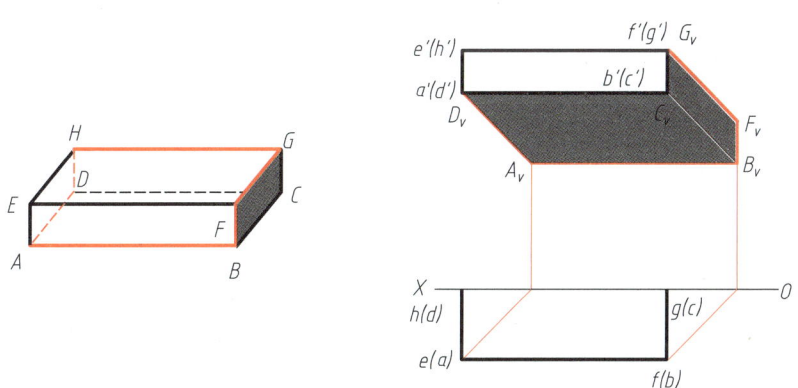

图 2.5.4 矩形柱在 V 面上的阴影

【例 2.5.1】 求四棱柱在 H、V 面上的阴影(图 2.5.5)。

解 求阴线的方法同图 2.5.4,要注意的是,阴线 EH、BC 是正垂线,DH、BF 是铅垂线,DC、EF 是侧垂线。求这些阴线的落影时,要遵照前述投影面垂直线的落影性质来作图。即投影面垂直线在所垂直的投影面上的落影是与光线投影方向一致的 45°直线。因阴线在 H 面和 V 面上均有落影,所以,作图时要利用虚影的概念。

2. 棱锥的阴影

如图 2.5.6 所示,四棱锥的底面为阴面,前面和左侧面向光而为阳面,其他两个侧面为阴面。阴线为 SD、DA、AB、SB。

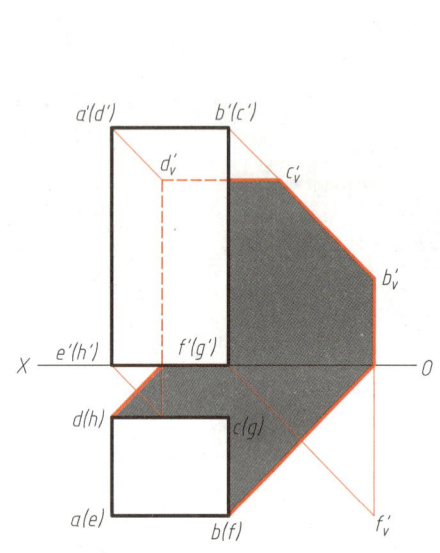

图 2.5.5　四棱柱在 H、V 面上的阴影

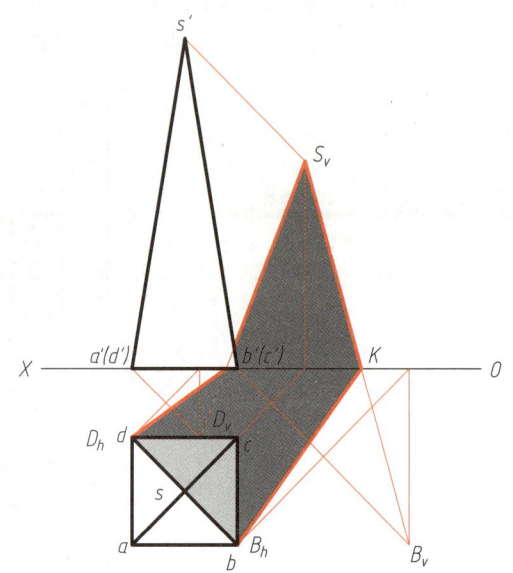

图 2.5.6　四棱锥在 H、V 面上的阴影

因四棱锥底面与 H 面重合,故其落影与之重合。阴线 SD、SB 一部分落影在 V 面上,一部分落影在 H 面上,出现了折影点。如 SB 线,点 S 落影在 V 面上,点 B 落影在 H 面上,图中利用点 B 的虚影 B_v 与影点 S_v 相连,从而在 OX 轴上得到折影点 K。连线 S_vK 和 KB_h 就是所求的两段落影。H 面投影中的 sbc、scd 为可见的阴面。

【例 2.5.2】　求作正六棱锥的阴影(图 2.5.7)。

解　图 2.5.7 是一距 H 面有一定高度的正六棱锥。因锥底面平行于 H 面向下,必为阴面。其他各棱面都不是特殊位置面,在投影中没有积聚性,不能直接确定哪些棱线是阴线。只能将棱锥底面和锥顶点 S 的落影求出,然后自锥顶的落影与锥底落影连得各侧棱的落影,组成落影图形最外的影线,对应到立体上的棱线就是阴线。

如图 2.5.7 所示,先作出锥顶 S 的落影 S_h 和锥底面的落影 $A_hB_hC_hD_hE_hF_h$,锥顶点落影 S_h 与 A_h、B_h、C_h、D_h、E_h、F_h 同面影点相连,在落影区只有 S_hB_h 和 S_hE_h 处于最外轮廓的位置而成为影线,与其相对应的棱线 SB 和 SE 为阴线。故判定棱面 SBC、SCD、SDE 为阴面,其余各棱面为阳面。

2.5.3　平面组合形体的阴影

组合体由基本形体叠加或切割组成,平面立体组成的建筑形体可视为组合体。一个组合体除了本身产生的阴影外,还有其他形体落来的影子。求作组合体阴影的实质是确定阳面、阴面和阴线,以及运用前述直线落影规律和各种作图方法,求作几何元素在各种位置落影面上的落影。

本节列举一些常见的平面立体组成的建筑形体,如门窗、雨篷、台阶等的阴影作图的例子,由此解决建筑工程中相关阴影的作法。

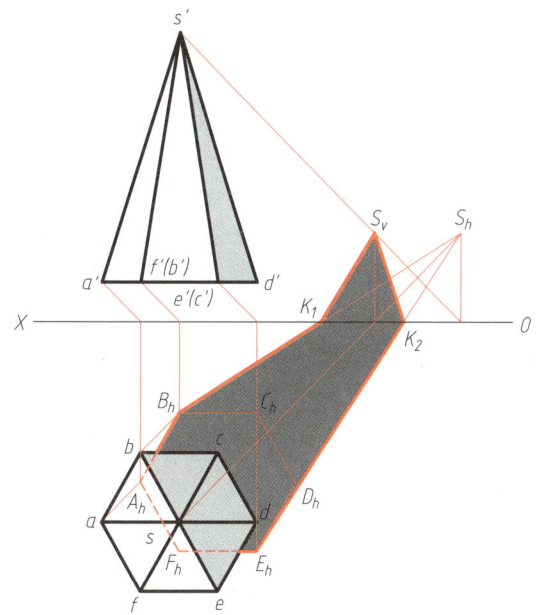

图 2.5.7 六棱锥在 H、V 面上的阴影

1. 窗口的阴影

图 2.5.8 所示为窗口及窗台的立面与平面(剖面)图,求作立面上的阴影。该窗口的图示特点为:线、面(阴线、阴面、阳面)均为落影面的平行线和平行面,因而在投影图中,阴面不可见或积聚为直线而显示不出。按前述直线的落影性质"直线与落影面平行,则直线的落影与直线本身平行",可直接作出阴线相应的落影。如图 2.5.8 中阴线 AB 和 AC 与窗面平行,则 AB 和 AC 在窗面上的落影分别平行于 $a'b'$ 和 $a'c'$。其落影宽度反映(等于)窗口凹入宽度 n。宽度 n 可由 $a(b)$ 作 45°线交窗面得到(图 2.5.8)。同理,窗台的阴线 III IV ($2'4'$) 在墙面上的落影必平行于 $2'4'$,其落影宽度反映(等于)窗台凸出墙面的宽度 m。

图 2.5.9 所示是带有窗楣窗口的阴影。落影宽度 s 反映了窗楣凸出窗面的距离。

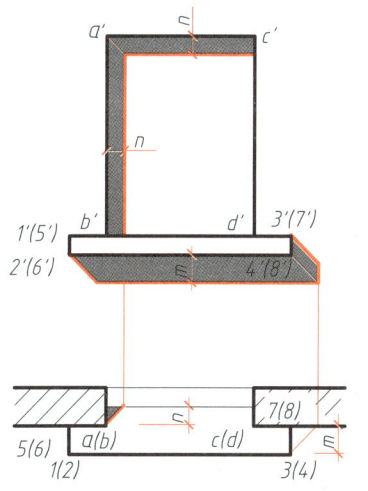

图 2.5.8 窗口和窗台的阴影

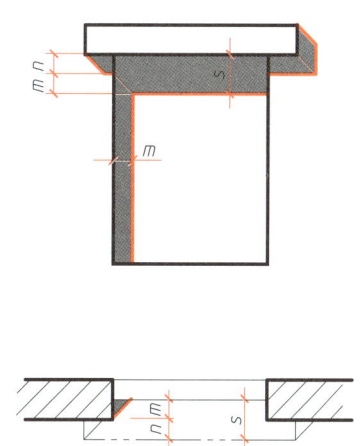

图 2.5.9 带窗楣窗口的阴影

图 2.5.10 所示为带窗套的窗口，求作在墙面 V 上的阴影。在习用光线照射下，阴线为 AB、AC 和 DE、EF。但需要注意的是 AB 和 DE 与落影面（窗面与墙面）不平行，需分别求作其两个端点的落影 a'_v、b'_v 和 d'_v、e'_v。点 B 的落影必须落在窗面的延伸面（虚线表示）上，得到虚影 $b''_v b'_v$。连接 a'_v、b'_v 方能得到窗面上的实际落影段。

2. 门洞的阴影

图 2.5.11 所示为带有台阶的门洞的阴影。台阶为靠于墙脚和地面上的方形板，阴线为 AB、AC。铅垂线 AB 在地面上的落影为 45°方向；正垂线 AC 平行于 H 面，故落在地面上的影子与本身平行，落在墙面上的影子亦是 45°方向；门洞影子的求法与求窗口的影子的求法相同。

图 2.5.12 所示为带有雨篷的门洞的阴影，雨篷的影落在墙面（V 面）和门扇两个互相平行的落影面上。其中 AB 为正垂线，在 V 面上的落影是一段 45°线。AE 是侧垂线，它在两落影面上的落影分别是通过 a'_0 和 e'_v 的两段水平线。门扇上还有门洞边框的落影，其中一部分影落在雨篷的影线范围之内，重复部分不用画出。

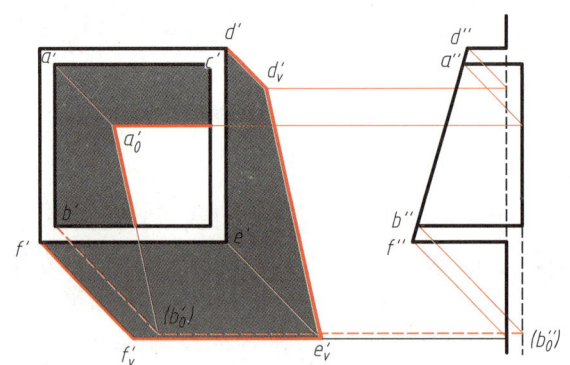

图 2.5.10 带窗套窗口的阴影

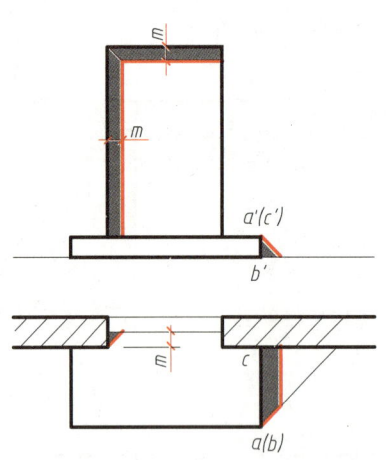

图 2.5.11 带有台阶的门洞的阴影

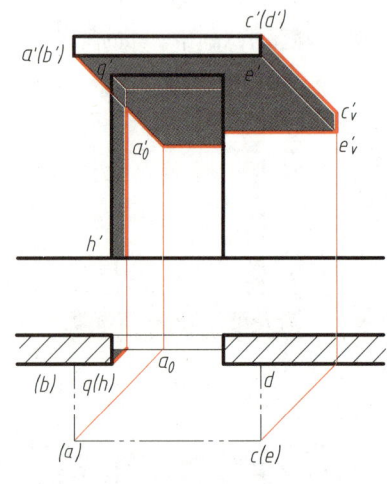

图 2.5.12 带有雨篷的门洞的阴影

3. 台阶的阴影

图 2.5.13 所示是台阶的阴影。台阶左、右挡墙的落影分别落在地面、踏面、踢面和墙面上。其左侧挡墙的阴线为正垂线 AB 和铅垂线 AC，右侧挡墙的阴线为正垂线 ED 和铅垂线 EF。阴影的作图步骤如下：

（1）求左侧挡墙上阴线 AC、AB 在各落影面上的落影。从 W 面投影可知，点 A 的影 A_3 落在第二个踢面上，所以过 a 点作 45°光线与第二个踢面的积聚性投影相交于 a_3，ca_3 就是阴线 AC 在地面和第一个踏面上的落影。落影的 V 面投影应和 AC 线平行。同理，可求出 AB 线在各落影面上的落影。

（2）求右侧挡墙上阴线在墙面、地面上的落影。阴线 DE 在墙面上的落影是一条通过 $e'(d')$ 的 45°光线，在地面上的落影为平行于 DE 的直线；阴线 EF 在地面上的落影为 45°直线。

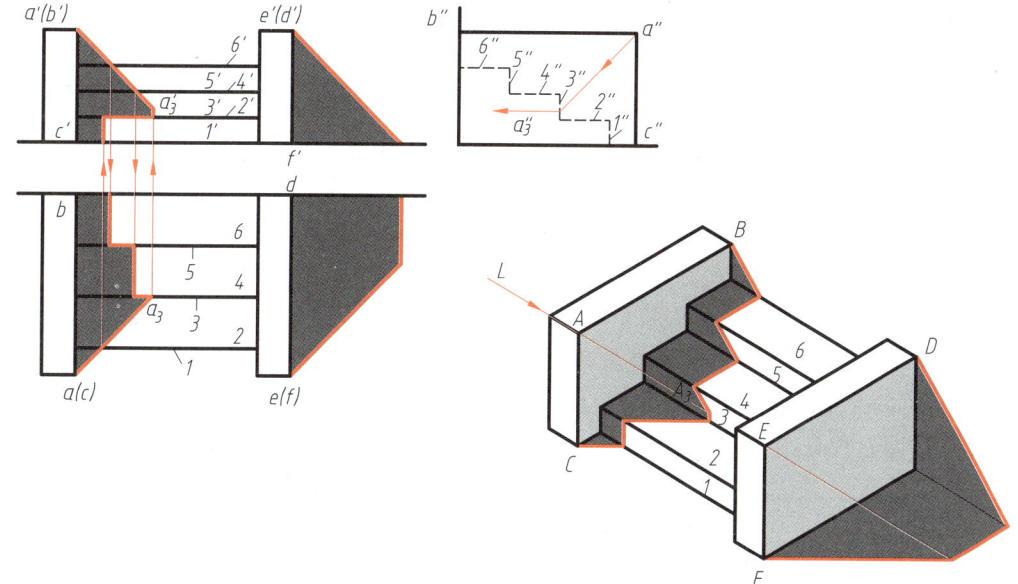

图 2.5.13 台阶的阴影

【例 2.5.3】 求作带有斜挡墙台阶的阴影（图 2.5.14）。

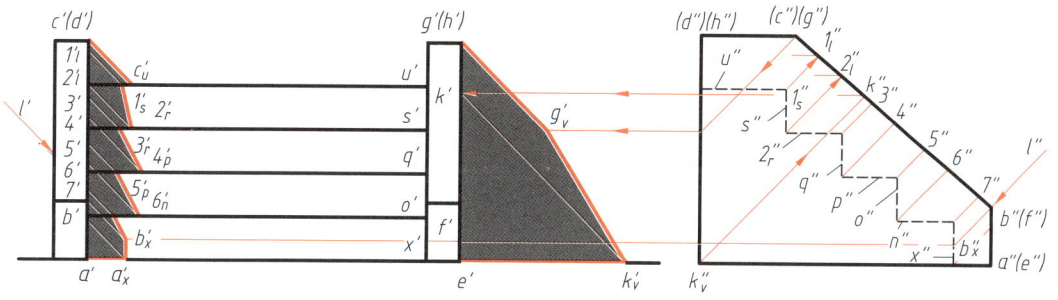

图 2.5.14 带斜挡墙台阶的阴影

解 作阴影的步骤如下：

（1）求阴线，定落影面。左侧挡墙上的阴线为 AB（铅垂线）、BC（侧平线）、CD（正垂线），落影面为台阶的踏面、踢面和墙面。右侧挡墙上的阴线为 EF（铅垂线）、FG（侧平线）、GH（正垂线），落影面为墙面和地面。

（2）求左侧挡墙上阴线 AB、BC、CD 在台阶各踏面、踢面上的落影。阴线 AB 为铅垂线，点 B 的落影在第一级踏步的踢面 X 上，通过 b'' 作常用光线的侧面投影 l''，求点 B 在 X 踢面上的落影 b'_x。根据铅垂线的落影性质，$b'_x a'_x // b'a'$。阴线 BC 为侧平线，点 C 的落影在最上一级的踏面 U 上。BC 线的影可从各级踏步的侧面投影用返回光线作出。例如，从侧面投影中的 $1''_s、2''_s$ 作返回光线，在 $b''c''$ 线上得点 $1''、2''$；由 $1''、2''$ 求出 V 面投影中 $1'、2'$ 点；自点 $1'、2'$ 引光线与对应的踏步棱线相交于点 $1'_s、2'_s、1'_1、2'_1$ 相连即为 $I\,II$ 线段在踢面 S 上的落影。同理可求出整个 BC 线的落影。阴线 CD 是正垂线，落影在墙面上，是与光线投射方向一致的 $45°$ 直线。

（3）求右侧挡墙上的阴线 EF、FG、GH 落在墙面上的影。根据 V 面投影可知，落在墙面上的影线所对应的阴线有 GH、FG，而阴线 FG 只是部分地落在墙面上。具体作图方法如图 2.5.14 所示，注意墙脚线上折影点 k'_v 的求法。

4. 天窗的阴影

图 2.5.15 所示为双坡顶天窗的阴影。天窗的阴线是 AB、BC、CD、DE、FM，它们分别落影在窗扇和屋面上。现将窗扇定为 O 面，屋面定为 1 面。天窗檐口线 AB 在窗扇上的落影 $a'_0 b'_0 // a'b'$。BC 的落影一部分落在窗扇上，一部分落在屋面上，落在窗扇上的影 $b'_0 l'_0 // b'c'$，在屋面上的影为 $b'_1 c'_1$。CD、FM 落影在屋面上，可利用侧面投影作图。例如求 CD 的落影时，可分别过 c''、d'' 作光线的侧面投影，引水平线与 c'、d' 所作的光线的 V 面投影相交于 c'_1、d'_1，c'_1、d'_1 相连即为所求。因 FM 是铅垂线，而坡屋顶是侧垂面，所以 FM 在 V 面投影中，落在屋面上的影与该屋面在 W 面上的积聚性投影成对称形状，故反映屋面的坡度 α。还可以根据 H、V 面两投影求绘出阴影。详细作图过程见图 2.5.15。

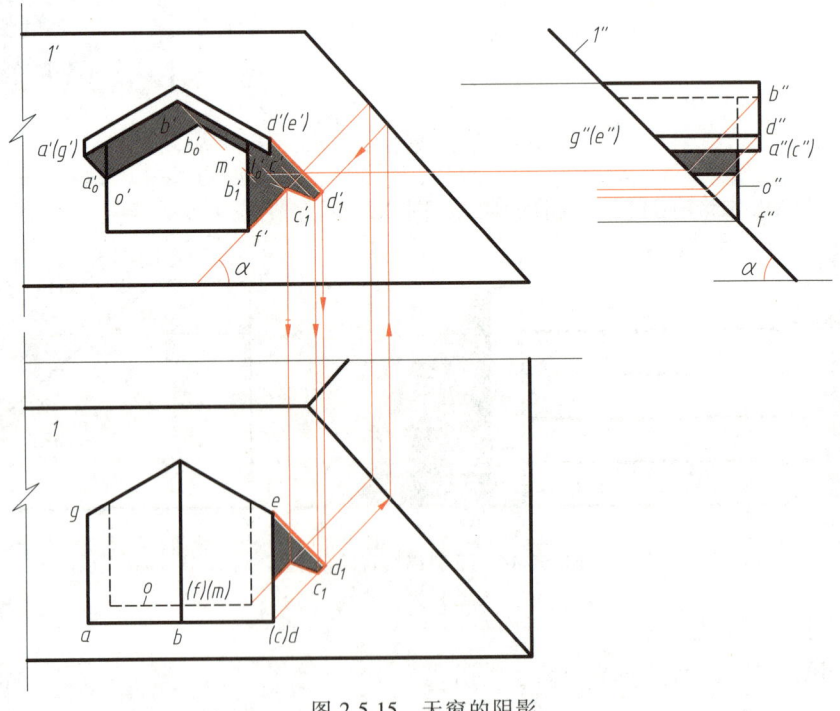

图 2.5.15 天窗的阴影

5. 烟囱的阴影

图 2.5.16 所示为烟囱在坡屋面上的阴影。烟囱的阴线为 BA、AF、FE、ED,其中 BA、ED 为铅垂线,在 H 面上的落影为 45°线。因坡屋面是侧垂面,所以,在 V 面投影中反映屋面的坡度 α。阴线 AF 平行于屋脊线,故在屋面上的落影 A_0F_0 平行于 AF。阴线 EF 为正垂线,在 V 面上的落影为 45°线,在 H 面上反映屋面的坡度 α。具体作图方法(两种):一种是通过 W 面投影作图;另一种是通过 H 面投影作图。如求 V 面中点 A 的落影,先过 a 作 45°光线与屋脊线交于点 1,求出点 $1'$,连接 $1'$、b',再过 a' 作 45°光线与 $1'b'$ 交于 a'_0,a'_0 为在 V 面投影中点 A 落在屋面上的影;再过 a'_0 向下引垂线,在 H 面投影中求出 a_0。同理,求出其他各点的落影,然后,按顺序连线即为所求。

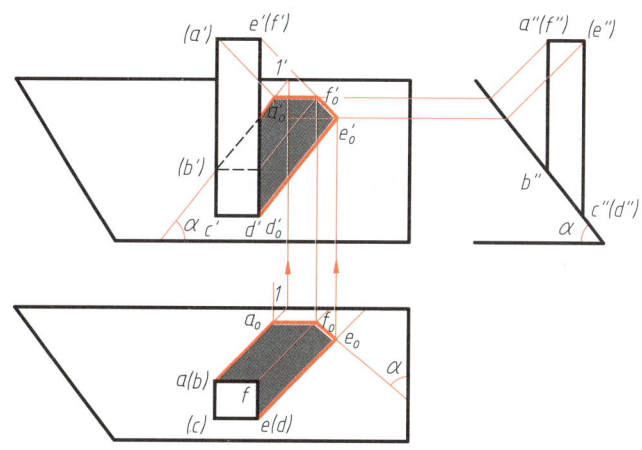

图 2.5.16 烟囱的阴影

6. 房屋的阴影

图 2.5.17 所示为房屋立面图上的阴影。该房屋是图 2.5.8、图 2.5.9 和图 2.5.12 所示图形的组合,求阴影时注意阴线 $ABECFD$ 与墙面、门面、窗面的距离不同,故影子高低错开。

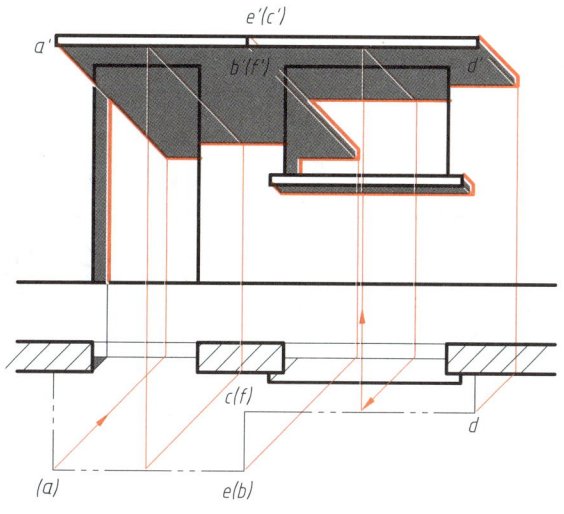

图 2.5.17 房屋的阴影

图 2.5.18 所示为双坡屋顶房屋的阴影。屋檐的阴线是 $ABCD$、EF，求法同前。但要注意阴线 CD 在正面檐板上及墙面上的一段落影，作图方法是：

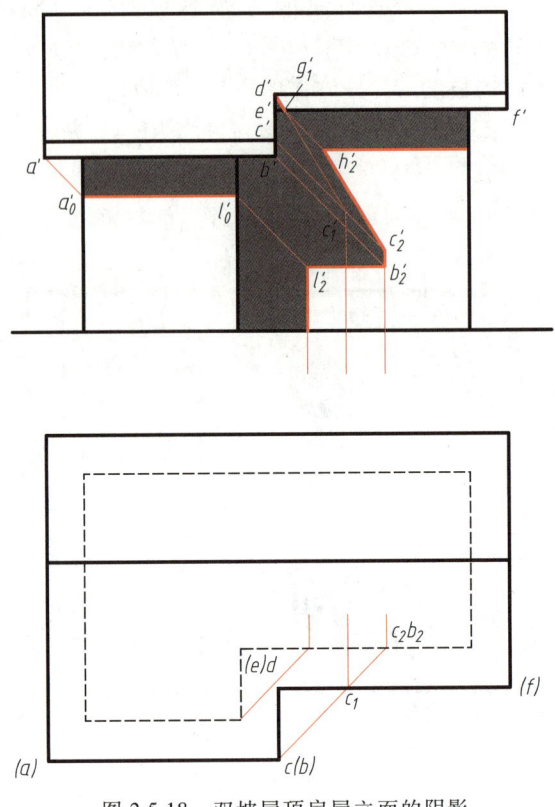

图 2.5.18 双坡屋顶房屋立面的阴影

（1）作出点 C 在正面封檐板扩大面上的虚影 $C_1(c_1、c_1')$，连线 $c_1'd'$ 与封檐板下边线交于点 g_1'，则 $d'g_1'$ 为阴线 CD 落在封檐板上的一段影线。

（2）作出点 C 在墙面上的落影 $C_2(c_2、c_2')$，根据一直线落在两个互相平行的落影面上的两段影子应互相平行的性质，过 c_2' 作 $d'c_1'$ 的平行线，与封檐板下边线在墙面上的落影相交于点 h_2'，$h_2'c_2'$ 为 CD 在墙面上的落影。

图 2.5.19 所示为双坡屋顶房屋在立面及侧面墙上的阴影。作法如下：

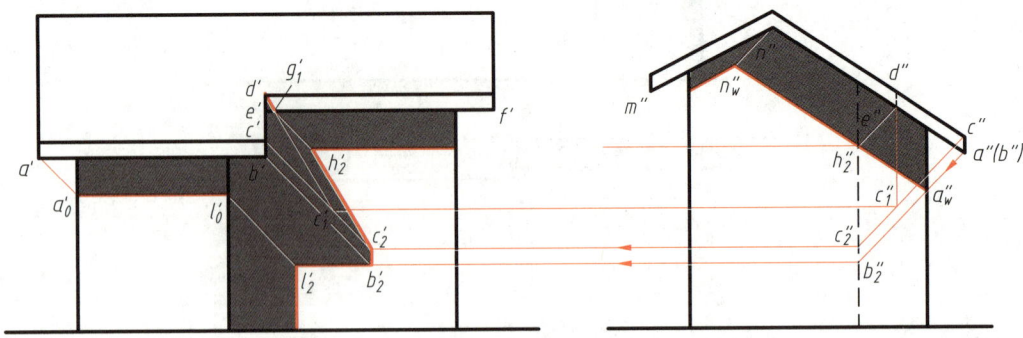

图 2.5.19 双坡屋顶房屋在立面、侧面墙上的阴影

(1) 求立面墙上的落影。利用侧面投影引光线,方法同前。图中求作阴线 CD 在封檐板上的落影时,先在侧面投影上将封檐板扩大,用求虚影的方法求出 c'_1。其他求法均同图 2.5.18。

(2) 求侧面墙上的落影。前后屋檐 AG、GH 平行于墙面,故 $a''_w g''_w \mathbin{/\mkern-5mu/} a''g''$,$g''_w h''_w \mathbin{/\mkern-5mu/} g''h''$。作图时,可通过作出 a''_w 来完成作图。

图 2.5.20 所示为房屋立面图上的阴影作图过程。图中表示出了分别利用侧面图和平面图作图的两种作图方法。利用侧面图求作房屋立面的阴影可见图 2.5.19。下面着重说明利用平面图作房屋立面阴影的方法。图 2.5.20 所示为两相交双坡屋顶房屋的阴影,阴线为 CD、CE、EG。CD 落影在屋面 R 上,通过 CD 作光平面和屋面交于直线 DI,此直线和过点 C 光线的交点就是点 C 在屋面 R 上的落影。如图 2.5.20 所示,过 c' 引光线 l',与 R、S 两平面的交线交于点 I';求出面 R 上 DI 线的 H 面投影 $d\,1$;过 c 引光线 l 与 $d\,1$ 线相交得 c_r;过 c_r 再引垂线与 l' 交于 c'_r,即为所求。$c'_r d'_r$ 为 $45°$ 线。EG 部分落影在墙面 S 上,只要求出点 E 在墙面 S 上的落影 e'_s,再过 e'_s 作 $e'g'$ 的平行线即可。阴线 CE 一部分落影在墙面 S 上,一部分落影在屋面 R 上。因 CE 和墙面平行,因此求得 e'_s 后引与 $c'e'$ 平行的直线就是线 CE 的落影。c'_r 和折影点 k'_s 相连,得线 CE 在屋面 R 上的落影。或通过求点 E 在屋面 R 上的虚影 e'_r 来确定 CE 在屋面 R 上的落影。求烟囱在屋面 R 上的阴影过程可参见图 2.5.16。

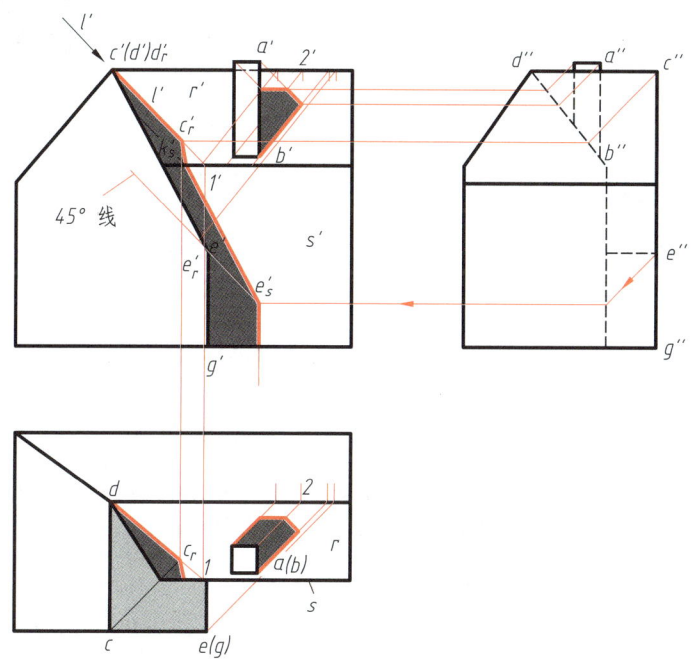

图 2.5.20 两相交双坡屋顶房屋的阴影

2.6 曲线的落影

曲线的落影为曲线上一系列点的落影的集合。

求作曲线落于一个落影面上的落影，可先作出曲线上一些点的落影，然后光滑连接这些点的落影，就得到曲线的落影。

2.6.1 圆形平面的落影

1. 圆形平面与落影面平行时的落影

当圆形平面平行于某投影(落影)面时，则在该投影面上的落影仍为圆平面。作图时先求出圆心 O 的落影，然后以该圆半径为半径作圆即可，形成阴影区域的边界，如图 2.6.1 所示。

2. 圆形平面与落影面倾斜时的落影

圆形平面在不与其平行的投影(落影)面上的落影是椭圆。其圆心的落影是该椭圆的中心，圆的任何一对互相垂直的直径，其落影成为椭圆的一对共轭直径。

如图 2.6.2 所示，一水平圆在 V 面上的落影是椭圆。作图步骤如下：

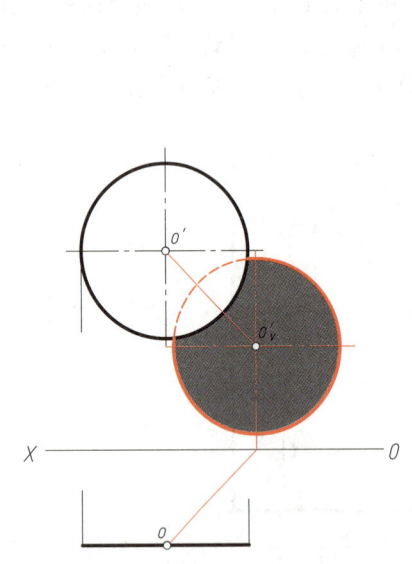

图 2.6.1 正面圆在 V 面上的落影

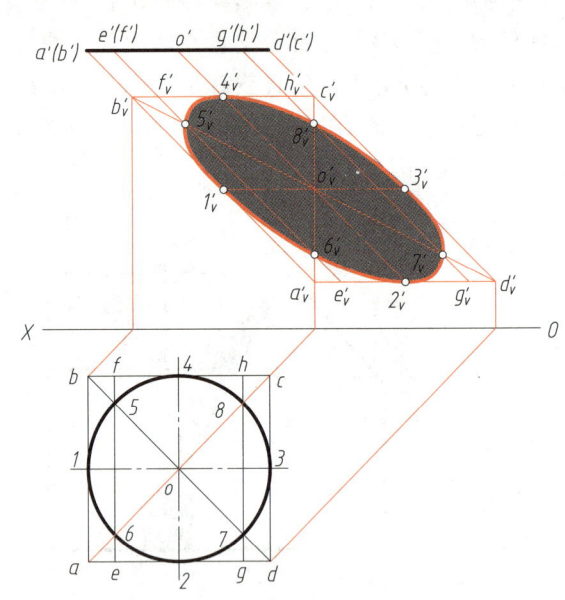

图 2.6.2 水平圆在 V 面上的落影

① 作圆周的外切正方形 $ABCD$。圆周切于正方形的四边中点 Ⅰ、Ⅱ、Ⅲ、Ⅳ；与对角线 BD、AC 相交于四点 Ⅴ、Ⅶ、Ⅵ、Ⅷ；通过对角线上的四点作平行于正方形边线 AB、CD 的辅助线 EF、GH。

② 作出正方形 $ABCD$ 在 V 面上的落影 $a'_v b'_v c'_v d'_v$，找出各边的中点 $1'_v、2'_v、3'_v、4'_v$，分别作对角线的落影 $b'_v d'_v、a'_v c'_v$ 及辅助线的落影 $e'_v f'_v、g'_v h'_v$，对角线与辅助线落影的交点 $5'_v、6'_v、7'_v、8'_v$ 即为椭圆上的点。

③ 最后用光滑曲线将这八个点光滑连成椭圆，即为所求。

2.6.2 平面非圆曲线的落影

图 2.6.3 所示为平面曲线组成的平面图形，在 V 面和 H 面上都有落影。

作图方法：先在曲线上取折点 Ⅱ、Ⅲ、Ⅴ、Ⅵ 和特殊点 Ⅰ、Ⅳ 和 A，再在曲线段内部选取一些点(图中未标注)；其次求出这些点在 V、H 面上的落影，如 $1'_v、2'_v、3'_v、4'_v$ 和 $6_h、a_h、5_h$，最后光滑连线，形成阴影区域的边界。

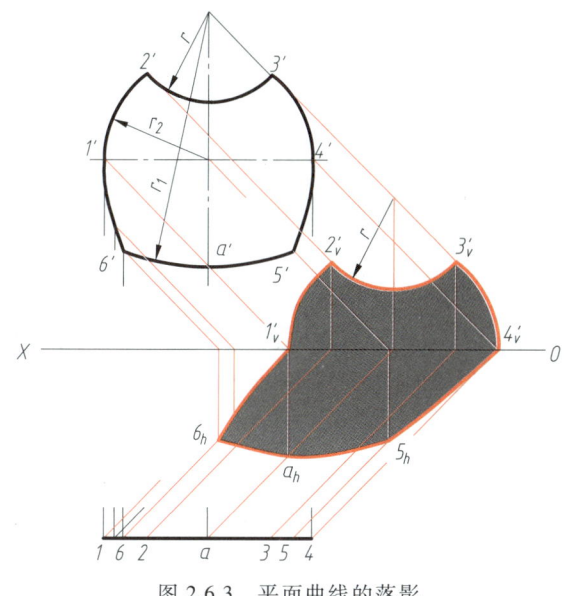

图 2.6.3 平面曲线的落影

2.7 曲面立体的阴影

2.7.1 圆柱的阴影

1. 圆柱阴线的形成

如图 2.7.1 所示,圆柱面上的阴线是圆柱面与光平面相切的两条素线,即图中的直线 AB、CD。这两条阴线的落影必与圆柱上、下底面圆的落影相切,围成圆柱的阴影。圆柱的上底面是阳面,下底面是阴面,两条阴线 AB、CD 将上、下底面圆分成两部分,圆柱面的左前方一半受光而为阳面,右后方一半背光而为阴面,所以整个圆柱的阴线是由两条素线和两个半圆弧组成,即图 2.7.1 中的 AB、$\overset{\frown}{BD}$(顺时针由 $B→D$)、DC、$\overset{\frown}{CA}$(顺时针由 $C→A$)。

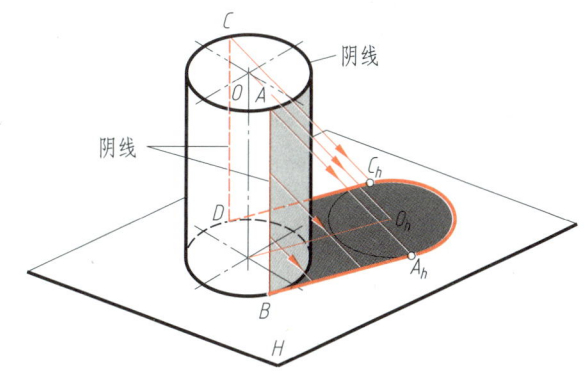

图 2.7.1 圆柱阴影的形成

2. 圆柱阴影的求法

如图 2.7.2 所示,当圆柱的轴线垂直于 H 面时,圆柱的 H 面投影积聚成一圆,阴线必然是垂直于 H 面的素线。所以,作常用光线的 H 面投影与圆柱的 H 面投影相切,切点 $a(b)$ 和 $c(d)$ 就是阴线的 H 面投影。由此求得阴线的 V 面投影 $a'b'$ 及 $c'd'$。由 H 面投影可以看出,圆柱面的左前方一半是阳面,右后方一半是阴面。在 V 面投影中,$a'b'$ 右侧的部分为可见的阴面。圆柱下底面圆在 H 面上的落影即底面圆自身,上底面圆平行于 H 面,故它在 H 面上的落影仍为与其直径相同的圆。两条阴线(素线)在 H 面上的落影为 45° 线,与上、下底面圆的落影相切,整个圆柱的阴影如图 2.7.2 所示。

圆柱阴线的 V 面投影,还可通过单面作图法直接在 V 面上作出。如图 2.7.3 所示,首先在圆柱底面上作辅助半圆,过圆心 o_1' 引两条不同方向的 45° 线,与半圆交于两点 1、2,由两点 1、2 向圆柱的 V 面投影引线,即得所求阴线 AB、CD 的 V 面投影 $a'b'$ 和 $c'd'$。

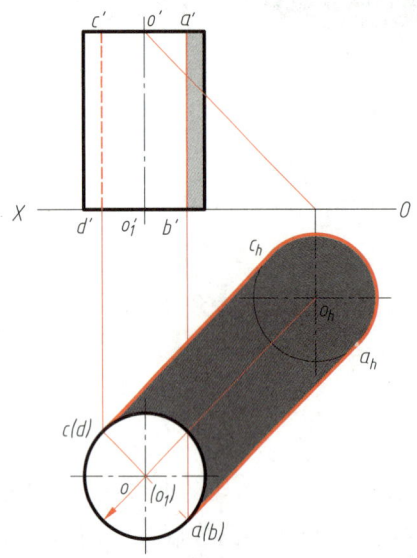

图 2.7.2 圆柱阴影的作法

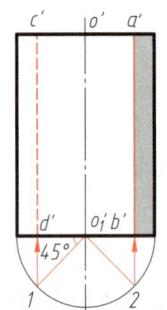

图 2.7.3 圆柱阴线的单面作图法

图 2.7.4 所示为铅垂圆柱。根据圆柱与投影(落影)面的相对位置可知,一部分影落在 V 面上,一部分影落在 H 面上。圆柱上底面圆在 V 面上的落影是一个椭圆,可将上底面圆上点的各落影光滑连成椭圆,形成阴影区域的边界,即为所求。

2.7.2 圆锥的阴影

1. 圆锥阴影的形成

如图 2.7.5 所示,圆锥面上的阴线是圆锥与光平面相切的过锥顶的两条素线 SA、SB,其影线是过锥顶的影点 S_h 与锥底圆相切的直线 S_hA、S_hB。由 $\overset{\frown}{AB}$(逆时针由 $A→B$)及素线 SA、SB 所确定的曲面,以及圆锥的底面为阴面。

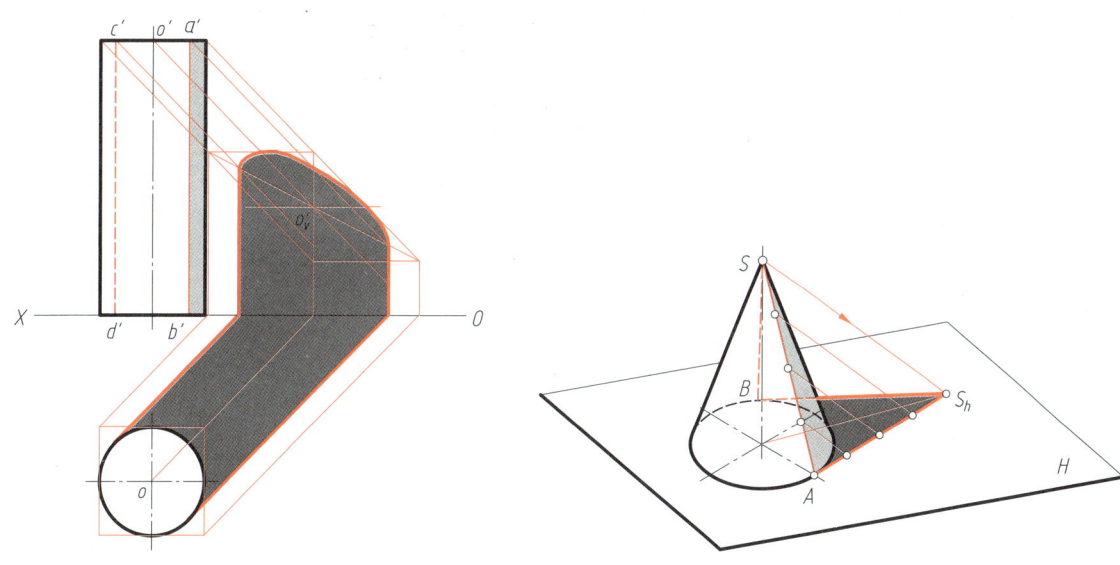

图 2.7.4 铅垂圆柱在 H、V 面上的阴影

图 2.7.5 圆锥阴影的形成

2. 圆锥阴影的求法

图 2.7.6 所示为圆锥轴线垂直于 H 面的正圆锥。先作出底面圆和顶点的落影。通过底面圆的圆心 O 引光线,求出圆心在 H 面的落影 O_h 和落影圆。再通过锥顶 S 引光线,求出锥顶 S 在 H 面的落影 S_h。由 S_h 向底面圆的落影引切线,得切点 A_h、B_h,由切点 A_h 和 B_h 作返回光线与圆锥底面圆的 H 面投影交于 a、b 两点,连线 sa、sb 即是锥面阴线 SA、SB 的 H 面投影。由 a 和 b 求得 a' 和 b',连线 $s'a'$ 和 $s'b'$ 即为锥面阴线的 V 面投影。由 H 面投影可以看出,锥面左前方一大半受光而为阳面,右后方一小半背光而为阴面。

圆锥的阴线,也可采用单面作图法直接在 V 面投影中求作,其作图步骤如图 2.7.7 所示。在圆锥 V 面投影底边 $1'2'$ 的下方作半圆,自半圆与中心线的交点 c_1 作左轮廓素线 V 面投影 $s'1'$ 的平行线,交 $1'2'$ 于点 d;再过点 d 向左下和右下方分别作 $45°$ 线,与半圆交于点 a 和 b,由 a 和 b 两点向上引垂线,在 $1'2'$ 上求得点 a'、b',连线 $s'a'$ 和 $s'b'$ 就是锥面上的两条阴线。作图过程证明如下:如图 2.7.8 所示,将圆锥的 H 面投影移画到圆锥的 V 面投影上,使圆锥的底圆直径与 V 面投影的底边 $1'2'$ 重合,连接切点 a 和 b,ab 为 $45°$ 线,且与 $S_h s$ 垂直,与 $1'2'$ 交于点 d。现证明 $c_1 d$ 平行于 $s'1'$,为证明方便,先证明 cd 平行于 $s'2'$,如图 2.7.8 所示。

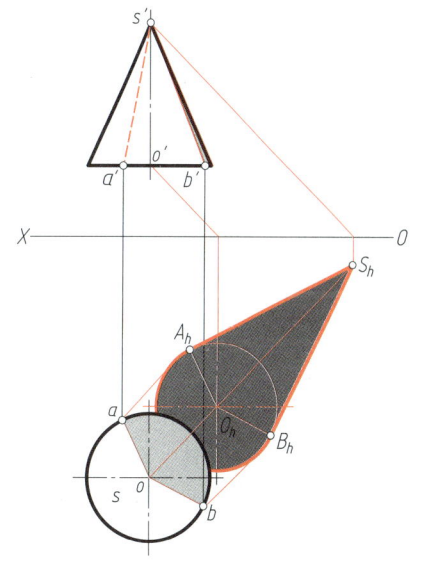

图 2.7.6 圆锥阴影的作法

设圆锥底圆半径为 R,锥高为 H,则

$$S_h s = H/\cos 45°$$
$$\angle sab = \angle aS_h s = \angle sS_h b = \alpha$$

在 $\triangle s's2'$ 中,$\tan \beta = R/H$;在 $\triangle csd$ 中,$\tan \gamma = sd/R$。

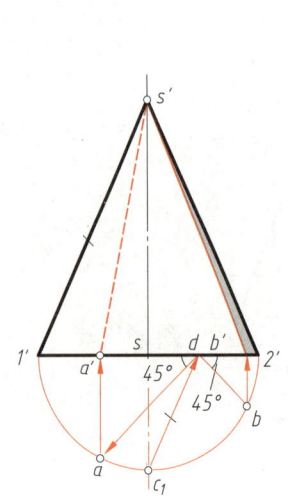

图 2.7.7　圆锥阴线的单面作图法

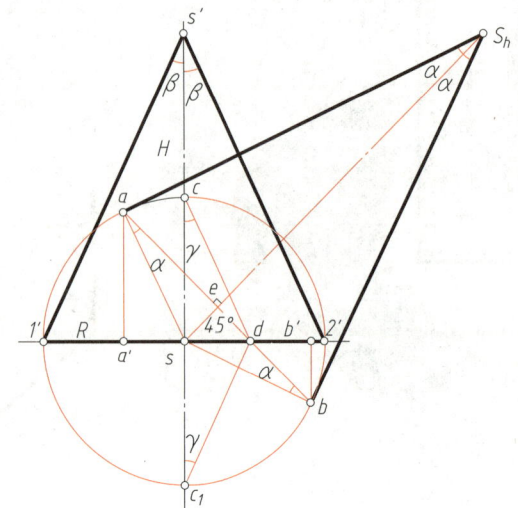

图 2.7.8　圆锥阴线单面作图证明

因为
$$sd = \frac{R\sin \alpha}{\cos 45°}$$

在 $\triangle S_h as$ 中,有
$$\sin \alpha = \frac{R}{S_h s} = \frac{R}{\dfrac{H}{\cos 45°}} = \frac{R\cos 45°}{H}$$

所以
$$\tan \gamma = \frac{sd}{R} = \frac{1}{R} \cdot \frac{R}{\cos 45°} \cdot \frac{R\cos 45°}{H} = \frac{R}{H}$$

$\tan \beta = \tan \gamma$,$\gamma = \beta$,于是 $cd /\!/ s'2'$。

为作图方便,将 $1'2'$ 线上方半圆折过来与下半圆重合,则 cd 与 c_1d 重合,$c_1d /\!/ s'1'$。这样就得到了直接在 V 面上求阴线投影的作图方法(图 2.7.7)。

图 2.7.9 所示是倒立圆锥面上阴线的求法。过锥顶 $S(s,s')$ 作返回光线,光线与锥底平面相交于点 $S_0(s_0,s_0')$,s_0 为锥顶 S 在锥底平面上的虚影。由 s_0 向圆锥 V 面投影底圆作切线,得两切点 a 和 b。由点 a、b 在 V 面投影中求得 a'、b',则连线 $SA(sa,s'a')$ 和 $SB(sb,s'b')$ 即为所求的阴线,从而确定了阴面。

图 2.7.10 是求倒立圆锥阴线的简便作图方法。

图 2.7.11 所示是几种特殊锥面的阴线位置。

理论上当圆锥底角 $\alpha \approx 35°$ 时(图 2.7.11a),通过锥顶的常用光面与锥面相切,圆锥面上只有一条素线与该光面相切,即为阴线。若为正圆锥,则阴线位于圆锥的右后方,除阴线以外,圆锥面均为阳面。若为倒圆锥,则阴线位于圆锥的左前方,只有阴线受光,其余均为阴面。在正面投影图上,阴线的投影是通过锥顶的 45° 直线。

2.7 曲面立体的阴影

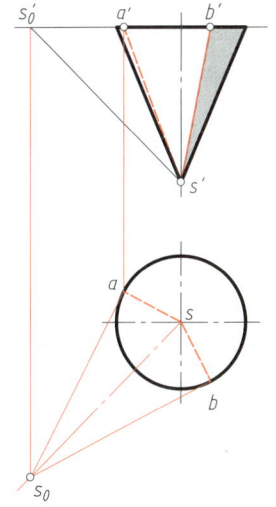
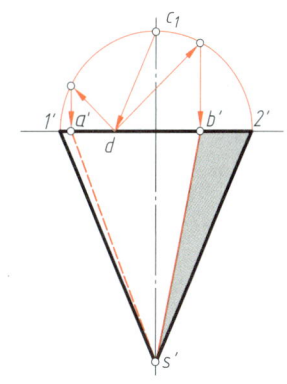

图 2.7.9　倒立圆锥阴线的作图法　　图 2.7.10　锥面阴线单面作图法

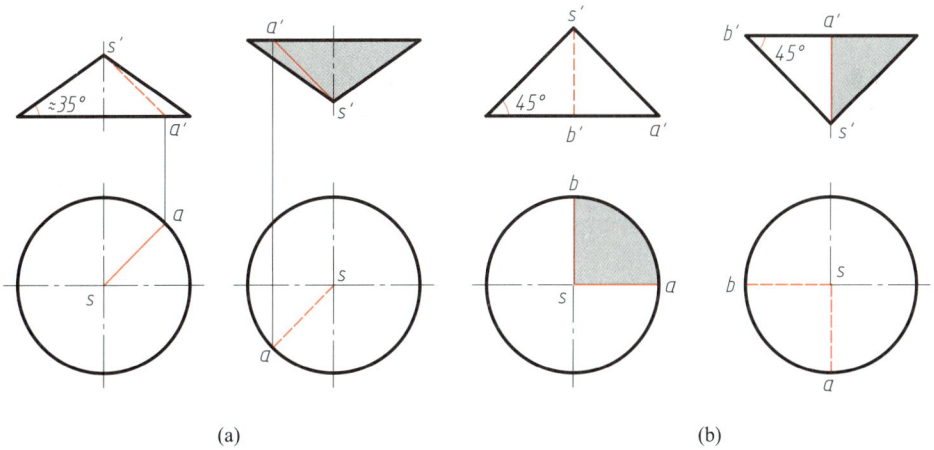

(a)　　　　　　　　　　　(b)

图 2.7.11　特殊锥面的阴线位置

当 $\alpha < 35°$ 时，正圆锥全部受光，倒圆锥全部背光。

当 $\alpha = 45°$ 时（图 2.7.11b），正圆锥的阴线在圆锥面的右、后位置，锥面的 1/4 为阴面，3/4 为阳面。倒圆锥的阴线在锥面的左前方，锥面 3/4 为阴面，1/4 为阳面。

以上几种特殊圆锥面受光特征很有用，常利用这种特征来解回转面的阴点、阴线问题。应熟练掌握它。

2.7.3　曲线回转体的阴影

1. 曲线回转体的阴线

曲线回转体的阴线一般为空间曲线。组成阴线的所有阴点，均为光线与回转体表面的切点。求曲线回转体的阴线，先要求出一系列的阴点，然后光滑连接所求各阴点即得阴线。求曲线回转体的阴线，可采用切锥（柱）面法。

如图 2.7.12 所示，当切圆锥（或柱）面与曲线回转体共轴并相切时，两者相切于一个公共的纬圆（切线圆），纬圆与切圆锥（或柱）面上阴线的交点，即是曲线回转体阴线上的点。将利用不同的切圆锥（柱）所求得的属于曲线回转体阴线上的各点光滑连接起来，即为所求的阴线。这种求曲线回转体阴线的方法称为切锥（柱）面法。具体作图如下：

（1）作一切圆锥（柱）面与已知的曲线回转体相切，得一相切的纬圆。

（2）求出切圆锥（柱）面的阴线。

（3）求纬圆与切圆锥（柱）面上阴线的交点，即为所求之阴点。

（4）光滑连接各阴点得所求阴线。

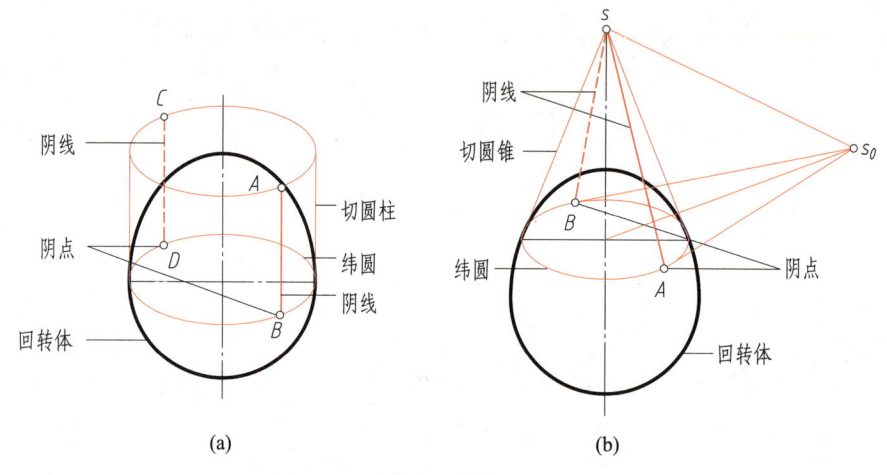

图 2.7.12　曲线回转体的阴线分析

图 2.7.13 所示是蛋形回转体的 V 面投影，阴线可用切锥（柱）面法求得。作图时，首先要利用特殊锥面的阴线来求特殊点。其中回转体阴线 V 面投影的最高点 $1'$ 和最低点 $12'$，是分别作底角为 35°的切正圆锥及切倒圆锥（圆锥顶点的 V 面投影为 s_1'）与回转体相切，相切的纬圆的 V 面投影为 $a'b'$、$c'd'$，切锥面上的阴线与蛋形回转体上相切的纬圆相交的点（V 面投影为 $1'$、$12'$）即为所求的阴点。阴线在回转体轮廓线上的点（V 面投影为 $2'$ 和 $11'$）及最前、最后的点（V 面投影为 $10'$ 和 $3'$），是分别作底角为 45°正圆锥和倒圆锥（圆锥顶点的 V 面投影为 s_2'）与回转体相切求得。赤道圆上的阴点 $6'$ 和 $7'$，是用切柱面求得的。阴线上的其他点如 $4'$、$5'$、$8'$、$9'$，可在 V 面投影中作切正圆锥及切倒圆锥求得。根据阴点点位需要，可作一系列的切圆锥，求出多个阴点，并光滑连接各阴点，即为所求阴线的 V 面投影。其中点 $11'$ 和 $2'$ 是可见与不可见的分界点，可见部分用实线表现，不可见部分用虚线表示。

2. 球面的阴影

（1）阴线的形成

球面的阴线是光线圆柱面与球面相切的圆，其直径等于球的直径，阴线圆所在的平面与光线方向垂直，并与各投影面的夹角相等。球面阴线的各个投影均是大小相等的椭圆（图 2.7.14），球心的投影即为椭圆中心，长轴垂直于光线的同面投影，短轴平行于光线的同面投影。

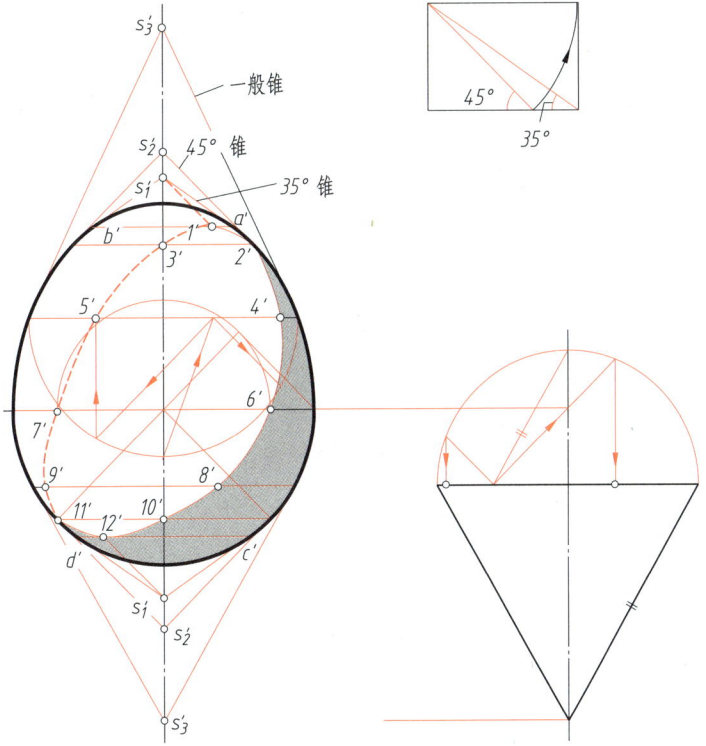

图 2.7.13 回转体阴线的求法

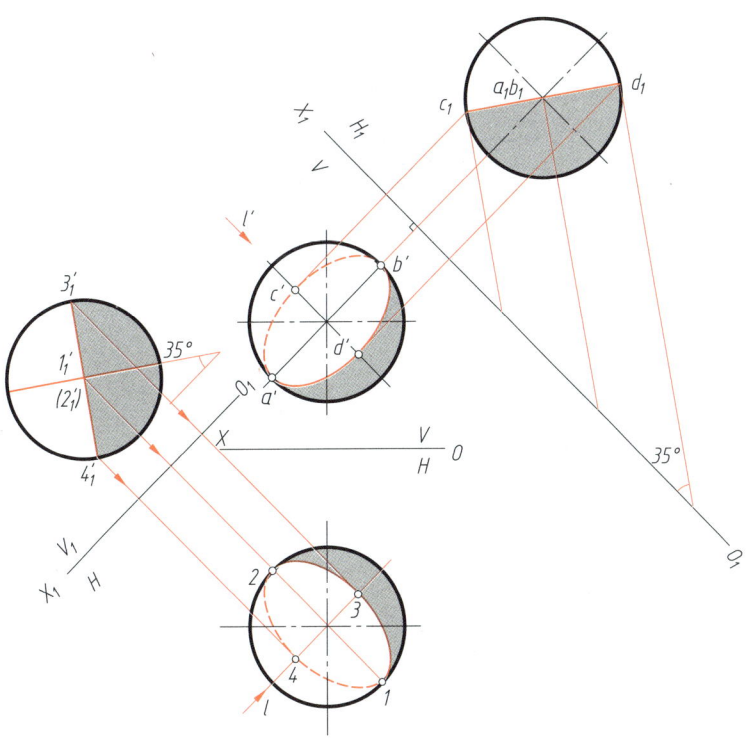

图 2.7.14 长短轴法求球面上的阴线

（2）阴线的求法

1）长短轴法

如图 2.7.14 所示，各投影面上阴线投影椭圆的长轴垂直于光线的投影，短轴与长轴垂直，短轴长度可应用换面法求得。V 面投影中椭圆短轴长度的确定方法为：以平行于光线的正垂面 H_1 作为新投影面，这时，光线在 H_1 面上的投射方向与新轴 O_1X_1 所夹的角度是 35°。球面上的阴线在 H_1 面上的投影积聚成一垂直于光线方向的直线，c_1d_1 是短轴两端点在 H_1 面上的投影，返回到 V 面投影中得 $c'd'$，从而确定出短轴的长度。

确定椭圆短轴长度的另一种作法为：过长轴的两端点，作与长轴成 30° 的直线，与短轴方向线相交，求得短轴的长度。作图根据如图 2.7.15 所示，r 为球的半径，在新投影面 H_1 上，$m/r = \sin 35° = 1/\sqrt{3}$；在 V 面投影上，$m/r = \tan\alpha = \sin 35° = 1/\sqrt{3}$，所以 $\alpha = 30°$。同理，求出 H 面上投影椭圆的短轴长度，根据长短轴画出椭圆，即为球面阴线的投影。

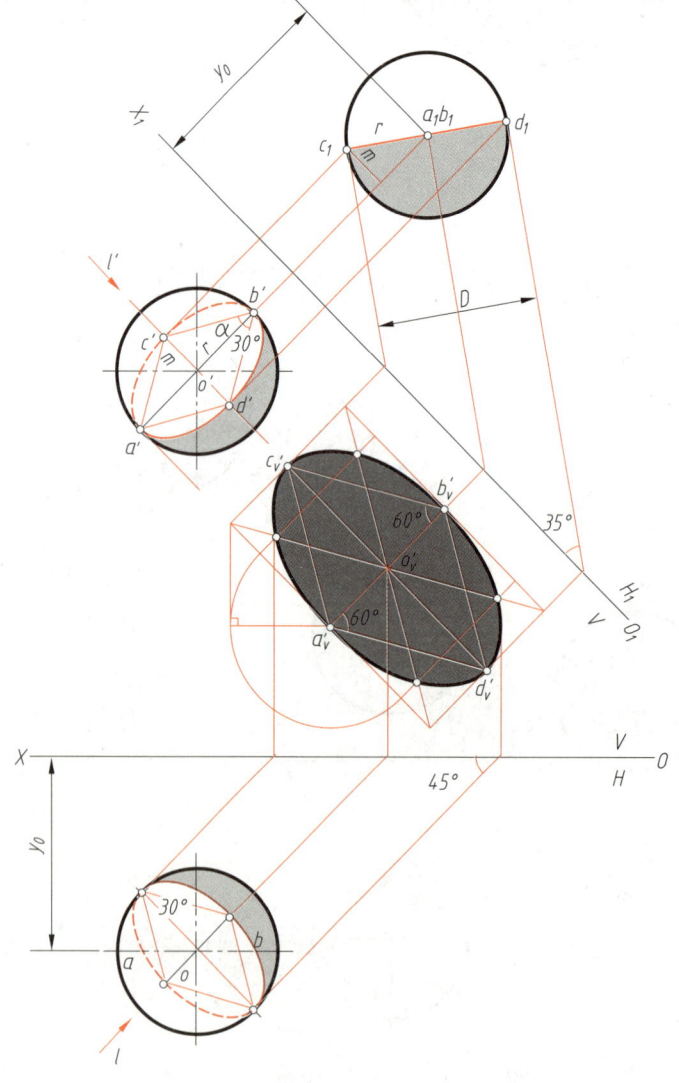

图 2.7.15　球面的阴影

2）切锥面法

对于球面阴线的投影椭圆，除按长短轴法作图外，还可运用切锥面法求出其他阴点。图 2.7.16 所示是圆球的 V 面投影，其阴线投影椭圆的长轴两端点 a'、b' 可用 45°正（倒）圆锥确定。同时求出阴点投影 e'、f'。阴线投影椭圆上的最高点 g'、最低点 h' 分别用 35°正、倒圆锥求得。利用对称性求出阴点 m'、n'。赤道圆上的阴点投影 p'、q' 按切柱面求得，短轴的端点 c'、d' 按前述方法求出。最后光滑连接各点，即为所求。

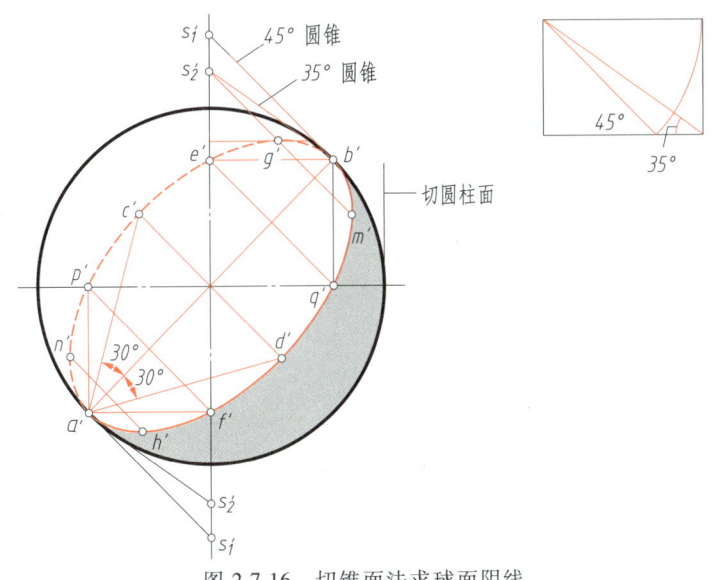

图 2.7.16 切锥面法求球面阴线

（3）球面阴影的求法

球在投影面上的落影为椭圆，是球面上的阴线落在投影面上的影子。图 2.7.15 所示是球在 V 面上的落影情况。圆的直径 $AB \perp CD$，而 AB 平行于 V 面，CD 位于垂直于 V 面的光平面内，因此，它们在 V 面上的落影仍互相垂直，且成为落影椭圆的长、短轴。短轴 $a'_v b'_v$ 的长度等于球的直径 D，长轴 $c'_v d'_v = D \cdot \tan 60°$。所以，过短轴两端点 a'_v、b'_v 作与短轴成 60°角的直线，得长轴两端点，从而定出椭圆长轴的长度，再根据八点法作出落影椭圆。

3. 环面的阴影

（1）环面阴线的求法

环面是以圆为母线，绕与它共面的圆外直线旋转而成的曲面。根据环面的形成特点，环面的阴线有两部分，一部分为外表面的阴线，一部分为内表面的阴线。作图时，先作外表面的阴线，后作内表面的阴线。

作图步骤如下：

1）求外表面的阴线

如图 2.7.17 所示，用 35°正、倒外切圆锥面，分别求出阴线上最高和最低阴点的投影 $5'$、$6'$；用 45°正、倒外切圆锥面，求出轮廓线上阴点的投影 $1'$、$2'$、$3'$、$4'$；用外切圆柱面求出赤道圆上阴点的投影 $7'$、$8'$。最后，用曲线板光滑连接各阴点，即得外表面阴线的 V 面投影，其中 $1'7'4'6'3'$ 可见，$3'8'2'5'1'$ 不可见。

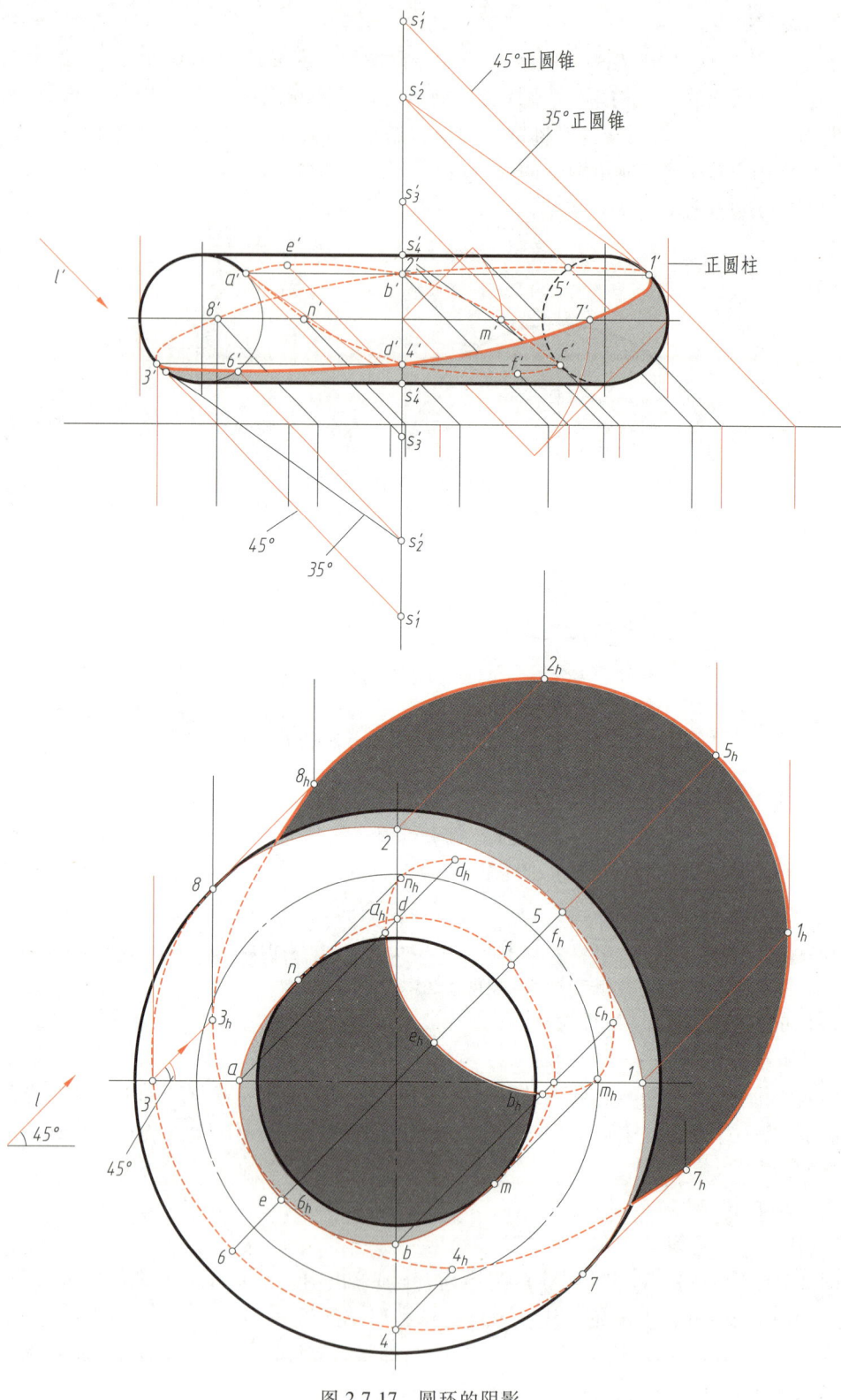

图 2.7.17 圆环的阴影

2）求内表面的阴线

用35°倒、正内切圆锥面,分别求出阴线上最高和最低阴点的投影 e'、f';用45°倒、正内切圆锥面,分别求出轮廓线上阴点的投影 a'、b'、c'、d';用内切圆柱面求出颈圆上阴点的投影 n'、m';再用曲线板光滑连接各阴点的投影,即得内表面阴线的 V 面投影。

（2）环面阴影的作法

根据阴线的 V 面投影,按面上取点的方法求出各阴点的 H 面投影,并判别可见性,光滑连接各阴点的投影,即为所求。

【例 2.7.1】 图 2.7.18 所示为墙面上凸出的半圆环面体装饰,求作其阴影。

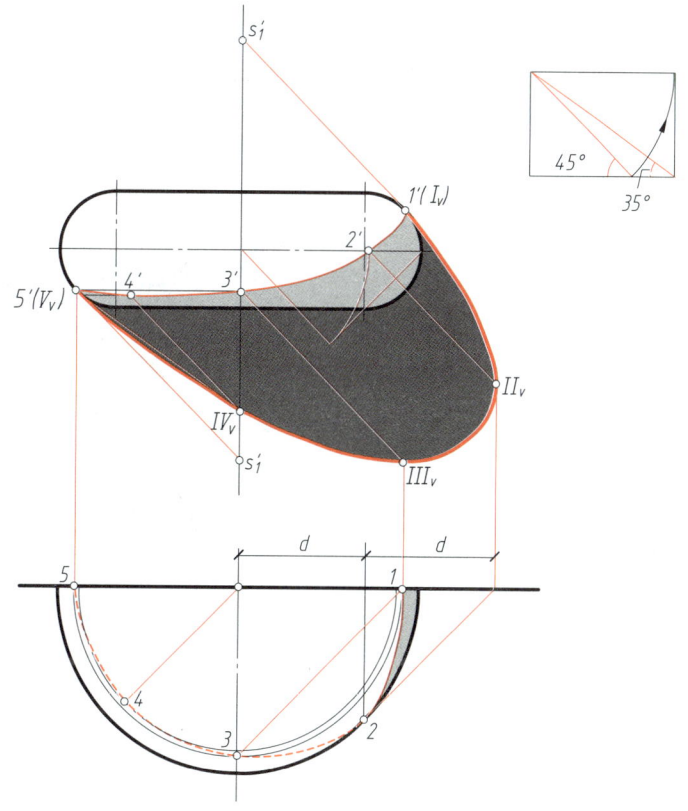

图 2.7.18 半环面体装饰的阴影

解 求作阴线:作35°倒外切圆锥面,得阴点投影 $4'$（最低点）;作45°正、倒切圆锥面得阴点投影 $1'$（最右点）、$3'$（最前点）和 $5'$（最左点）;作切圆柱面与环赤道圆相切,与圆柱面的阴线切于点 $2'$;光滑地连接点 $1'$、$2'$、$3'$、$4'$、$5'$（H 面投影为点 1、2、3、4、5）,即得半环面阴线的 V、H 面投影。

求作阴影:由阴点投影 $1'$、$2'$、$3'$、$4'$、$5'$ 和 1、2、3、4、5,按照落影的规则,得到各点在 V 面（即墙面）上的落影 I_v、II_v、III_v、IV_v、V_v,光滑地连接,即得半圆环体的阴影。

2.7.4 曲面组合体的阴影

图 2.7.19 是一带有正方形盖盘的圆柱,求方盖落在圆柱表面的影及圆柱面在习用光线下本身的阴面。可利用柱面的积聚性投影,直接求作在柱面上的落影。方盖落在圆柱面上的落影是

由方盖底边 AB 和阴线 AC 所产生的。作图时,首先求作一些特殊点的落影,如落影点 a'_0 和落于圆柱最前轮廓素线上的落影点 d'_0。此外,位于圆柱阴线上的落影点 e'_0 也需要作出。求作落影点 e'_0 的方法是:在 H 面投影中,过圆柱阴线位置作返回光线与盖盘交于点 e,由 e 求得 e'。自 e' 作 45°光线,与引自 e_0 的铅垂线相交,交点 e'_0 即为圆柱面阴线上阴点 E 落影 E_0 的 V 面投影,再光滑地连接各点 a'_0、d'_0、e'_0,即得盖盘阴线在柱面上的落影。圆柱面本身阴面的求法见"2.7.1 圆柱的阴影"。

图 2.7.20 所示为带方盖盘圆柱在墙面、地面及方盖落在柱面上的阴影。其中方盖盘的影落在墙面、地面和柱面上,圆柱的影落在地面上。将各部分形体的落影构成的最外影线所包围的范围画上阴影符号即为所求。

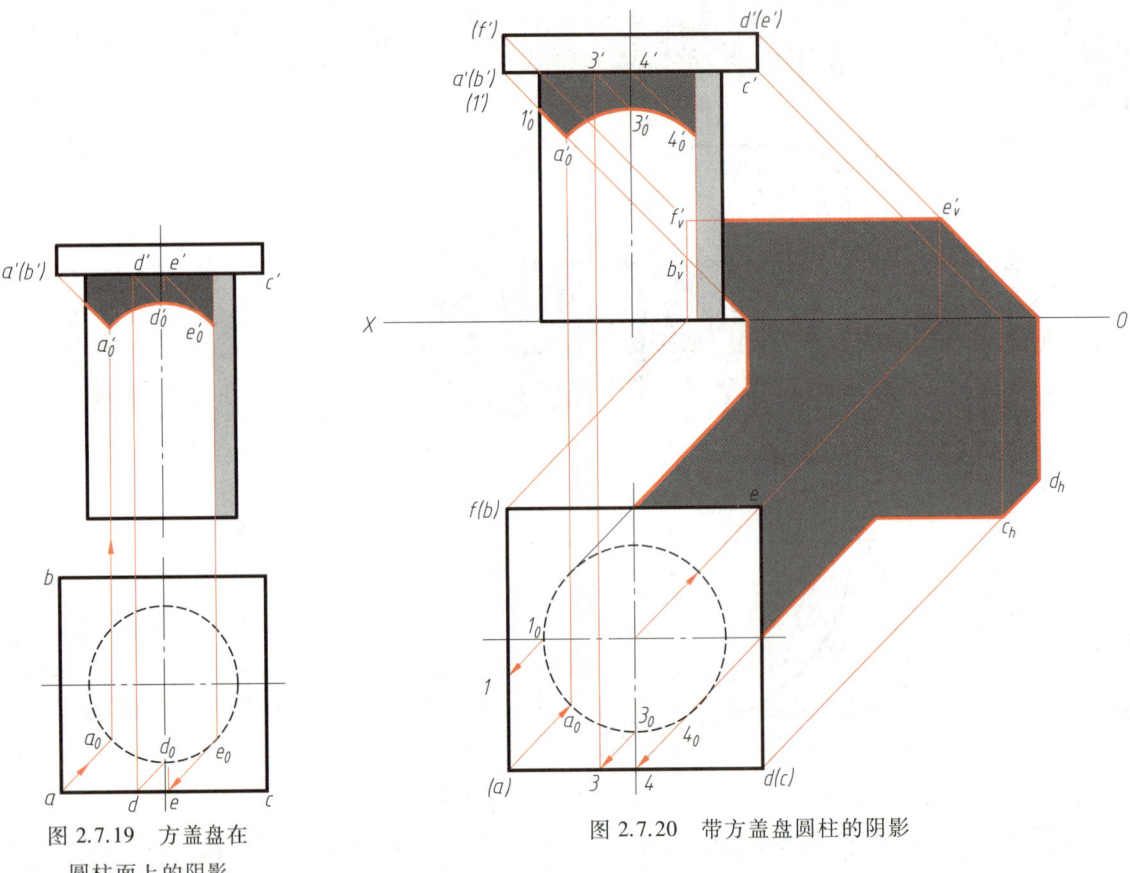

图 2.7.19 方盖盘在圆柱面上的阴影

图 2.7.20 带方盖盘圆柱的阴影

图 2.7.21 所示为一带有圆盖盘的圆柱投影,盖盘下底圆弧 $\overparen{ABCDEF}$ 是阴线,其中 $\overparen{BCDE}$ 落影于圆柱面上,其影线为空间曲线。因为通过点 B、C、D、E 的光线组成的光柱面切割圆柱面,所得交线为空间曲线。为求出该落影线,要利用柱面在 H 面上的积聚性投影作图。可先求出特殊落影点,再求出一般落影点,然后将所求各落影点光滑连接起来即为所求。作图步骤如下:

① 求圆柱转向线上的影点 b'_0、d'_0,即圆柱面上最左、最前素线上的落影点。b'_0、d'_0 对应于 H 面上的投影 b_0、d_0 在圆柱面的积聚性投影上。通过 b_0、d_0 作返回光线,与圆盖盘下底交于 b、d 两

点,求出 b'、d',过 b'、d' 分别作光线的 V 面投影,与两转向线交于点 b_0'、d_0'。

② 在 H 面投影中,作光线与圆柱相切,切点 e_0 为落影点的 H 面投影。切线延长线与盖盘下底交于点 e,求出 e',过点 e' 作光线的 V 面投影与圆柱阴线交于 e_0'。

③ 求影线上的最高落影点。最高影点亦即盖盘阴线上与圆柱面的落影点距离最短的那一点。在 H 面投影上,通过圆柱轴线作 $45°$ 光平面,光平面为铅垂面,将盖盘和圆柱分成对称的两部分。光平面为对称面,盖盘阴线与对称面相交的点 c 与落影点 c_0 距离最短,V 面投影亦即如此。求作点 c_0' 的方法同上。

④ 根据作图的需要,可加密一些落影点,如 $N(n_0,n_0')$。

⑤ 光顺连接 b_0'、c_0'、n_0'、d_0'、e_0' 各落影点,即得盖盘在圆柱面上的落影。

图 2.7.22 所示为一正方形盖盘和与其同轴的圆锥体的阴影。

由于正方形盖盘与圆锥体有共同轴线,存在对称性,因此可在 V 面投影上简捷求解(称单面作图)。该组合体的阴影由两部分组成:

① 圆锥体自身的阴面,可利用辅助半圆的方法求得阴线(阴面),如图 2.7.22 所示。

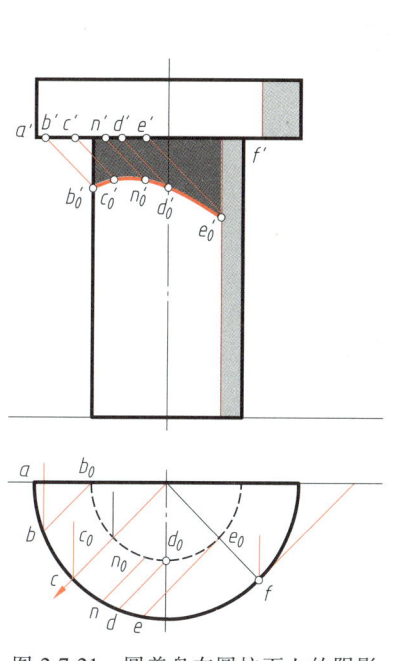

图 2.7.21 圆盖盘在圆柱面上的阴影

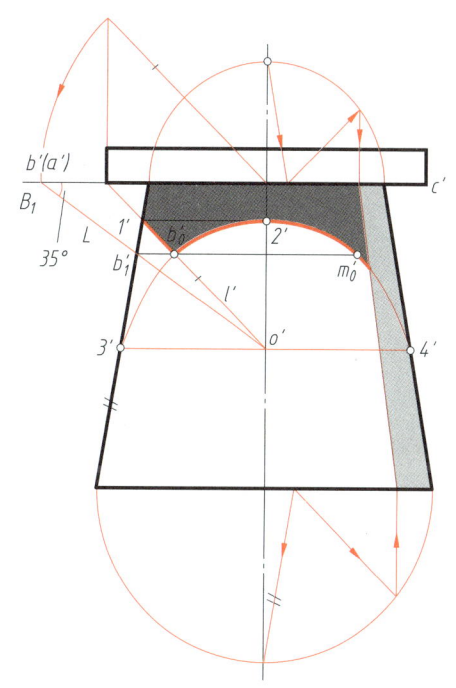

图 2.7.22 方盖盘在圆锥面上的阴影

② 方盖盘底面阴线 AB 与 BC 在圆锥面上的落影,是包含 AB(正垂线)和 BC(侧垂线)的光截面与圆锥面的交线。该交线分别为两个方向的椭圆弧,并且这两个椭圆弧同圆心、同形。由于方盖盘上的线 AB 为正垂线,可以利用其积聚性投影 $b'(a')$ 作 $45°$ 线交圆锥左侧转向线于点 $1'$,交圆锥轴线投影于点 o',$1'o'$ 即为这个椭圆弧的积聚性投影。由于方盖盘上的线 BC 为侧垂线,当然也就是平行于 V 面的一条水平线。包含线 BC 的光截面与圆锥面截交的椭圆弧投影,其横轴为 $3'4'$(由点 o' 作水平线分别交圆锥左、右转向线投影于点 $3'$、点 $4'$);这个椭圆弧与积聚性椭圆弧最高点同高,由点 $1'$ 作水平线交圆锥轴线投影于点 $2'$。点 B 是方盖盘底面上线 AB 与 BC 的

交点,是落影的关键点。其作图方法是,以圆锥轴线为旋转轴把空间点 B 旋转到与 V 面平行的位置 B_1(图 2.7.22)。由 B_1 作 35°空间方向光线 L 交圆锥左侧转向线于点 b'_1,由点 b'_1 作水平线交 $1'o'$ 于点 b'_0,即为点 B 在圆锥面上的落影。其对称点为点 m'_0。光滑地连接点 b'_0、$2'$、m'_0、$4'$ 形成椭圆弧,即为 BC 在圆锥面上可见的落影。

图 2.7.23a 所示为墙面上半球与方盖盘组合的装饰,其阴影作法如下:

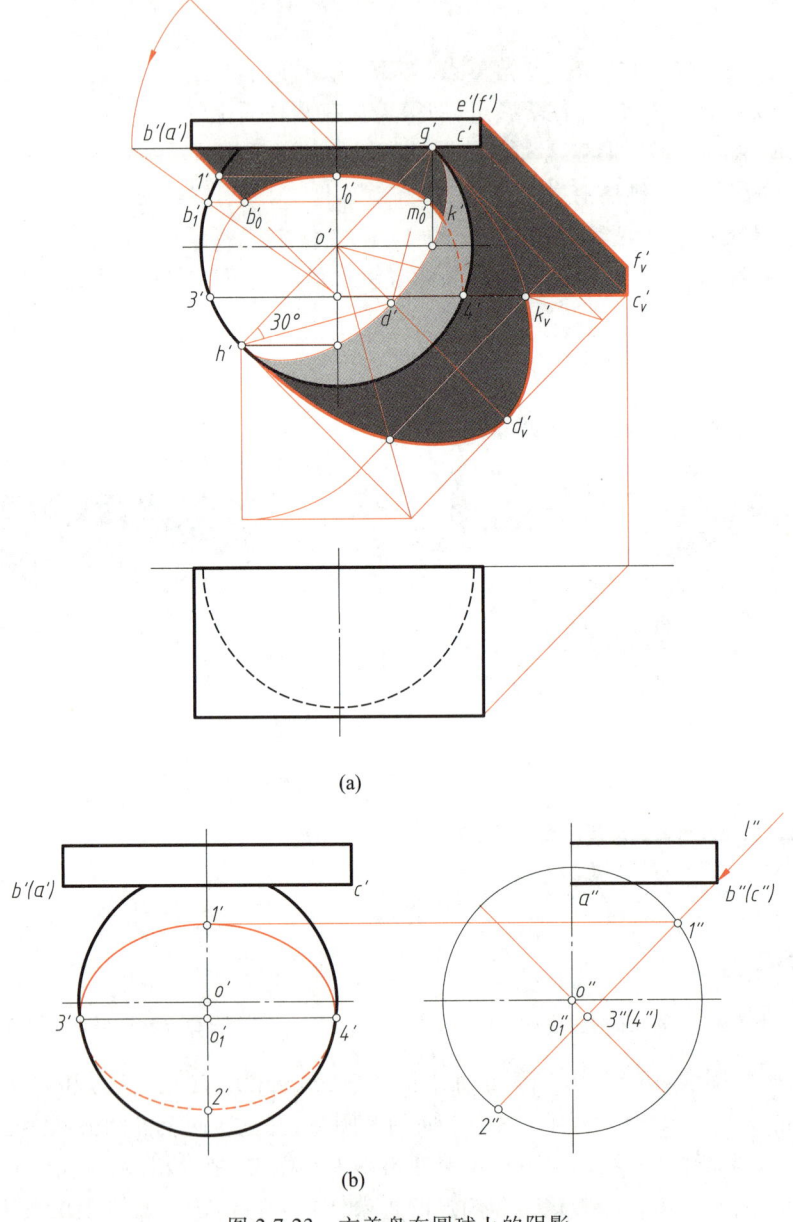

图 2.7.23　方盖盘在圆球上的阴影

① 确定阴线。方盖盘的各个面均为投影面平行面,根据其积聚性投影可判得阴线投影为 $a'b'$、$b'c'$、$c'e'$、$e'f'$。可按前述图 2.7.15 所提供的长短轴方法求出球面上阴线的投影 $g'd'h'$(椭

圆弧)。

② 求作组合体的阴影。包含 BC 的常用光截面在球面上截得椭圆弧 $3'1'_04'$,其阴影分析过程如图 2.7.23b 所示,通过求出阴线 BC 在球面上落影椭圆的长短轴来完成作图。首先作出半个方盖盘球面的 W 面投影,过阴线 BC 的 W 面投影 $b''c''$ 作 45°光线 l'',通过阴线 BC 组成的光截面与球面相交,交线为圆。圆在 W 面上的投影积聚成 45°直线,圆在 V 面上的投影为一椭圆,其椭圆长轴是侧垂线 Ⅲ Ⅳ 的 V 面投影 $3'4'$,短轴与长轴垂直平分,是最大斜度线 Ⅰ Ⅱ 的 V 面投影 $1'2'$。求出椭圆长短轴后,即可按长短轴法画出所求落影椭圆。包含 AB 的光截面因其积聚性,在球面上截得的椭圆弧反映为积聚性直线 $1'b'_0$。落影椭圆弧 $b'_01'_04'$ 与球面阴线投影 $g'd'h'$ 交于点 k',则得到球面上影与阴的范围 $b'_01'_0k'd'h'$。

按落影规则可得方盖盘在墙面上的落影范围 $a'1'$ 和 $k'_vc'_vf'f'$;半球面在墙面的落影为半椭圆弧 $h'd'k'_v$。

图 2.7.24 所示为凸出墙面的半圆柱体与 1/4 圆环体组合的柱头。其阴影的作法如下:

(1) 确定阴线。圆环面阴线可用图 2.7.17 所提供的方法求得。图 2.7.24 所示的 1/4 圆环面所得阴线投影为 $1'2'3'4'$。半圆柱面的阴线采用图 2.7.3 的方法可直接得到。

(2) 求作组合体阴影。图中采用以下两种方法作图。

① 利用圆柱面的 H 面投影的积聚性作图。如图 2.7.24a 所示,首先求出圆环面阴线的 H 面投影 1234,然后按图 2.7.21 方法求出圆环面阴线上各阴点在圆柱面上的落影,光滑连接各落影点即为所求。

② 利用影线交点作图。即求出圆环面和圆柱面上各素线在 V 面上的影线的交点,由各交点作 45°光线,返回圆柱面相应的素线上,得到圆环面阴线在圆柱面上的影点的 V 面投影。如图 2.7.24b 所示,在圆柱的辅助(H 面)投影上,任取一点 b_0,即圆柱面上的素线 B_1 在 H 面上的积聚性投影 b_1,素线的 V 面投影为 b'_1,素线在 V 面上的落影线为 b'_{1v}。影线 b'_{1v} 与环面阴线在 V 面上的落影曲线的交点为 b'_v,过点 b'_v 作返回光线,与素线 B_1 的 V 面投影 b'_1 相交于 b'_0,b'_0 即为环面上的阴点 B 的 V 面投影 (b') 落在圆柱面素线 B_1 上的影的 V 面投影。按此方法,可以求得环面阴线落在圆柱面上的若干个影点。对于特殊影点可直接求得,如 a'_0 是环面阴线在 V 面上的影线与圆柱左轮廓线的交点,根据落影的对称关系,它与环面阴线落在圆柱面最前素线上的影点 e'_0 等高,所以,直接过 a'_0 作水平线与圆柱中心线(前面素线)相交求得 e'_0;环面阴线落在圆柱面上的影线最高点 $2'_0$,可用旋转法求出。最后,将各影点光滑连线,画上阴影符号,即为所求。

第 2 章 正投影图上的阴影

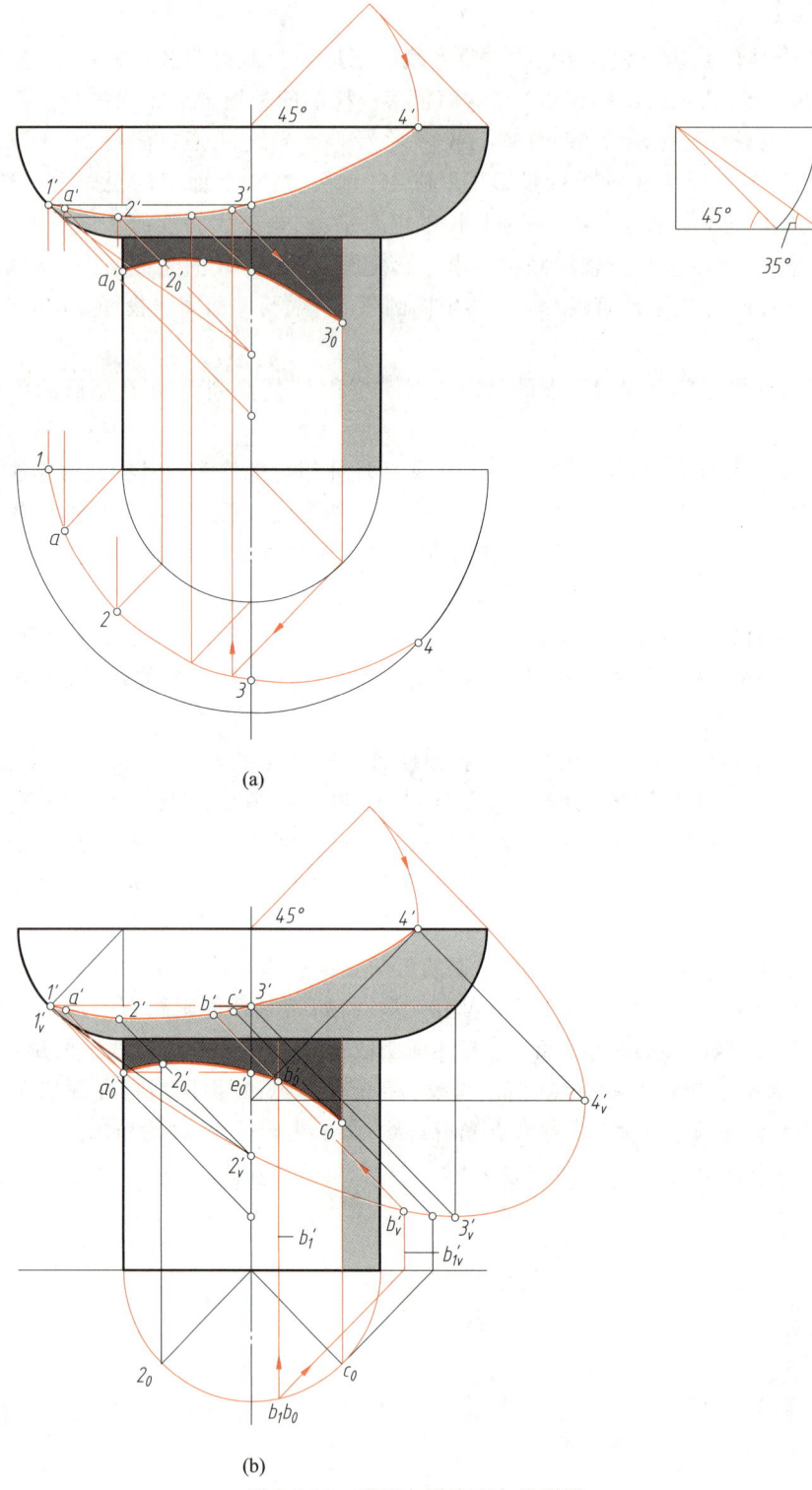

图 2.7.24 环面在圆柱面上的阴影

第 3 章

轴测图上的阴影

3.1 概　　述

3.1.1 轴测图上阴影的作用

正投影图是用多面投影图来表达形体的形状和大小的,必须熟悉正投影图的投影原理和规则,并经过一定的专业学习才能具备阅读正投影图的能力。轴测图是采用单面(轴测投影面)表达形体的长、宽、高及其细部的,具有一定的直观性。但在某种特殊情况下,没有符号标注或没有"阴影"的单纯轴测图也会给人以形体不定的错觉,例如从图 3.1.1 立方体的轴测图中就很难获知形体的结构。在轴测图上加绘阴影能增强形体的立体感,使形体的特点更加明显,如图 3.1.2 门洞的阴影所示。所以采用加绘了阴影的轴测图来表达建筑效果也是常见的。

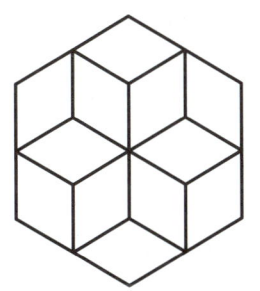

图 3.1.1　立方体轴测图

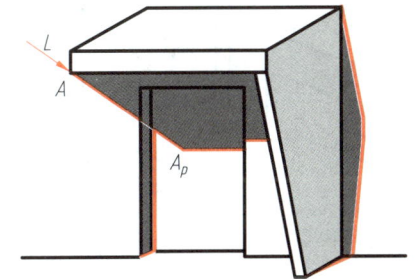

图 3.1.2　门洞的阴影

3.1.2 轴测图上阴影的光线

轴测图上阴影与正投影图上阴影的最大不同点是:正投影中的光线常约定采用所谓的"习用光线",而轴测图上阴影的光线种类和方向可根据形体的特点和所处的环境而做适当的选择,使其获得更好的效果。

在轴测图上绘制阴影时,通常采用两种光线:一种是平行光线;一种是中心光线。这里先介绍平行光线下轴测图上的阴影问题。

由于在平面图上表示立体时信息会有所缺失,一般轴测图上的光线需要有一个次投影辅助给定。即光线以空间光线 L 及它在落影面上的一个次投影 l(或 l' 或 l'')给出,给出的方式有两种:

(1) 给出空间光线 L 及其在某一投影面上的次投影 l,如图 3.1.3 所示。当光线 L 平行于轴测投影面且与水平线成 45°~60°角时所得的阴影效果良好。

(2) 通过给出形体上某一点的落影的方式给出。如图 3.1.4 所示,点 A 的落影为 A_p,连线

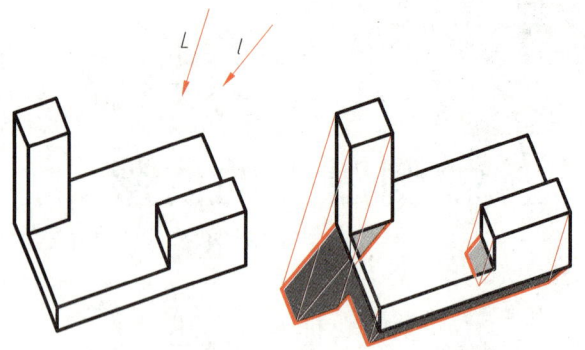

图 3.1.3　由光线方向向量 L 及其次投影 l 给出光线

AA_p 的方向就是光线 L 的方向，aA_p 为次投影 l。这种光线给出方式与前面一种方式无本质区别，只是光线与它的次投影以某点的落影位置表述了。

上述两种光线的实质是以 L、l、l'、l'' 方式给出。其中，L 是空间向量，l、l'、l'' 是平面向量（空间向量 L 分别在 H、V 和 W 面上的次投影），如图 3.1.5 所示。

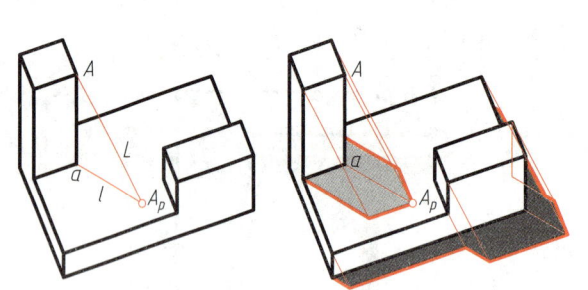 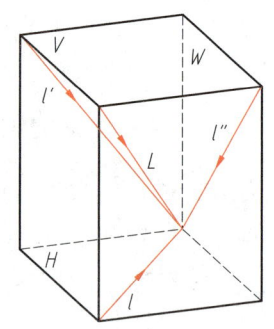

图 3.1.4　通过给出物体上某一点的落影的方式给出光线　　图 3.1.5　由光线方向向量 L 及其次投影给出光线

轴测图阴影制作时也会根据轴测图种类的不同设定相应的光线，图 3.1.6 给出了正等测、正二测和正面斜二测图常用光线在三面投影图上投射的方向，供绘制不同轴测图阴影时参考。

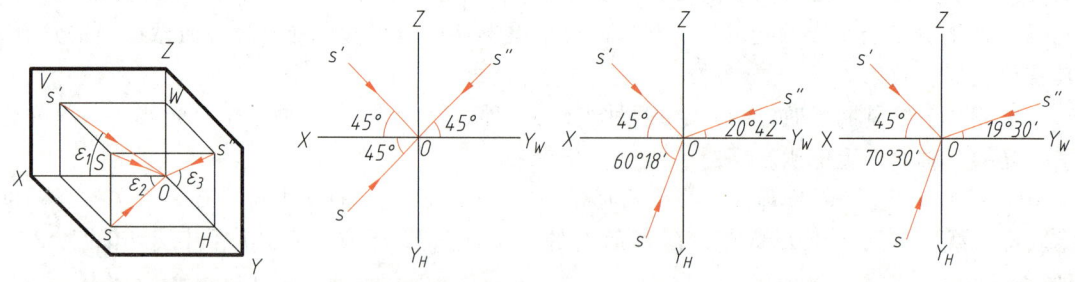

(a) 光线方向S的投影及夹角　　(b) 正等测光线投射方向　　(c) 正二测光线投射方向　　(d) 正面斜二测光线投射方向

图 3.1.6　轴测图阴影光线方向

3.2 点的落影

求轴测图上点的落影,实际上是求经过该点的光线与落影面的交点。

图 3.2.1 中,已知空间光线 L 及其次投影 l,落影面 H,空间点 A 及其次投影 a,求点 A 在 H 面上的落影。过点 A 作空间光线的平行线 L,与过点 a 所作光线的次投影 l 的平行线交于点 A_h,点 A_h 即为点 A 在 H 面上的落影。

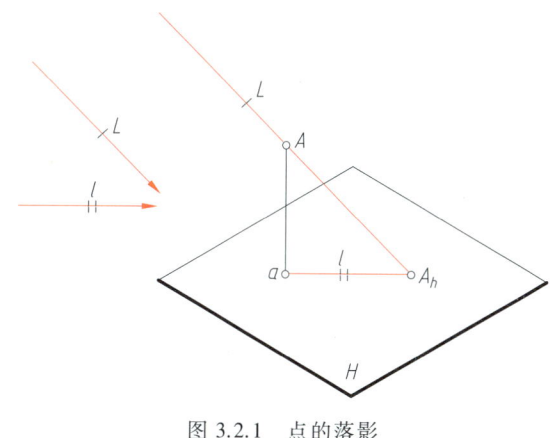

图 3.2.1　点的落影

3.3 直线的落影

求直线的落影,实质是求直线上两端点在同一落影面上的落影,然后将其相连。根据直线不同的位置,直线的落影绘制的方法也不尽相同。

3.3.1 投影面平行线的落影

如图 3.3.1 所示,直线 AB 平行于落影面 H,它在 H 面上的落影,是通过 AB 所作平行于光线 L 的光平面与 H 面的交线 A_hB_h。所以,落影特征是:A_hB_h 与直线 AB 平行且长度相等。作图时,只要作出其中一端点的落影,然后按平行、相等关系即可求出直线 AB 的落影。同理,可推出正平线、侧平线的落影特征。对于投影面平行线,它们落影的共性是:直线平行于投影面(落影面),在该面上的落影与直线本身平行且等长。

3.3.2 投影面垂直线的落影

如图 3.3.2 所示,直线 CD 为铅垂线,CD 在 H 面上的次投影积聚为一点 $c(d)$。所以,它在 H 面上的落影 C_hD_h 与光线在 H 面上的次投影 l 平行。同理,可推出正垂线、侧垂线的落影特征。对于投影面垂直线,它们落影的共性是:直线垂直于投影面,其在该面上的落影与光线 L 在该面上的次投影 l 平行。

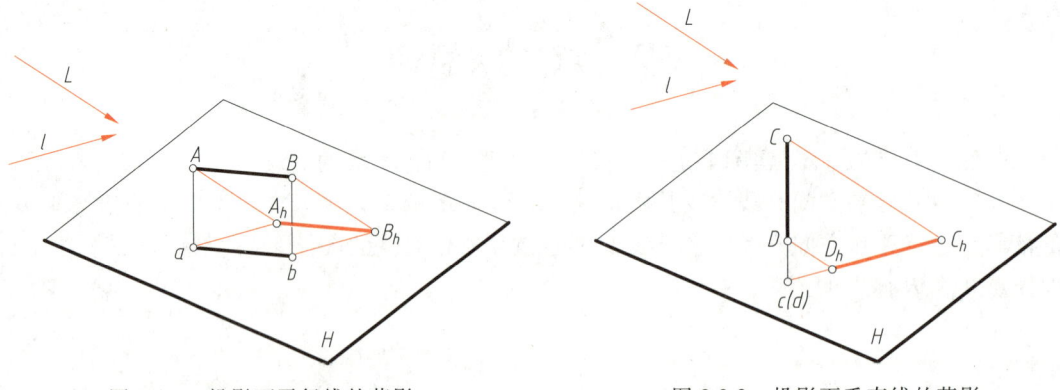

图 3.3.1　投影面平行线的落影　　　图 3.3.2　投影面垂直线的落影

3.3.3　一般位置直线的落影

如图 3.3.3 所示，AB 为一般位置直线，它的落影分别落在 H 面和 V 面上，其中点 A 的落影 A_v 落在 V 面上，点 B 的落影 B_h 落在 H 面上。图中利用点 A 的虚影 A_h 与影点 B_h 相连，从而在 OX 轴上得到折影点 K，连线 B_hK 和 KA_v 即为所求的两段落影。

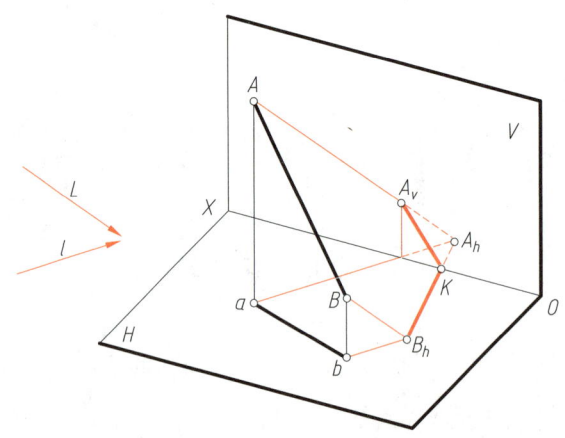

图 3.3.3　一般位置直线的落影

3.4　平面的落影

求作平面图形的落影，首先要求出平面图形上各顶点的落影，然后依次连接各影点，即得平面图形的落影。

图 3.4.1 中，$\triangle ABC$ 为一般位置平面，已知它在投影面 H 上的次投影 $\triangle abc$，求作 $\triangle ABC$ 平面在 H 面上的落影。根据点的落影求取方法，求三角形各顶点在 H 面上的落影 A_h、B_h 和 C_h，将 A_h、B_h 和 C_h 按顺序连接成影线，影线所围成的图形即为所求。

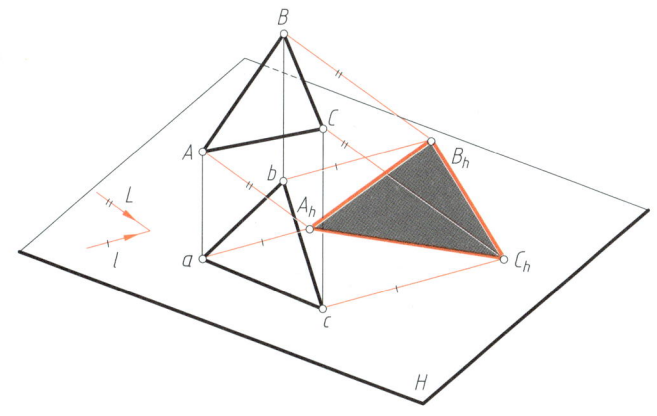

图 3.4.1 一般位置平面的落影

3.5 平面立体的阴影

在立体的轴测图上作阴影,与在正投影图上作阴影的原理相同。首先要确定阴线,再求阴线的落影。求阴影的实质,是求光线与落影面的交点。

下面介绍几种常用平面立体阴影的求法。

3.5.1 棱柱的阴影

图 3.5.1 所示的 $ABCDA-abcda$ 为轴测图下的直立四棱柱;落影面为 $abcda$ 所在平面 H;L 为空间光线,l 为光线在落影面上的次投影,作四棱柱在平行光线下的阴影。

作图时,先确定四棱柱的阴线,根据图中光线的照射方向可知,四棱柱的顶面 $ABCD$、前面 $ABba$ 及左侧面 $ADda$ 为阳面,其余各面为阴面。阴线为 Bb、BC、CD、Dd、da 及 ab。

然后求每条阴线在落影面 H 上的落影。按前述求点落影的作图方法以及直线的落影规律求解。其中阴线 Bb、Dd 为铅垂线,在 H 面上的落影 b_hB_h 和 d_hD_h 与光线的次投影 l 平行;阴线 BC、CD 为 H 面平行线,其落影 B_hC_h、C_hD_h 与阴线 BC、CD 平行并相等;阴线 da、ab 位于 H 面内,落影即为自身。最后,将所求影线描深,画上阴影符号即为所求(注意棱柱底面在落影面上而与棱柱落影重叠的部分及被物体遮挡部分不画阴影符号)。

3.5.2 棱锥的阴影

求三棱锥在光线 L 照射下在 H 面上的阴影

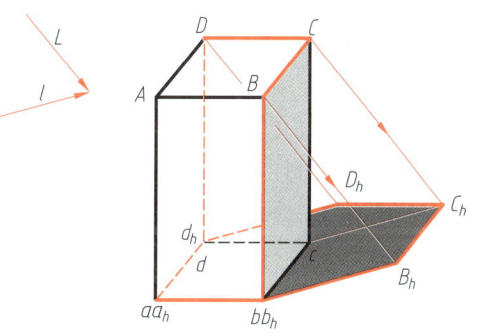

图 3.5.1 棱柱的阴影

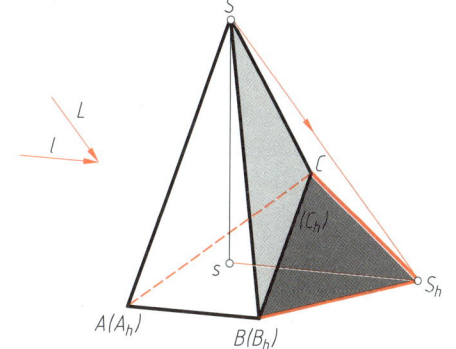

图 3.5.2 棱锥的阴影

(图3.5.2)。

首先,求锥顶 S 在 H 面上的落影,由锥顶 S、s 引空间光线 L 及其次投影 l 的平行线交于 S_h,S_h 即为锥顶 S 在 H 面上的落影。因锥底面位于 H 面上,所以锥底面上 A、B、C 三点的落影为其自身,由 S_h 向 B_h、C_h 引线,即得三棱锥在 H 面上的落影。其次,由影线确定棱锥的阴线,判别阴阳面。最后,画上阴影符号。

3.5.3 台阶的阴影

图3.5.3所示为一台阶,已知空间光线 L 和次投影 l、l',求作台阶的阴影。

根据光线方向可以看出台阶左侧挡墙的阴线为 aA、AB、BC,右侧挡墙的阴线为 DE、EF、FG。落影面分别为地面、墙面、踏步的踏面和踢面。求阴影的作图步骤如下:

(1)求作左侧挡墙的阴影

主要应用延棱扩面法求解。

阴线 Aa 的影的求法如下:扩大平面Ⅲ与阴线 Aa 交于点 a_1,过点 A、a_1 引空间光线 L 及其次投影 l 的平行线,得阴线 Aa 在扩大的平面Ⅲ上的影为 a_1A_3,其中有效影线为 $2A_3$ 段。阴线 Aa 在踢面Ⅱ上的影12 平行于 Aa,在地面Ⅰ上的影 $a1$ 平行于 l。

阴线 AB 在踏面Ⅲ上的影,是求出 AB 的延长线与扩大的平面Ⅲ的交点 K,然后连接 K、A_3 并延长,其中有效的影线为 $A_3 3$ 段。阴线 AB 在踢面Ⅳ上的落影,是求出 AB 线与扩大的平面Ⅳ的交点 K_1,连接 K_1、3,其中 34 为 AB 线落在Ⅳ面上的影。同样,依次扩大平面Ⅴ、Ⅵ、…、Ⅸ,与 AB 的延长线交得点 K_2、K_3、…、K_6。连接 K_2、4 延长至点 5,连接 K_3、5 得 56 段影线,连接 K_4、6 延长得 67 段影线,连接 K_5、7 得 78 段影线,最后连接 K_6、8 与过点 B 的光线交于点 B_9,则 $A_3 3$、34、45、56、67、78 和 $8B_9$ 就是阴线 AB 在台阶上的落影。

阴线 BC 为正垂线,一段落在踏面Ⅸ上,其影线 $B_9 9$ 必与阴线 BC 平行,另一段落在墙面上,影线 $C9$ 应与光线在墙面上的次投影 l' 平行。

(2)求作右侧挡墙的阴影

求阴影的方法同图3.5.1,作图结果已在图3.5.3中示明。要注意的是:阴线 DE 的影 $D_h E_h$ 与

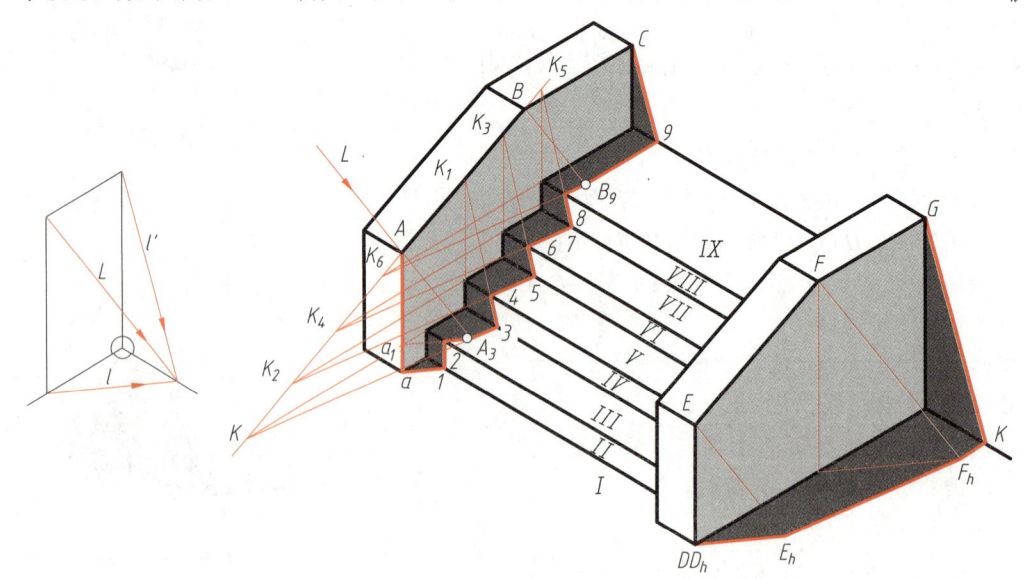

图3.5.3 台阶的阴影

光线在地面上的次投影 l 平行;阴线 EF 落在地面上的影为斜线 E_hF_h;阴线 FG 的影由两段组成,落在地面上的一段影 F_hK 平行于阴线 FG,落在墙面上的一段影 GK 平行于 l'。

3.5.4 房屋的阴影

已知房屋上点 I 在地面 H 上的落影 I_h,求作房屋的阴影(图 3.5.4)。

因已知点 I 的落影位置 I_h,所以光线 L 的方向是 II_h 的方向,光线在 H 面上的次投影 l 方向是 MI_h 的方向。

房屋的阴影分为三部分。

(1)烟囱在坡屋面上的落影

烟囱的阴线为 Aa、AB、BC、Cc。作图时,应用光截面法和延棱扩面法求解。

铅垂阴线 Aa 落在坡屋面上的影子,是过 Aa 所作的光平面与坡屋面的交线。作图方法是:过点 a 作房屋的水平截平面 H_1,采用过阴线 Aa 的铅垂光平面截切屋面至 H_1 面,得到的截形是铅垂面 aa_1A,其中 $aa_1 // l$,aa_1 是光平面与 H_1 面的截交线。点 a_1 是屋脊上的点 A_1 在 H_1 面上的投影,连线 aA_1 构成阴线 Aa 在屋面上的落影方向线。然后过点 A 作光线 L 的平行线,与 aA_1 线交于点 A_0,是点 A 在坡屋面上的落影,连线 aA_0 即为所求。

通过延棱扩面法求得阴线 AB 的落影。将 AB、ab 线延长交于点 S,连线 SA_0 与过点 B 的光线交于点 B_0,连接 A_0、B_0 得阴线 AB 在屋面上的落影。

阴线 BC 平行于屋面,则影线 B_0C_0 与 BC 平行且等长;阴线 Cc 为铅垂线,其影线 C_0c 与 aA_0 平行。

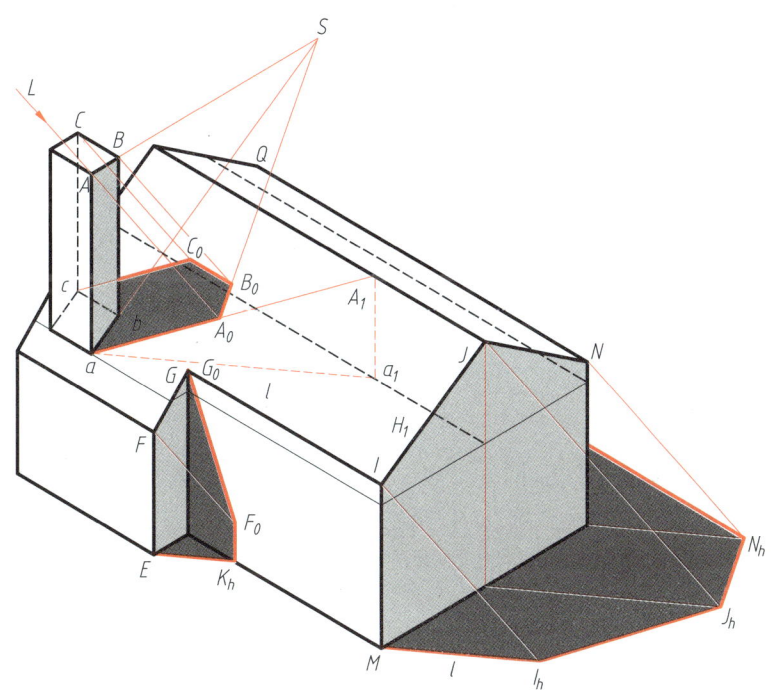

图 3.5.4 房屋的阴影

(2)房屋拐角处的阴影

拐角处的阴线为 EF、FG,落影面为地面和墙面。阴线 EF 一段落在地面 H 上,其影线 $EK_h //$

l；一段落在墙面上，影线 $K_hF_0 /\!/ EF$。点 G 在墙面上的落影点 G_0 为其自身，G_0、F_0 相连即为 FG 在墙面上的落影。

（3）山墙、后墙的阴影

山墙及后墙的阴线为 MI、IJ、JN 和 NQ，阴影的画法已示于图 3.5.4 中，在此不再详述。

3.6 曲面立体的阴影

本节讨论圆柱、圆锥等几种规则曲面立体的阴影作图方法。

3.6.1 圆柱的阴影

图 3.6.1 所示为直立圆柱的阴影。给出光线 L 的方向及光线的次投影 l，求作圆柱的阴影。

作光线次投影 l 与圆柱底圆（或顶圆）相切的直线，则过切点 a、b 的铅垂线 Aa、Bb 为圆柱曲表面的两条阴线，底圆上的弧线 $\overset{\frown}{acb}$ 和顶圆上的弧线 $\overset{\frown}{ACB}$ 也是阴线。

阴线 Aa、Bb 在 H 面上的影线与光线的次投影 l 平行。圆柱顶面上的阴线 $\overset{\frown}{ACB}$ 在 H 面上的落影为部分椭圆，且与阴线 $\overset{\frown}{ACB}$ 全同。只要在半椭圆弧上选择若干个点，作出它们在 H 面上各点的落影，如点 C 的落影为点 C_h，再将 B_h、C_h、A_h 各落影点光滑连接即得所求的椭圆影线。实际工作中可按需要加密若干阴点，使椭圆更光滑一些。

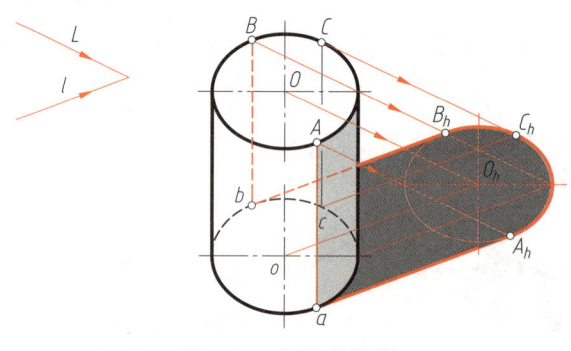

图 3.6.1　圆柱的阴影

3.6.2 圆锥的阴影

图 3.6.2 为正圆锥的阴影。先过圆锥顶点 S 和次投影 s 作光线 L 及其次投影 l 的平行线，求出点 S 在 H 面上的落影 S_h。然后自点 S_h 向圆锥底圆作切线 S_hA、S_hB，该两切线就是圆锥表面上的阴线 SA、SB 在 H 面上的落影，进而求出圆锥的阴影。

3.6.3 曲面组合体的阴影

本节介绍两个曲面组合体阴影的作图方法。

如图 3.6.3 所示，已知带凹圆柱面形体的轴测图及所设定的光线方向，求作其相应的阴影。

根据光线的方向可知 BA 和 BC 为阴线，其落影在凹圆柱面上。阴点 B 的落影可由阴点 B 作光线的次投影 l'' 交圆弧 $\overset{\frown}{AC}$ 于点 x，得圆柱面素线 xx（平行于 CE）。并由点 B 作空间方向线 L 交素线 xx 于点 B_0，即为点 B 在凹圆柱面上的落影。阴点 A 和 C 均为落影本身。落影 AB_0 和 B_0C 各

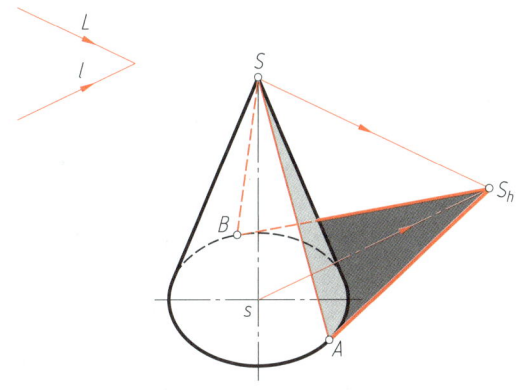

图 3.6.2 圆锥的阴影

为两段椭圆弧。根据需要可加密若干阴点,如点 1、2。

形体前端面的 Dd、$\overset{\frown}{DE}$、EF、FG 和后端的棱线 Gg(g 未标注出)为阴线。Dd 在基面的落影,可由点 d 作光线次投影 l 的平行线,由点 D 作空间光线 L 的平行线交次投影 l 于点 D_0。同理,可求得其他阴点在基面上的落影。

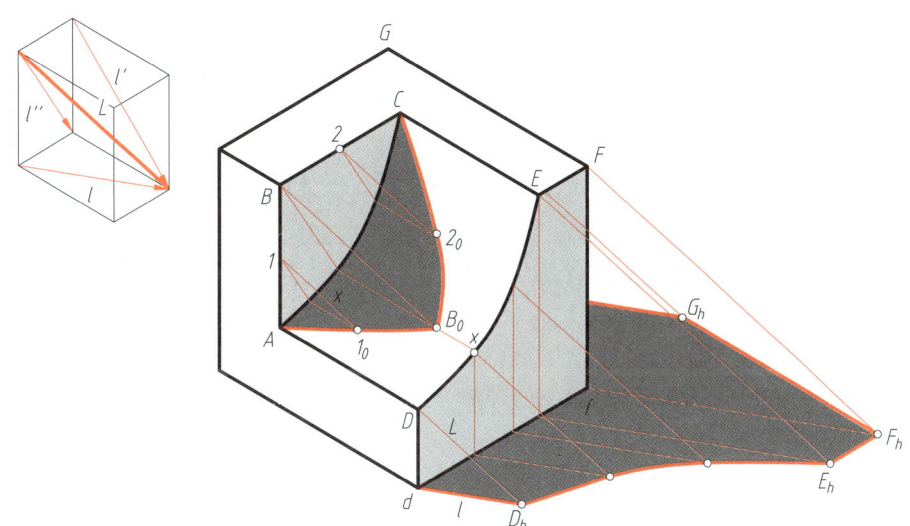

图 3.6.3 带凹圆柱面形体的阴影

如图 3.6.4 所示,已知带圆盘柱头的轴测图及所设定的光线方向,求柱头的阴影。

首先求作圆盘在圆柱面上产生落影的阴线段。在右侧,由光线的次投影 l 切圆柱顶圆于点 d,并交圆盘底圆于点 D。由点 d 作圆柱面素线的平行线,即得圆柱面的阴线 dD_1。由点 D 作空间光线 L 的平行线交圆柱阴线 dD_1 于点 D_0,即为圆盘底圆阴点 D 在圆柱面上的落影。在左侧,由圆柱顶圆与圆柱左侧转向素线的切点 a 作光线次投影 l 的平行线交圆盘底圆于点 A,并由点 A 作光线 L 的平行线,交素线 aA_1 于点 A_0,即为阴点 A 在圆柱面上的落影(最左点)。$\overset{\frown}{AD}$ 就是圆盘底部的阴线。圆盘上的另一条阴线 eE_1 亦按上述方法求之。

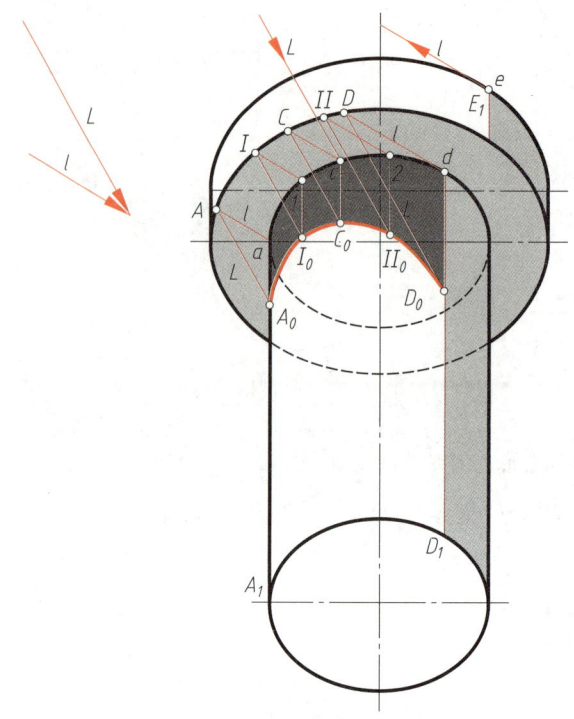

图 3.6.4 带圆盘柱头的阴影

阴线 $\overset{\frown}{AD}$ 在圆柱面上的影线为空间曲线。求该影线,就是求阴线上若干个阴点在圆柱面上的影。如求圆柱面上落影的起讫点 A_0、D_0。需要注意的是,还必须找到圆柱面上落影的最高点,该点必然反映圆柱顶圆与圆盘底圆之间在 L 方向上的最短距离。因此,可按光线 L 比较、对照取得点 c(图 3.6.4),并由点 c 作光线次投影 l 的平行线交圆盘底圆于点 C。再由点 C 作空间光线 L 的平行线交圆柱面素线于点 C_0,即为落影空间曲线上的最高点。为了表达落影空间曲线的需要,可加密若干阴点求其落影,如图 3.6.4 中点 I、II。

3.7 中心光线下的阴影

前面介绍的都是在平行光线下轴测图阴影的作图方法,下面介绍一些中心光线下的轴测图阴影的作图方法。中心光线下的轴测图阴影广泛应用于室内装修工程设计中,用以表达主要光源下室内的光影和明暗效果。

3.7.1 平面立体的阴影

1. 光线的确定

中心光线是以光源及其某一坐标面上的次投影来确定的。光源 S 和基面的投影 s(或 s'、s'')的设定,以能明显地表达形体和获得最佳光影效果为准。任一点在某坐标面的落影,是过该点的中心光源线与光源在该坐标面的次投影和该点同坐标面次投影连线的交点,如图 3.7.1 中点 A_0、

B_0、C_0 所示。

2. 基本作图方法

中心光线下轴测图阴影的作图方法与平行光线下轴测图阴影的作图方法不同之处在于：

（1）空间光线的方向不是固定的 L 方向，而是光线中心 S 与空间点 A（点 B、C、…）的连线方向，即过该点的中心光线，是根据空间点 $A(B、…)$ 的位置变化的。

（2）光线次投影 l 的方向也不是固定的，它是 s 与空间点的次投影 $a(b、c、…)$ 的连线方向。

但是，作图的根本方法没有变：落影的边界（影线）是光平面与落影面的交线。由此，可以得到中心光线下轴测图阴影作图的基本方法。

如图 3.7.1 所示，$ABCDA$-$abcda$ 为一四棱柱，落影面为 $abcda$ 所在的 O 面；空间光线 L 从 S 出发，光线次投影 l 从 s 出发（图3.7.1）。

只要求取空间阴线交点 A、B、C 在落影面上的落影 A_0、B_0 和 C_0（a_0、b_0 和 c_0 已经在落影面上）。

（1）作过点 S 与点 A（或点 B、C）的光线 L_1。

（2）作过点 s 与点 a（或点 b、c）的光线次投影 l_1。

L_1 与 l_1 的交点 A_0（或点 B_0、C_0）将构成形体的落影边界点。

（3）连接各影点，画上阴影符号。

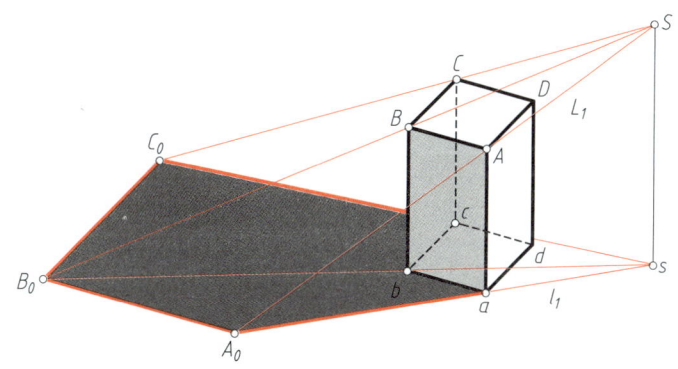

图 3.7.1　中心光线下的轴测图阴影

3. 中心光线下的落影规律

（1）直线平行于落影面，则直线在该落影面上的落影与直线本身平行。如图 3.7.1 中 $A_0B_0 /\!/ AB$，$B_0C_0 /\!/ BC$。

（2）直线垂直于落影面，则在该落影面上诸直线落影有汇交点，该汇合点就是光源在这个落影面上的次投影。如图 3.7.1 中 A_0a、B_0b、C_0c 皆汇交于点 s。

（3）互相平行的直线，在同一个落影面上的落影不平行，且在远处必汇交于一点。

【例 3.7.1】　图 3.7.2 为室内一角的投影图及其轴测图，求作灯照下的阴影。

解　作图步骤如下。

（1）作五斗柜的落影。作连线 SA 交连线 $s'a'$ 于点 A_0；作连线 SI 交连线 sa 于点 I_0。由点 I_0 作柜底棱边（阴线）平行线［见上述落影规律（1）］得柜底落影（图 3.7.2b）。由柜底脚的阴点与 S（或 s）连线即可交得柜底脚的落影，其余作图步骤如图示。

58 第 3 章 轴测图上的阴影

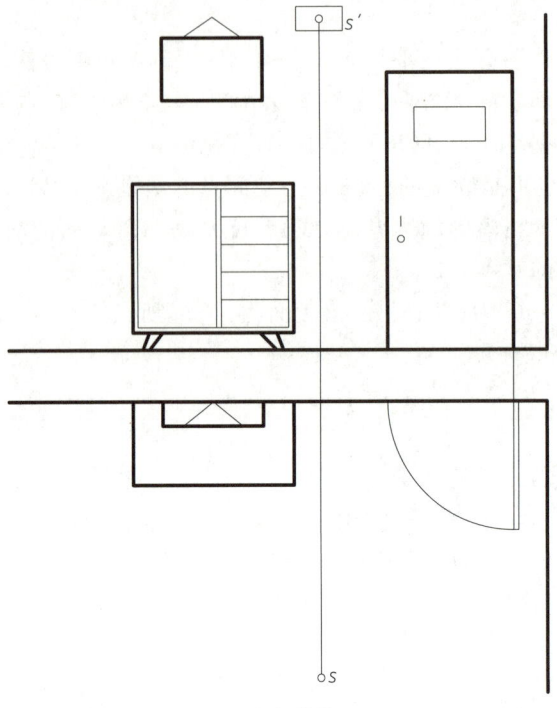

(a) 正投影图

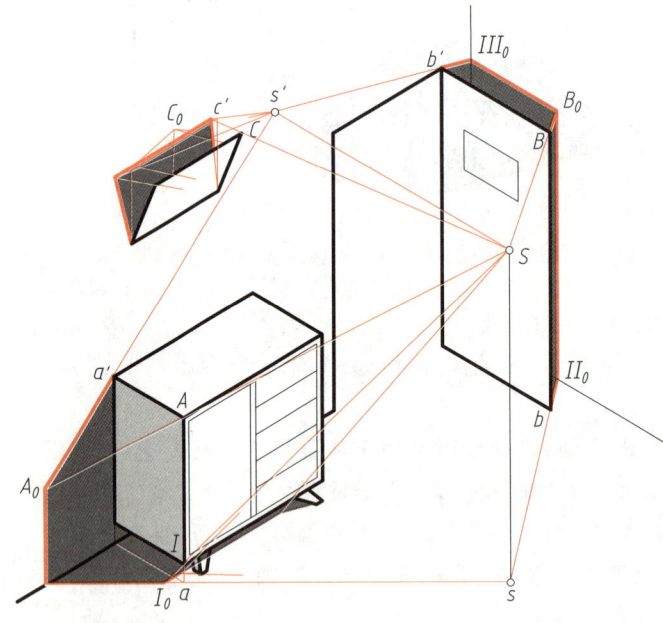

(b) 轴测图

图 3.7.2 室内灯照下的阴影

（2）作镜框的落影。作连线 SC 交连线 $s'c'$ 于点 C_0，即为镜框角点 C 在墙面上的落影。其他细部的落影按落影规律可以求得，见图示。

（3）作房门的落影。作连线 sb 交地面与墙面的交线于点 $Ⅱ_0$，由点 $Ⅱ_0$ 作门侧边平行线交 SB 连线于点 B_0。作连线 $s'b'$ 交墙角线于点 $Ⅲ_0$，连线 $B_0Ⅲ_0$ 必平行于门顶边。

3.7.2 曲面立体的阴影

曲面立体的阴影，是过曲面立体上阴点的中心光源线与光线在该坐标面的次投影的交点。

1. 圆柱体的阴影

图 3.7.3 所示为一圆柱体轴测图。设定光源 S 及其次投影 s。

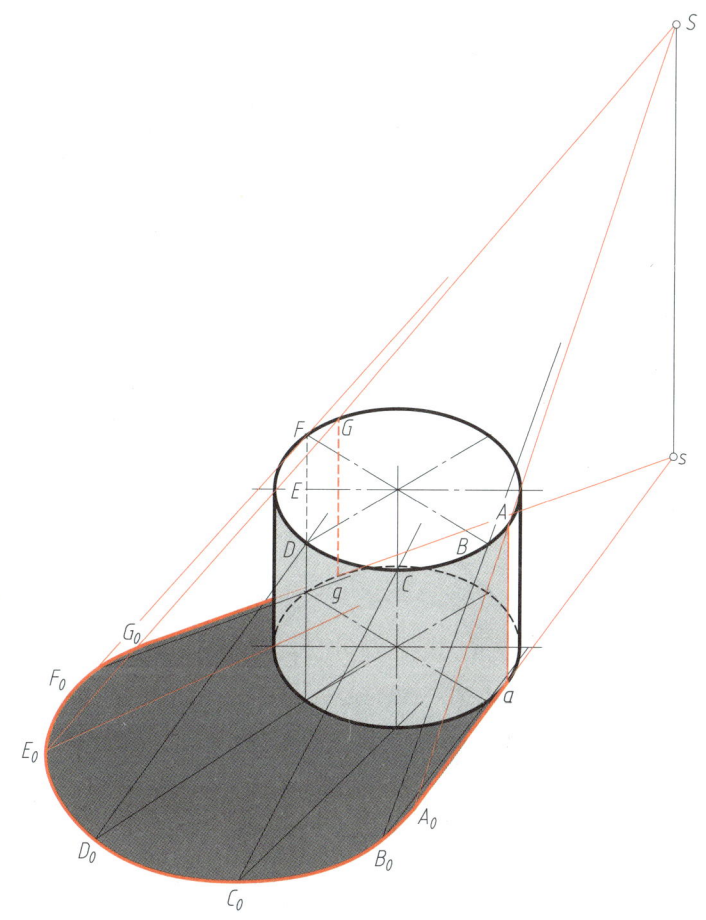

图 3.7.3 圆柱体阴影

首先由 s 作圆柱底圆切线 sa 和 sg，得到圆柱表面素线 Aa 和 Gg，则 Aa、Gg 和 $\overset{\frown}{AG}$（顺时针由 $A \to G$）即为 S 光照下圆柱体的阴线。过点 A 的中心光线 SA 交 sa 于点 A_0，即为点 A 在基面的落影，A_0a 为圆柱表面素线（亦即阴线）在基面的落影。同理，可求得各点 B、C、D、…的落影 B_0、C_0、D_0、…。顺次连接 A_0、B_0、C_0、…、G_0 即得顺时针弧线 $\overset{\frown}{AG}$ 的落影。

2. 半圆拱体的阴影

图 3.7.4 所示为半圆拱体,求作在所设定的 $S(s)$ 光照下的阴影。

(1) 作半圆拱的阴线(和阴点)。由点 S 作前后圆拱的切线,分别切于点 D 与点 E。圆拱表面素线 DE、前圆弧 $\overset{\frown}{AD}$、后内圆弧 $\overset{\frown}{FJ}$ 和外切圆弧 $\overset{\frown}{EF}$ 为阴线。

(2) 作前圆弧 $\overset{\frown}{AD}$ 的落影。按照落影规律连接 S、D 与 sd 交于点 D_0,即为阴点 D 的落影,点 d 为阴点 D 在基面上的次投影。为避免图面紊乱,其他各阴点的次投影点位不一一标注。同理,可得阴线上各点 C、B、A 在基面上的落影 C_0、B_0、A_0。顺次光滑地连接点 D_0、C_0、B_0、A_0,即得前圆弧段落影曲线。

(3) 作 DE、后内圆弧 $\overset{\frown}{FJ}$ 及后外圆弧 $\overset{\frown}{EF'}$ 的落影。连接 S、E 与 se 交于点 E_0,连线 D_0E_0 即为圆柱表面素线 DE 的落影,并且 D_0E_0 平行于 DE。作出后内圆弧的阴点 J、H、G 的落影 J(即点 J 本身)、H_0 和 G_0(为虚落影点)。顺次光滑地连接 J、H_0、G_0 并相交终止于半圆拱的前内圆弧。后外圆弧 $\overset{\frown}{EF'}$ 的落影为弧线 $\overset{\frown}{F'E_0}$,如图 3.7.4 所示。

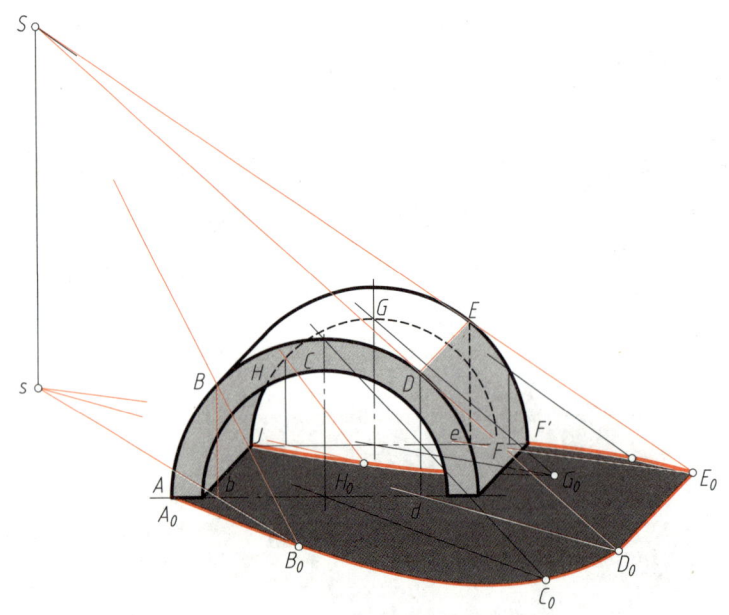

图 3.7.4 半圆拱的阴影

3. 圆锥体的阴影

图 3.7.5 所示为直立正圆锥体,求作在光源 S 及其次投影 s 照射下的阴影。首先作出圆锥顶点 T 的落影 T_0;然后由 T_0 作圆锥底圆的切线 T_0A 与 T_0B,则圆锥表面素线 TA 与 TB 即为圆锥体的阴线,其落影就是 T_0A 与 T_0B,圆锥体的落影是 AT_0B。

4. 三角形平面与圆锥体的阴影

求作正圆锥体与三角形平面在设定的光源照射下的落影(图 3.7.6)。

按上述作法,首先作出圆锥体的阴线及其落影 mT_0n;再作出三角形平面 ABC 在基面上的落影 $A_0B_0C_0$。A_0C_0 与圆锥底圆(是阴线,也是落影)交于点 1 和 4。同时,A_0C_0 与圆锥素线 $T2$ 的落

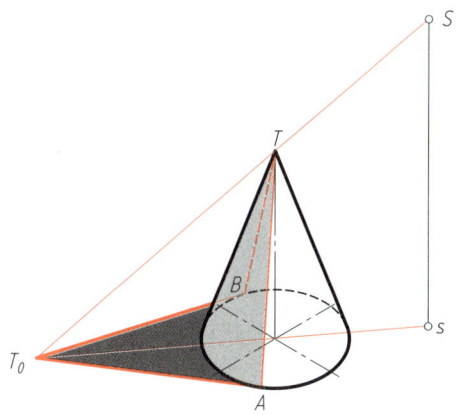

图 3.7.5　圆锥体的阴影

影（虚影）$T_0 2$ 交于点 2_0，并由点 2_0 作返回光线 $2_0 S$ 交 $T 2$ 于点 II_0。则点 II_0 即为三角形平面 AC 边上点 II 在圆锥面上的落影。同理，可作其他点在圆锥面上的落影，如落影点 III_0。依次光滑地连接点 1、II_0、III_0、4 即得到三角形平面上 AC 边在圆锥面上落影的曲线段。采用同样的作图过程，可作出直线 AB 在圆锥面上落影的曲线段。

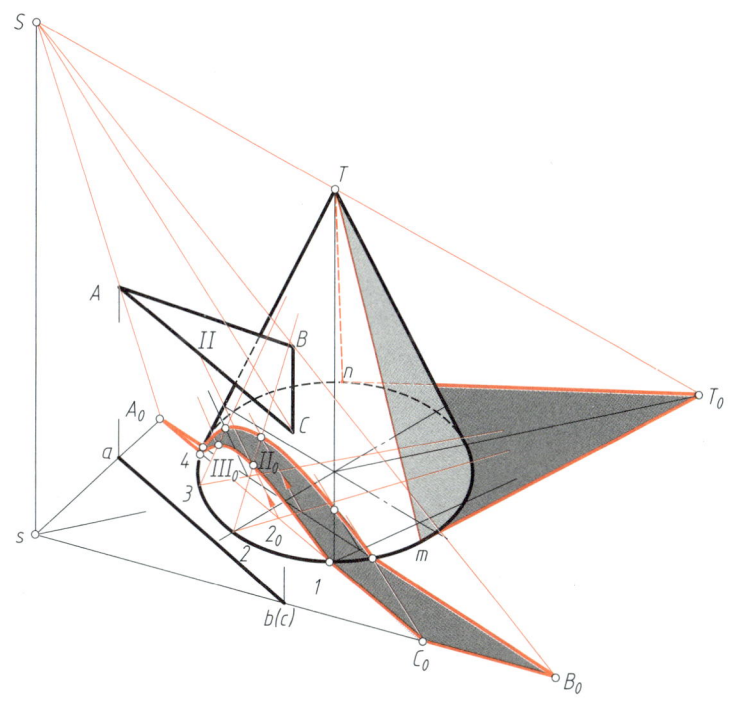

图 3.7.6　三角形平面与圆锥体的落影

第 4 章

透视投影基础

4.1 透视的基本概念

4.1.1 透视原理

人们在观察景物时,会发现一种明显的现象,即同样大小的东西,近大、远小、近高、远低。如图 4.1.1a 所示,路边等距同高的电线杆子,两根宽度相等的铁轨,都是逐渐的相交而消逝在远方的地平线上,这就是透视现象。

我们可以这样设想一个场景来描述透视投影的形成。如图 4.1.1b 所示,当人们站在玻璃窗内用一只眼睛观看室外的建筑物时,自人眼投向建筑物的视线与玻璃面相交,这些交点的集合就形成了建筑物在玻璃面上的投影,这个投影就是透视投影。所以,将人眼视为投影中心时,空间几何元素在投影面(画面)上的中心投影,称为透视投影或透视图,简称透视。

图 4.1.1 透视投影的形成

由于透视图反映了人们观察事物时的实际景象,画面逼真,犹如亲临其境,使人赏心悦目,所以,在建筑设计中,常常绘制建筑物及其背景透视图,以便直观逼真地表达出建筑物的形象。

透视投影是单面投影,画面可以是平面、弧面,在平面画面上所画的透视是线透视,通常称透视图。本书只研究线透视。

4.1.2 透视投影体系与常用术语

将上述现象抽象化,视点、画面和景物构成了透视投影体系。在绘制透视图时,必须确定透视投影体系及经常用到的一些专门术语。了解这些术语有助于理解透视的形成过程和掌握透视的作图方法。现取垂直画面为例（图4.1.2），说明在透视作图中的基本术语。

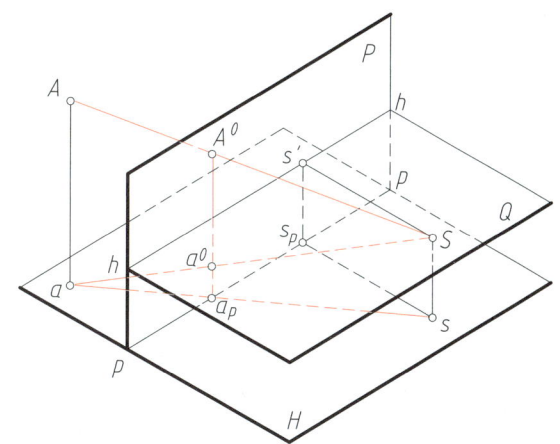

图4.1.2 透视投影体系与基本术语

基面H——物体坐落的水平面，以字母H表示。
画面P——画透视图的平面，以字母P表示，这里取垂直于基面的铅垂面为画面。
基线$p—p$——基面H与画面P的交线，用$p—p$表示。
视点S——投影中心S，观察者眼瞳所在的空间位置。
站点s——视点S在基面H上的正投影，即观察者的站立点。
主点s'——视点S在画面P上的正投影，也称为心点。
视平面Q——过视点S的水平面Q。
视平线$h—h$——视平面与画面的交线，以$h—h$表示。主点s'位于视平线$h—h$上。
视高——视点S至基面H的垂直距离，即视点S与站点s之间的距离Ss。
视距——视点S至画面P的垂直距离。站点s与基线$p—p$的距离ss_p即反映视距。

空间一点A与视点S的连线，即为视线。它与画面P的交点A^0，即为点A的透视。点a是空间点A在基面H上的正投影，简称基投影，基投影的透视a^0，称为点A的基透视。

本书规定，点的透视用同于空间点的字母加上角标"^{0}"标记，点的基透视则用相同的小写字母加上角标"^{0}"标记。

4.2 点 的 透 视

4.2.1 点的透视与基透视

根据定义，一个空间点的透视是通过该点的视线与画面的交点。其基透视是通过该点的基面投影所引的视线与画面的交点。

下面讨论空间点的透视与基透视的一些性质，如图4.2.1所示。

（1）投射线Aa为铅垂线，平面$SAas$为铅垂面，铅垂面与画面的交线（迹线）也为铅垂线。所以，点的透视A^0和基透视a^0在同一条铅垂线上，垂直于基线$p—p$，也垂直于视平线$h—h$。

(2)位于画面上的点 C，它的透视 C^0 与 C 本身重合，基透视 c^0 也与基投影 c 重合，并落在基线 $p—p$ 上。C^0c^0 垂直于视平线 $h—h$。

(3)两个透视相同的点，基透视可以不相同。

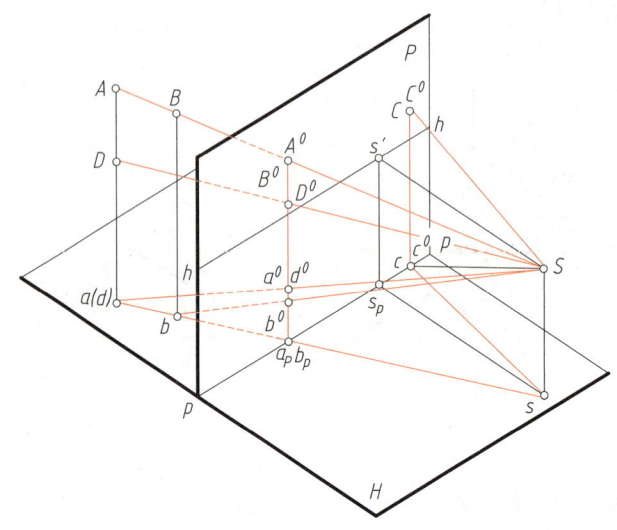

图 4.2.1　点的透视

在视线 SA 上任取两个不同的点 A 和 B，它们的透视 A^0 和 B^0 是重合的——都是 SA 与画面的交点。但是，因为 A 和 B 不重合，他们的基投影 a 和 b 也是不重合的。因为基透视 a^0 在直线 Sa 上，而 b^0 在直线 Sb 上，所以 Sa 和 Sb 与画面 P 的交点 a^0 与 b^0 也不会重合。

(4)两个基透视相同的点，透视可以不相同。

在投射线 Aa 上任取一个点 D，A 和 D 的基投影是同一点，它们的基透视也是同一点。但因为 A 与 D 高度不同，SA 和 SD 与画面的交点也不同，透视 A^0 和 D^0 就不重合。

根据上面最后两个性质可以看到，在一个透视空间里，需要同时给定点的透视和基透视才能确定点在空间中的位置。

4.2.2　点的透视作图

求点的透视，可利用正投影法中求直线与 P 面的交点的方法求出。因为一点的透视就是通过该点的视线与画面 P 的交点。

图 4.2.2a 所示为空间点 A 在透视体系中的透视 A^0 的形成过程。设定正投影体系的正立面 V 与透视投影体系的画面 P 重合，表达为 OX 与基线 $p—p$ 为同一直线。空间点 A 在画面上的正投影为 a'，在基面 H 面上的正投影为 a（基投影），基投影 a 在画面上的正投影为基线 $p—p$ 上的点 a_x。

实际作图中，是把 a、a'、a_x（透视的目标物）以及基线 $p—p$、站点 s 和视平线 $h—h$ 等透视投影的作图要素转换成透视投影的作图体系。如图 4.2.2b 所示，将画面 $P(V)$ 与基面 H 上下移开对正放置。为了作图方便与明晰，去掉画面 $P(V)$ 和基面 H 的边框，如图 4.2.2c 所示。画面与基面的边框原是画面与基面概念形象化的存在，实际上在透视投影体系中，画面与基面是无限的。这样，透视作图体系就简约为"三线一点"，即基线 $p—p$、视平线 $h—h$、画面 P 在基面上的积聚性投影 P_H 和站点 s。

作图过程如下（图 4.2.2c）：

（1）在画面 P 上，连接 s'、a' 和 s'、a_x，则是视线 SA 和 Sa 的全透视，即视线的 V 面投影，点 A 的透视 A^0 必定在 $s'a'$ 上；基透视 a^0 必定在 $s'a_x$ 上。

（2）在基面 H 上，视线 SA 的 H 面投影 sa 与 P_H（基线 p—p）交于点 a_p，由 a_p 向上引垂线，与视线 SA 和 Sa 的 V 面投影 $s'a'$ 和 $s'a_x$ 交于点 A 的透视 A^0 及基透视 a^0。这一作透视图的基本方法称为视线迹点法。

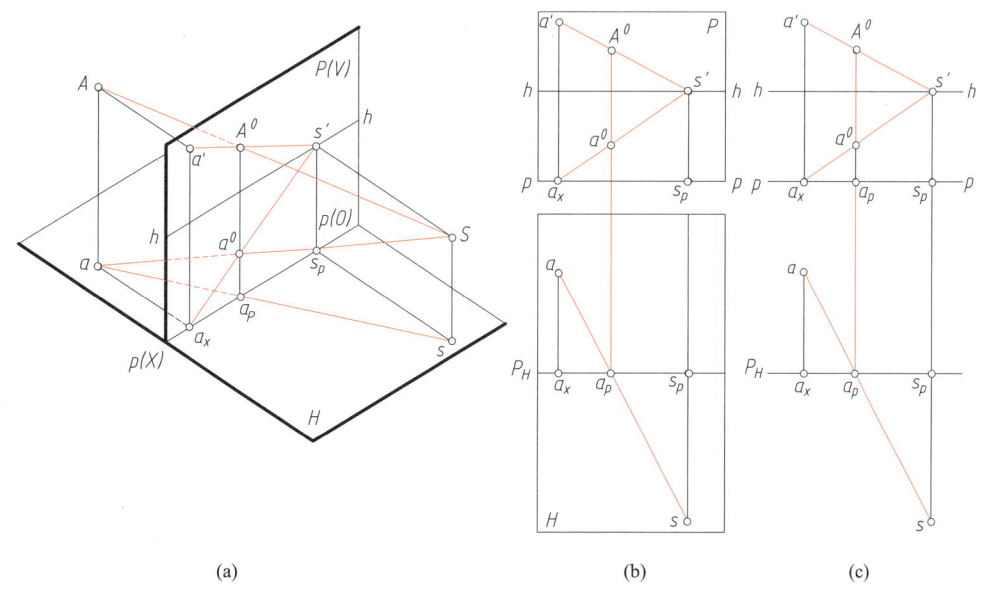

(a)　　　　　　　　　(b)　　　　　　　　　(c)

图 4.2.2　点的透视与基透视作图

4.3　直线的透视

这里所说的直线实际上都是指直线段，为了叙述方便，文中都称为"直线"，它由两个端点限定。

4.3.1　一般位置直线的透视

一般位置直线是指该直线与画面和基面既没有垂直关系也没有平行关系。如图 4.3.1a 中的直线 AB，其透视和基透视分别为 A^0B^0 和 a^0b^0。

1. 作图方法

采用上面透视作图的基本方法，分别作出两个端点点 A 和点 B 的透视和基透视。如图 4.3.1b 所示，连接 s'、a' 和 s'、a_x，由 a_p 向上引铅垂线，与 $s'a'$、$s'a_x$ 交于点 A^0、a^0，即为点 A 的透视和基透视。同理得 B^0 和 b^0。连接 A^0、B^0 得直线 AB 的透视，连接 a^0、b^0 得其基透视。

2. 直线上点的透视

根据点在线上原则，直线上点的透视仍在该直线的透视上，基透视仍在该直线的基透视上。

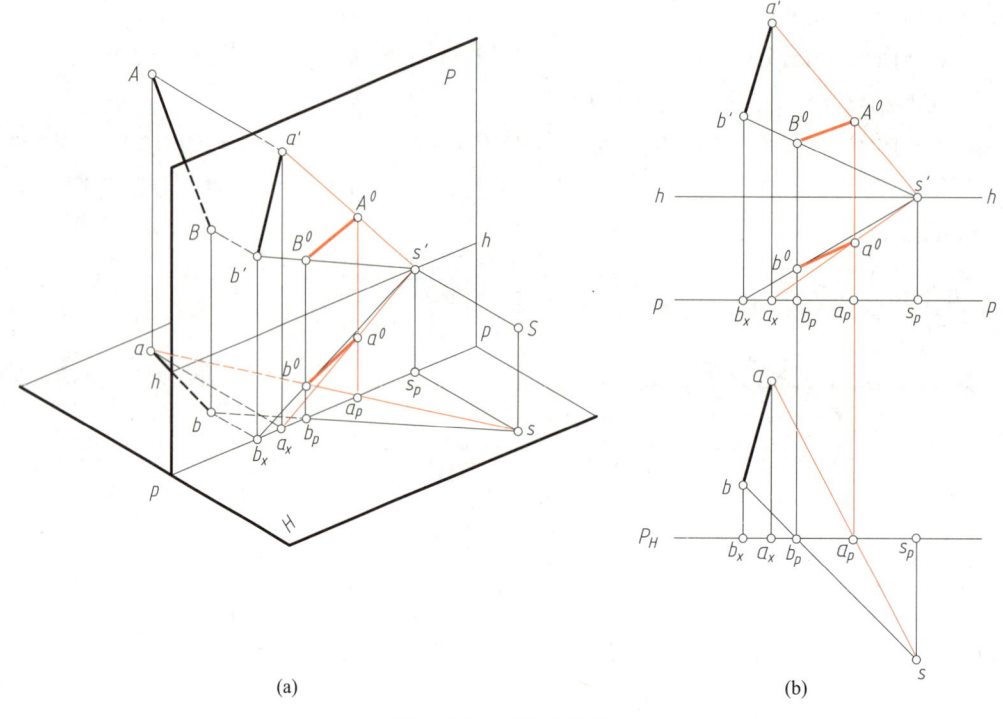

(a)　　　　　　　　　　　　(b)

图 4.3.1　直线的透视

但是,直线上的点与其相应的透视点不保持原直线上相应的比例关系。

在正投影体系中,直线上的点,其投影应在直线的同面投影上,而且保持原直线的比例关系。但在透视投影体系中,由于透视呈现物体近大远小的规律,因此不再保持这种比例关系。如图 4.3.2a 中,如果设定点 M 为直线 AB 的中点,即 $AM:MB=am:mb=a'm':m'b'$。这里前一等式的成立可在梯形 $ABba$ 中得到证明,后一等式可在梯形 $ABb'a'$ 中得到证明。然而,M^0 显然不是 A^0B^0 的中点,因为在图 4.3.2b 所示 $\triangle s'a'b'$ 中,$a'b'$ 与 A^0B^0 不相互平行。BM 比 MA 离画面及视点近,使得 BM 的透视长度 B^0M^0 大于 MA 的透视长度 M^0A^0。同理,m^0 也不是 a^0b^0 的中点,这可在梯形 $A^0B^0b^0a^0$ 中证明。

3. 直线的迹点和灭点

（1）迹点

1）迹点定义

直线或直线段的延长线与画面的交点称为该直线的迹点。如图 4.3.3a 所示,直线 AB 与画面的交点为 T,T 就是直线 AB 的迹点。迹点 T 的透视即其自身,其基透视 t 在基线 p—p 上。

2）迹点作图

如图 4.3.3b 所示,延长直线 AB 的水平投影 ab 交基线 p—p 于点 t,点 t 即为基迹点。由 t 上引铅垂线与直线 AB 的正立投影 $a'b'$ 的延长线交于点 T,T 即为直线 AB 的迹点。

（2）灭点

1）灭点定义

直线无穷远点的透视称为该直线的灭点(也称消失点)。两条远去的铁轨渐渐靠近,在远方

4.3 直线的透视

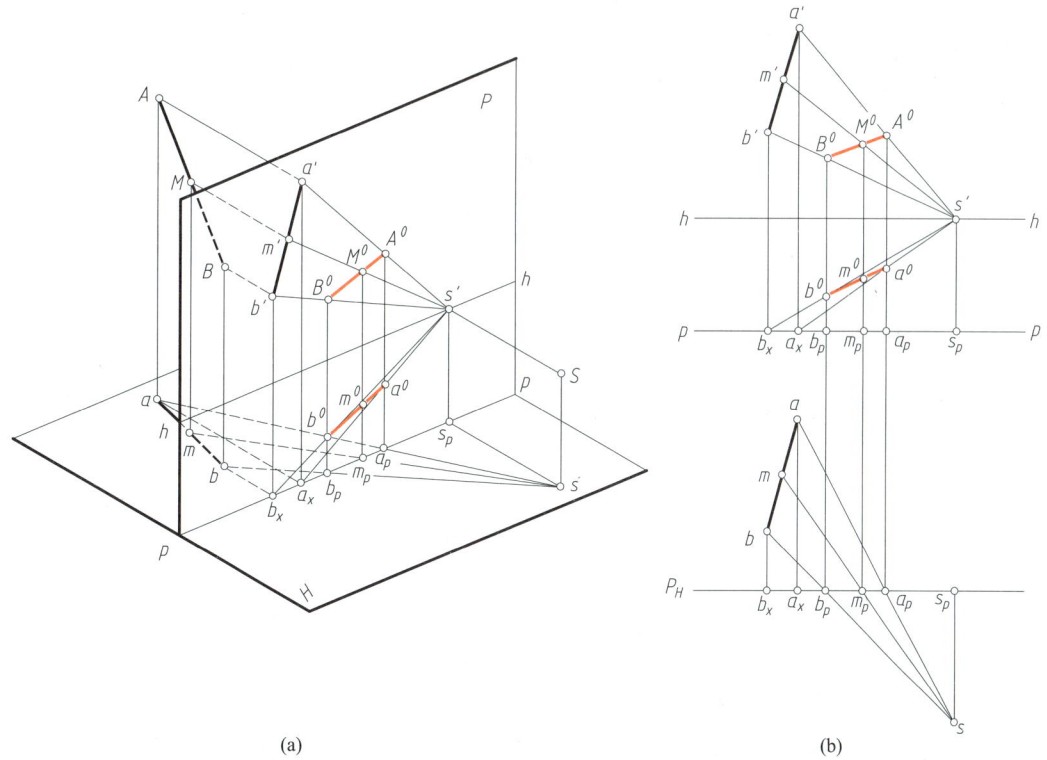

(a)　　　　　　　　　　　(b)

图 4.3.2　直线上点与透视点的作图及与原直线的关系

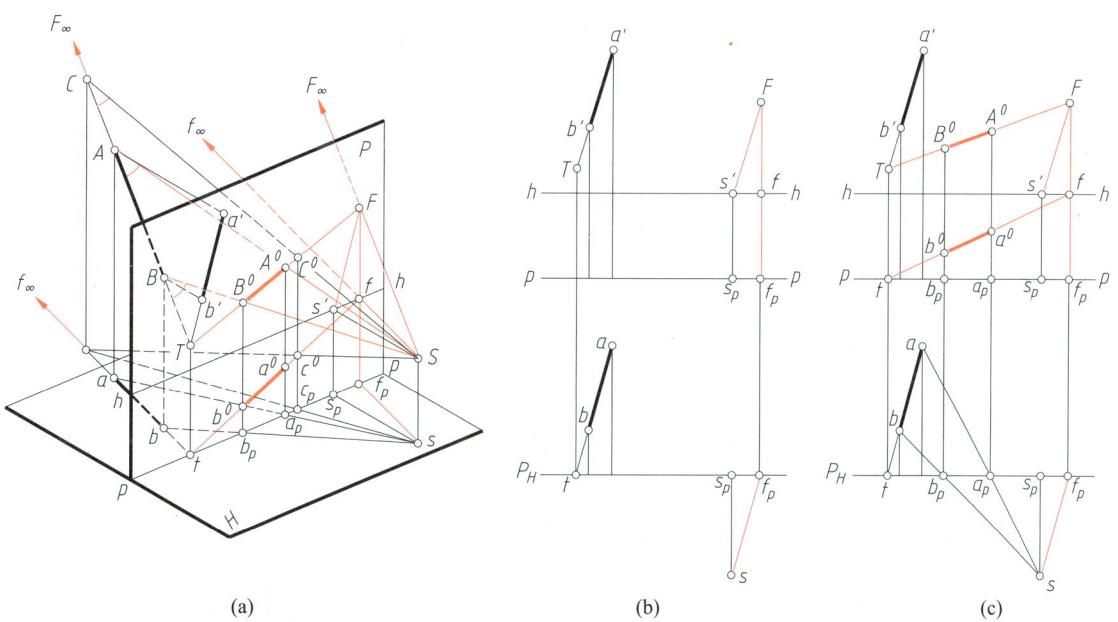

(a)　　　　　　　(b)　　　　　　(c)

图 4.3.3　直线的迹点和灭点

消失成一点,可见空间互相平行的直线相交于同一个灭点。

2) 灭点的位置

空间直线的灭点为过点 S 且与该直线平行的直线与画面的交点,该交点记为 F。

如图 4.3.3a 所示,AB 与画面 P 的交点为 T,B 更接近于画面 P。连接 S、B,SB 与画面 P 的交点 B^0 为点 B 的透视;连接 S、A,SA 与画面 P 的交点 A^0 为点 A 的透视。由于点 B 更接近于画面 P,有

$$\angle TAS < \angle TBS$$

在 BA 方向选一点 C,得点 C 的透视 C^0,有

$$\angle TCS < \angle TAS < \angle TBS$$

当点 C 沿着 BA 方向离开画面 P 越远,$\angle TCS$ 越小。当 C 趋向于无穷远时,$\angle TCS$ 趋向于 0,此时 $SC // BA$。所以,空间直线的灭点为过视点 S 且与该直线平行的直线与画面的交点。

同理,基灭点 f 为过点 S 与 ab 平行的直线与画面的交点,因过点 S 作基投影的平行线,该线在视平面上,所以基灭点 f 在视平线 h—h 上。灭点 F 与基灭点 f 处于同一条铅垂线上,即 $Ff \perp h$—h,这是因为 $SF // AB$,$Sf // ab$,而 AB 与 ab 是处于同一铅垂面内的两条直线,因此,由 SF 与 Sf 所决定的平面 $\triangle SFf$ 也是铅垂面,$\triangle SFf$ 与画面 P 的交线 Ff 只能是铅垂线。

3) 灭点和基灭点的作图

如图 4.3.3b 所示,由站点 s 引直线 AB 的水平投影 ab 的平行线交基线 p—p 于点 f_p,再由 f_p 向上引铅垂线交视平线 h—h 于基灭点 f,并与由 s' 引平行于 $a'b'$ 的直线交于灭点 F。

(3) 直线透视与灭点和迹点的关系

根据灭点和迹点的定义和作图方法,可以得到如下结论:设直线 AB 的迹点为 T,直线的灭点为 F,那么直线 AB 的透视 A^0B^0 必定全在 TF 所在的直线上。如果 AB 全在画面后面,那么 TF 称为 AB 的全透视。如果 AB 不全在画面后面,例如 A 在画面前面,B 在画面后面,那么 AB 的透视 A^0B^0 中的 A^0T 部分在 FT 方向的延长线上,TB^0 部分为全透视。

同样,连接基迹点 t 与基灭点 f,tf 为直线 AB 的全基透视,直线 AB 的基透视 a^0b^0 必定在 tf 上。

这种利用直线的迹点、灭点和视线的 H 面投影作出直线透视的方法,称为视线法,是作建筑物透视图常用的技法。

(4) 平行直线同灭点

如图 4.3.4 所示,空间两直线 $CD // AB$,CD 与 AB 有同一个灭点 F。因为空间直线的灭点为过点 S 且与该直线平行的直线与画面的交点,且 $CD // AB$,$SF // AB$,所以 $CD // SF$,而 SF 与画面 P 的交点只有一个,所以,平行直线有同一灭点。同样,它们的基透视也有一个共同的基灭点 f。

4. 直线贯通视线的透视

如果一般位置直线或直线段的延长线通过视点,即直线与视线重合,或直线两端点与视点在同一直线上,称该直线为视线贯通直线,这是一类特殊直线。如图 4.3.5a 所示,直线 CD 通过视点 S,则该直线以及直线上所有点的透视在画面上重合为一点 D^0C^0,其基透视 c^0d^0 为垂直于基线 p—p 的直线。

透视作图过程如图 4.3.5b 所示,由于 D^0C^0 重合为一点,且本身就在画面上,作图十分简单。由 $c_p d_p$ 向上引铅垂线,交连线 $s'd'c'$ 于 C^0D^0,C^0D^0 即为直线 CD 的透视。在画面上分别连线 $s'c_x$ 和 $s'd_x$,由 $c_p d_p$ 向上引铅垂线,分别交 $s'c_x$ 和 $s'd_x$ 于 c^0 和 d^0,连线 c^0d^0 即为直线 CD 的基透视。

4.3 直线的透视

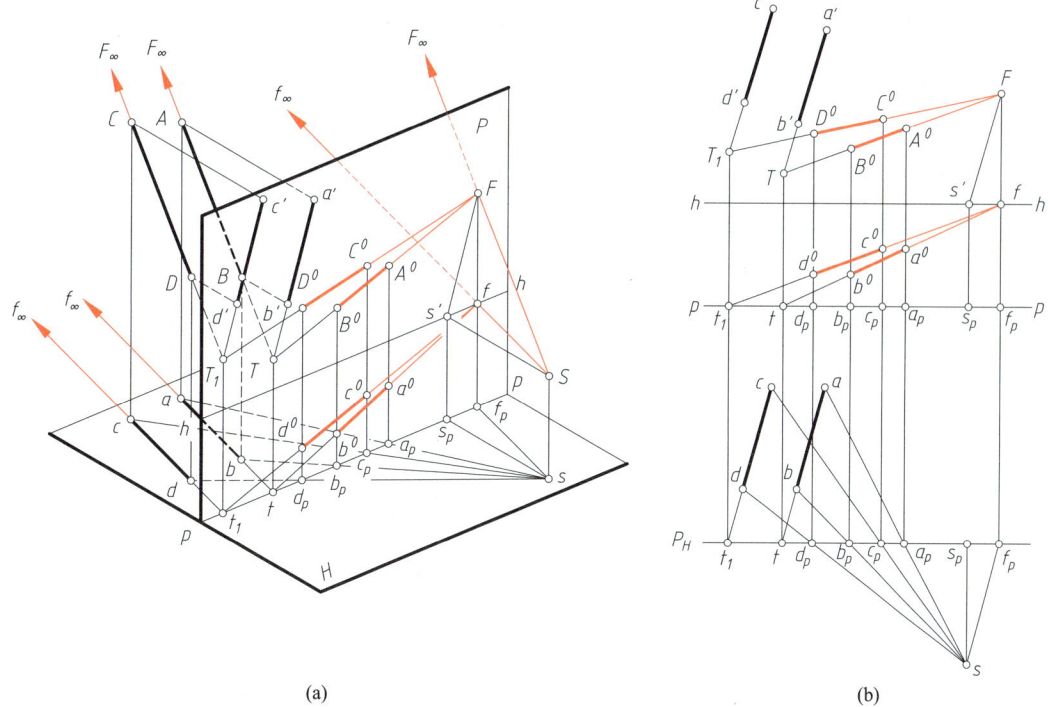

(a)   (b)

图 4.3.4 平行两直线的透视作图

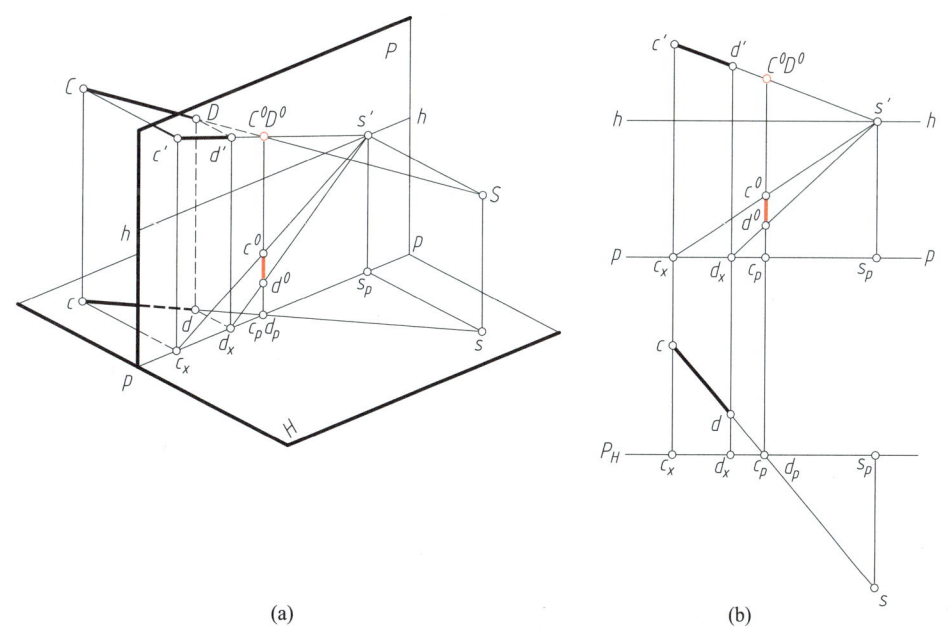

(a)   (b)

图 4.3.5 直线贯通视线透视作图

4.3.2 特殊位置直线的透视

当直线与画面或基面呈平行或垂直关系时,其透视也有其特殊性,这些特征在不同程度上可以简化透视作图步骤。下面分几种情况介绍。

1. 画面垂直线的透视

空间直线垂直于画面,此时它必定平行于基面。如图 4.3.6a 所示,空间直线 AB 垂直于画面 P、平行于基面 H。这类直线的透视特征是灭点 F、基灭点 f 与主点 s' 重合为一点;迹点 T 亦是直线 AB 在画面上的正投影 $a'b'$。如图 4.3.6b 所示,连接 $T(a'b')$、$s'(F,f)$,Ts' 即为直线 AB 的全透视,透视 A^0B^0 必定在其上。连接 t、s',即为直线 AB 的全基透视,基透视 a^0b^0 必定在其上。

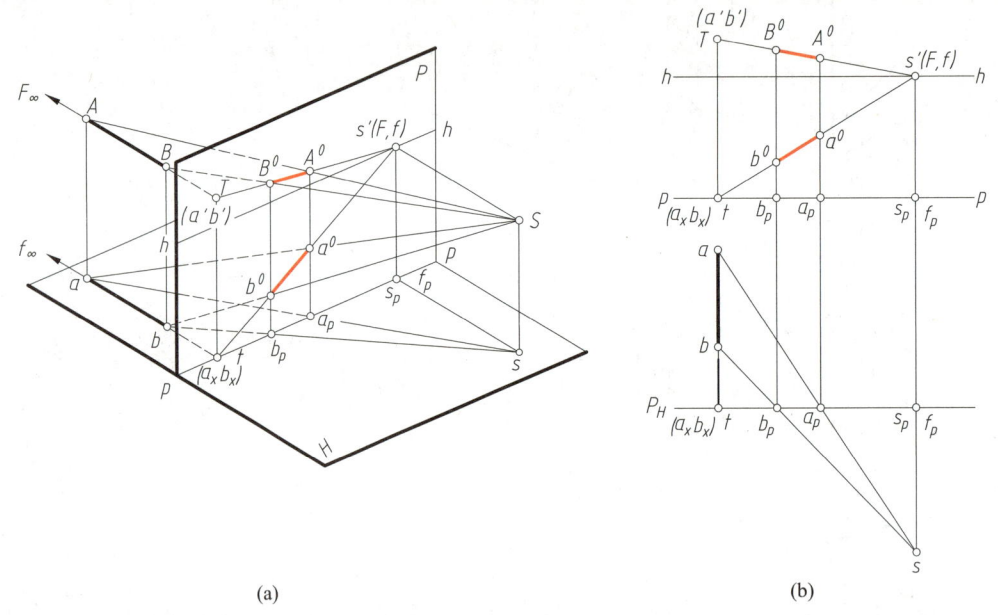

(a)　　　　　　　　　　　(b)

图 4.3.6　画面垂直线的透视作图

2. 画面平行线的透视

直线与画面呈平行的关系,此时还可有两种情况。

(1) 直线与画面平行但对基面倾斜。如图 4.3.7a 所示,空间直线 AB 与画面平行,对基面倾斜成 α 角度。由于直线 AB 平行于画面 P,因此,直线 AB 对画面没有迹点,也没有灭点。由视点 S 所引视线 SA 与画面的交点为 A^0,所引的视线 SB 与画面的交点为 B^0,连线 A^0B^0 即为 AB 直线的透视。并且 $A^0B^0 \parallel a'b'$,与基线 p—p 的夹角反映直线 AB 对基面 H 的倾斜角度。其基透视 $a^0b^0 \parallel p$—p。

如图 4.3.7b 所示,以直线 AB 的两端点作透视图,所得的透视图形完全反映上述的透视特征。

(2) 直线与画面平行而与基面也平行。如图 4.3.8a 所示,由于空间直线 AB 平行于画面 P,同时又平行于基面 H,所以,直线 AB 对画面没有迹点,也没有灭点。其透视 A^0B^0 为水平线,并且 $A^0B^0 \parallel a^0b^0 \parallel p$—$p$,透视 A^0B^0 与基透视 a^0b^0 等长。透视作图过程如图 4.3.8b 所示。

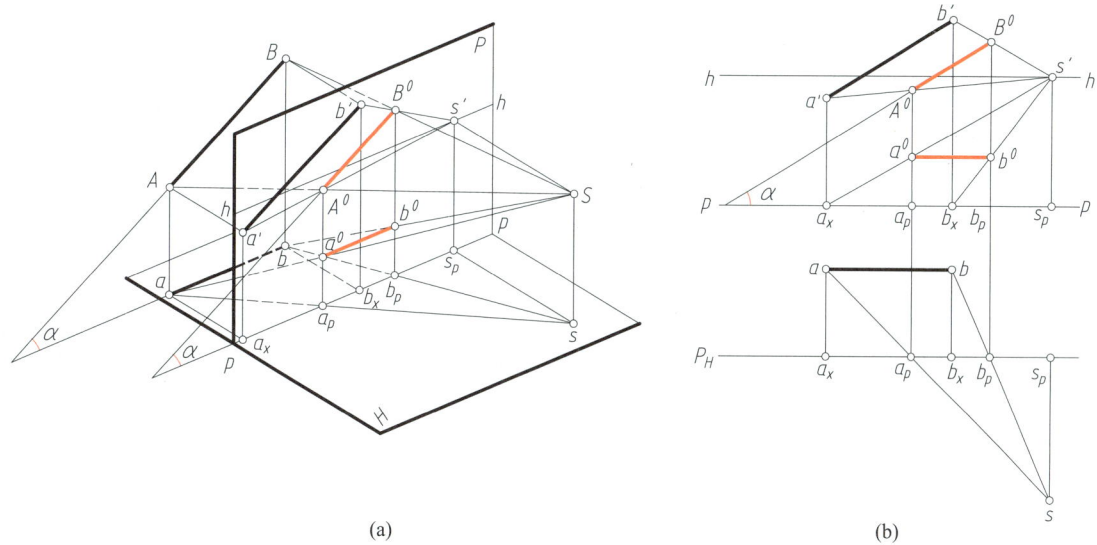

(a)　　　　　　　　　　(b)

图 4.3.7　直线与画面平行而对基面倾斜的透视作图

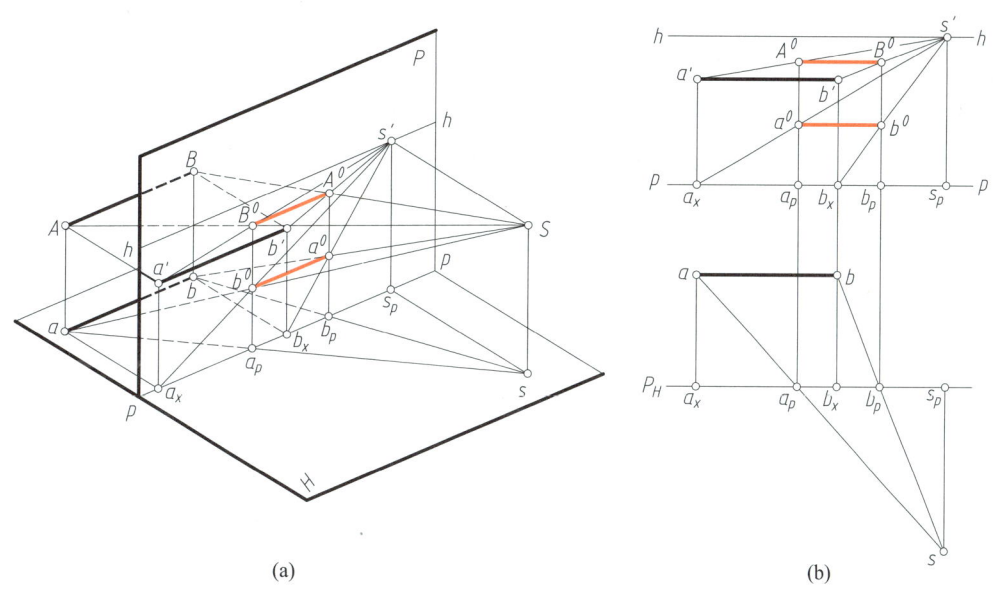

(a)　　　　　　　　　　(b)

图 4.3.8　直线与画面和基面都平行的透视作图

3. 基面平行线的透视

如图 4.3.9a 所示,直线 AB 与基面平行,而对画面倾斜,其对画面有迹点 T 和灭点 F。由于 AB∥H 面,灭点 F 和基灭点 f 为视平线上的同一点,这种透视特征使得透视作图步骤变得很简单。如图 4.3.9b 所示,T、t 和 F(f) 都是画面上的点,连线 FT 为直线 AB 的全透视,透视 A^0B^0 必定在 FT 上;连线 ft 为直线 AB 的全基透视,a^0b^0 必定在 ft 上。分别由 a_p、b_p 向上引铅垂线与 FT、ft 交得 A^0、a^0 和 B^0、b^0,连线 A^0B^0、a^0b^0 即为所求。

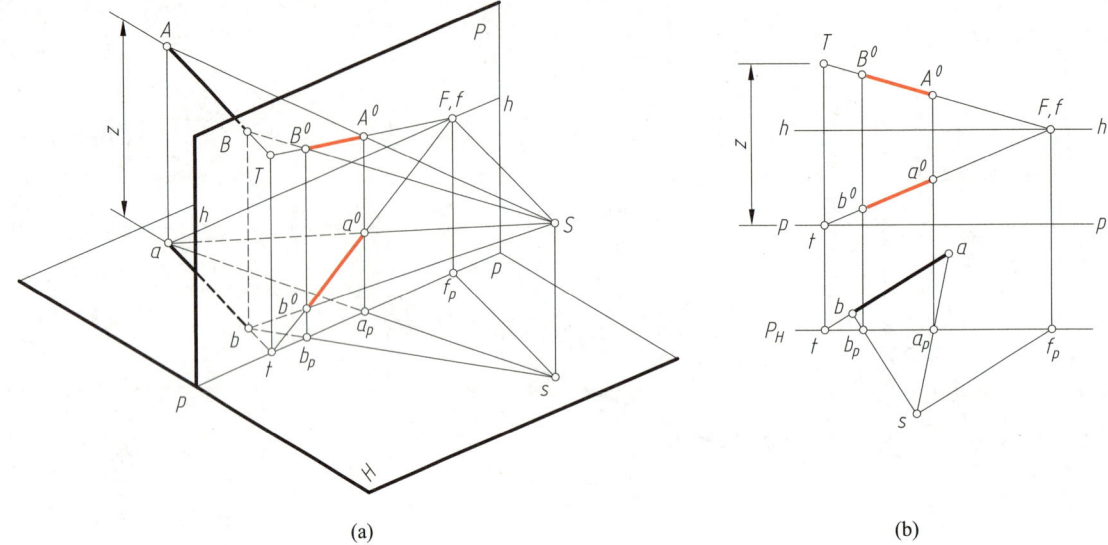

(a)   (b)

图 4.3.9   直线与基面平行而与画面倾斜的透视作图

4. 基面垂直线的透视

直线垂直于基面,此时它必定与画面平行。如图 4.3.10a 所示,其透视 C^0D^0 为垂直于基线 $p—p$ 和视平线 $h—h$ 的竖直线,并且基透视 d^0 和 c^0 重合于一点。透视作图过程如图 4.3.10b 所示,基面垂直线 CD 上点 C 的透视 C^0 可以通过直线 CD 的实际高度 z(简称实高)得到。具体作图步骤为:由 $c_x d_x$ 向上引基线 $p—p$ 的垂直线,并在该线上截取 $z_1+z=C_c$(实高),连线 $s'c'$ 与由 $c_p d_p$ 向上引的垂线交于点 C^0。

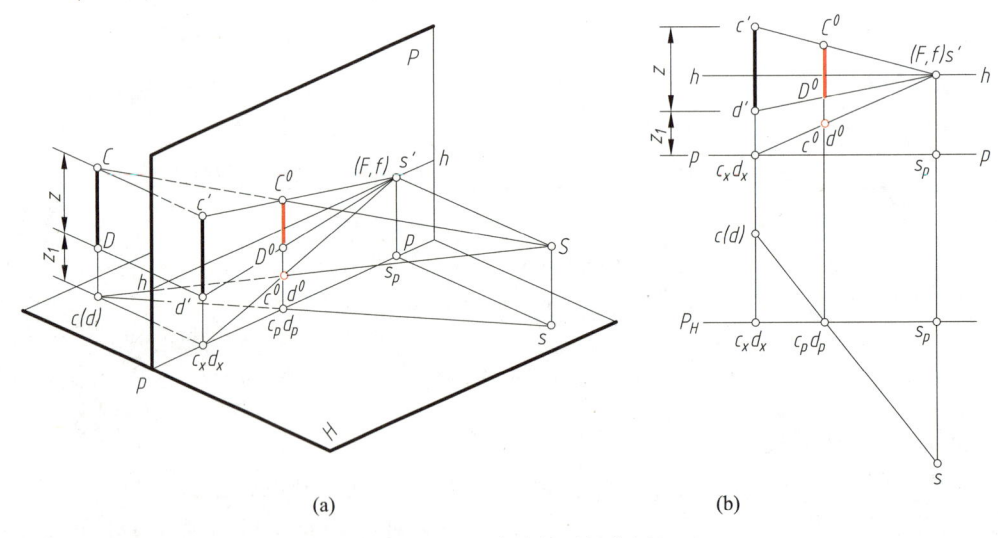

(a)   (b)

图 4.3.10   基面垂直线的透视作图(一)

如果直线 CD 是基面垂直线,且有一个端点落在基面上,如图 4.3.11a 所示,由于点 D 位于基面上,则点 D 的透视 D^0 与基透视 d^0c^0 重合于一点。作图过程如图 4.3.11b 所示。

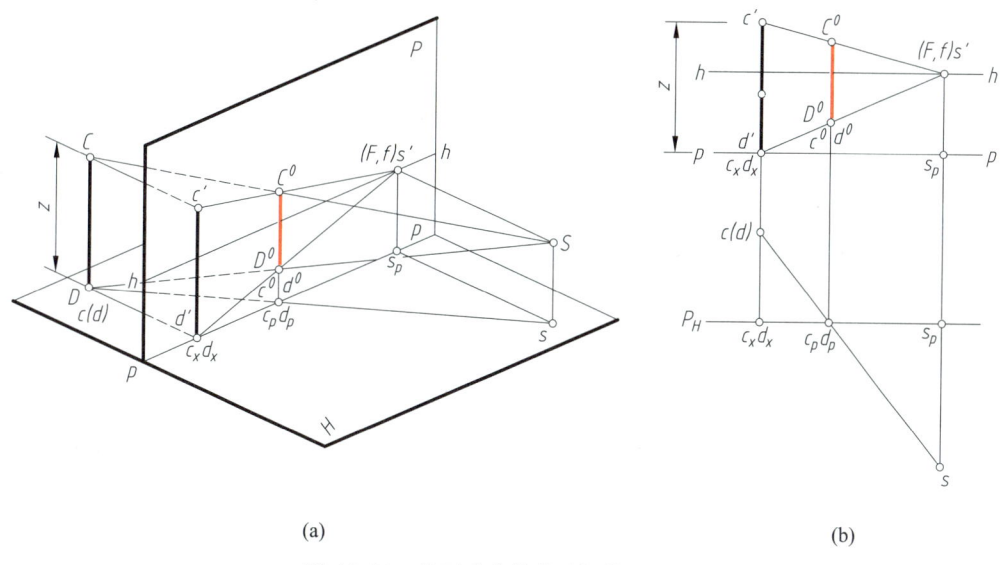

(a)　　　　　　　　　　　　　(b)

图 4.3.11　基面垂直线的透视作图(二)

4.3.3　直线段透视高度的求取

1. 真高线

位于画面上的直线,其透视就为该直线本身。当该画面上直线又为铅垂线时,其透视就反映出该直线的真实高度,这样的直线称为真高线。

如图 4.3.12a 所示,有一铅垂矩形 $ABCD$,其高度为 z。由于矩形上的一条边 AB 位于画面 P 上,其透视 A^0B^0 就等同于 AB 本身,直线 AB 就是一条真高线。而直线 CD 在直线 AB 之后,其透视 C^0D^0 与 CD 高度不一样,不反映真高,其真高可以借直线 AB 来确定,透视作图过程如图 4.3.12b 所示。

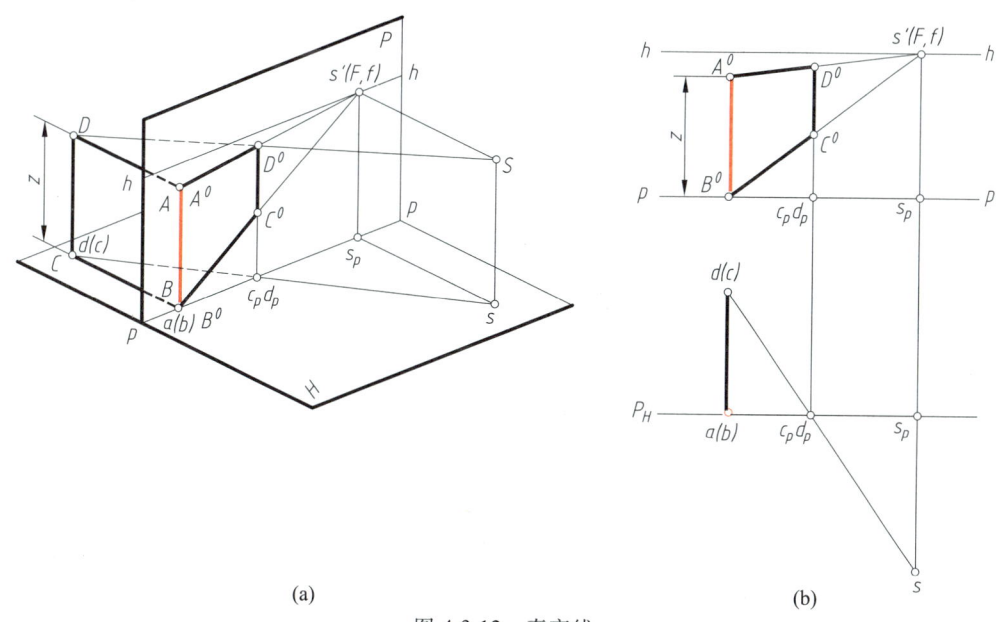

(a)　　　　　　　　　　　　　(b)

图 4.3.12　真高线

2. 透视高度的度量

利用真高线可以解决透视高度的度量问题。为了避免每确定一个透视高度就要画一条真高线，可采取集中利用一条真高线来量取透视高度。

如图 4.3.13a 所示，有一组基面垂直线 Aa、Bb、Cc，已按透视作图取得基透视 a^0、b^0、c^0，采用集中量取透视高度的方法确定 A^0、B^0、C^0。如图 4.3.13b 所示，由 a_x 向上引垂直于基线 $p—p$ 的直线，设立一量高的标尺，并在该垂直线上截取 $\overline{A}a_x = Aa$，连接 $\overline{A}(a')$、s' 交由 a^0 向上引的铅垂线于点 A^0。截取 $\overline{B}a_x = Bb$，由 $\overline{B}$ 引水平线（$// p—p$）交由 b_x 向上所引铅垂线于 b'（实际上是点 B 在画面上的正投影），连线 $b's'$ 交由 b_p 向上所引铅垂线于点 B^0。同理，可求得点 C^0。

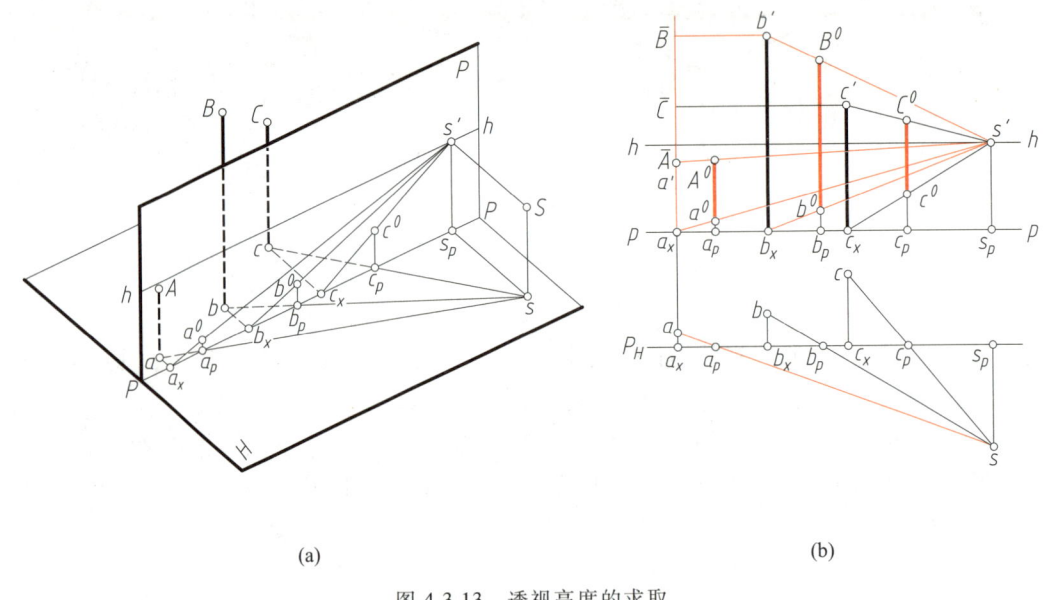

(a)　　　　　　　　　　　(b)

图 4.3.13　透视高度的求取

4.4　平面的透视

4.4.1　平面图形的透视

一个平面图形的透视，可视为平面图形各点、各边线透视的集合。图 4.4.1a 所示为位于基面（H 面）上的平面图形 K 的两面投影。其透视投影的作图方法与过程同前面所述点、直线段的透视作图相同，如图 4.4.1b 所示。但需要说明的是：如果平面图形 K 有两个相互垂直的边线，需分别作出两个方向线的灭点 F_x 与 F_y。直线的迹点与灭点的连线，即为该直线方向的全透视。两个方向全透视的交点，即为相应的点、直线段的透视。

位于基面上的平面图形 K，可视为一建筑物的平面图。在同一视点、视平面的条件下，不同高度的楼层的透视有共同的灭点，如图 4.4.2 所示。

4.4 平面的透视

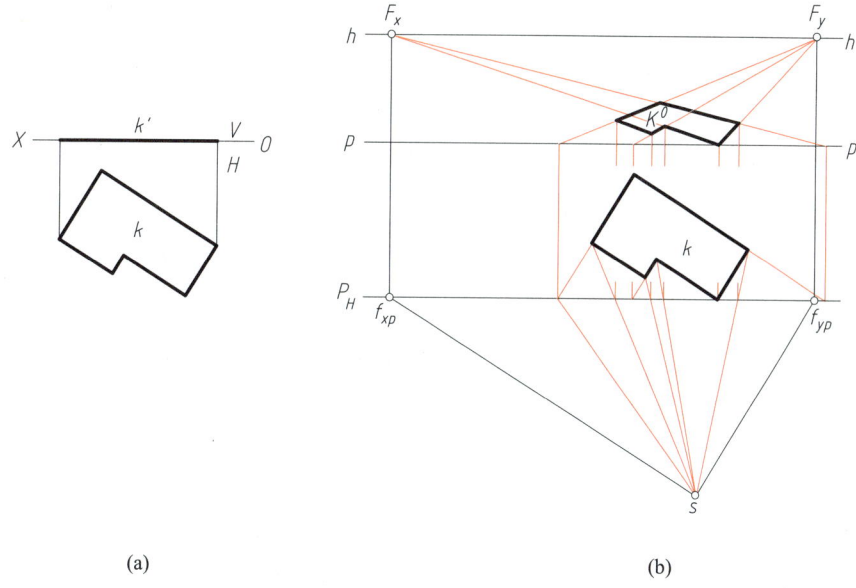

(a)   (b)

图 4.4.1　平面的透视

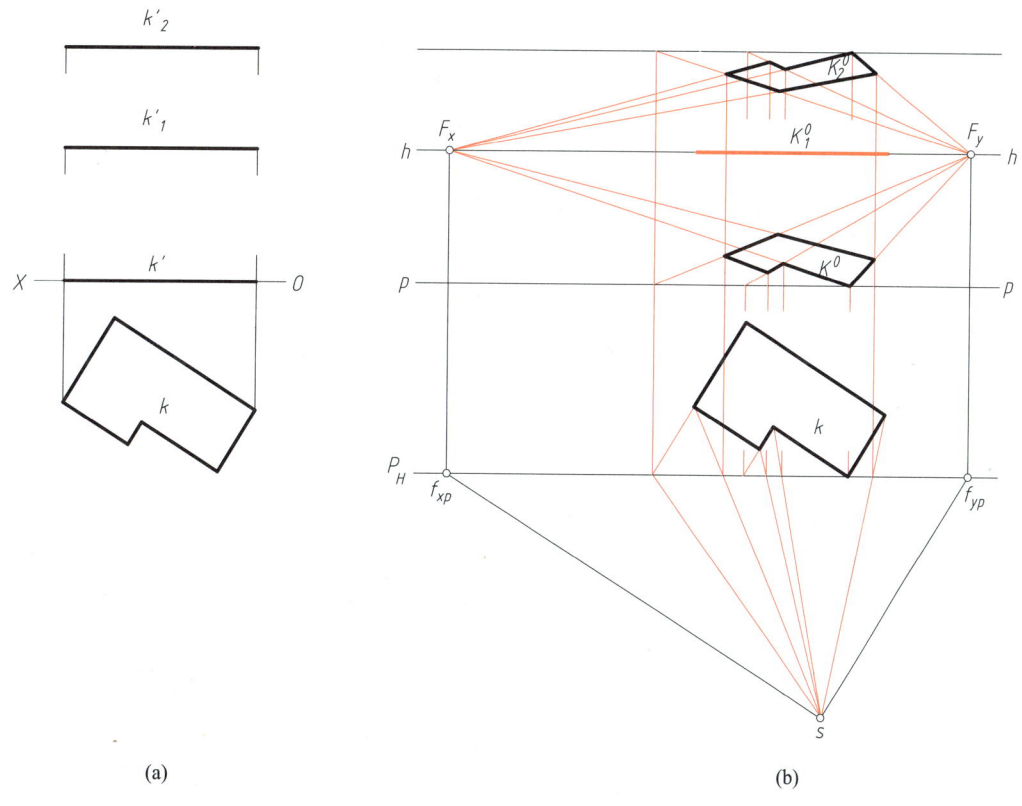

(a)   (b)

图 4.4.2　不同高度水平面的透视

K_1 平面与视平面同高,其透视 K_1^0 消失在视平线 $h—h$ 上,成一水平直线段。

K_2 平面位于视平面以上,其透视反映平面图形的底面。

4.4.2 平面迹线与灭线的概念

空间的平面图形,扩展后与画面的交线称为该平面图形的迹线。如图 4.4.3 所示,空间一个三角形平面 L,扩展后与画面交得 L_T 即为三角形平面 L 的平面迹线。

平面图形上无穷远点透视的集合是该平面的灭线。由视点 S 对三角形平面 L 上的一对相交直线分别作平行线交画面于点 F_1 与 F_2,连线 F_1F_2 即为三角形平面 L 的灭线 L_F。

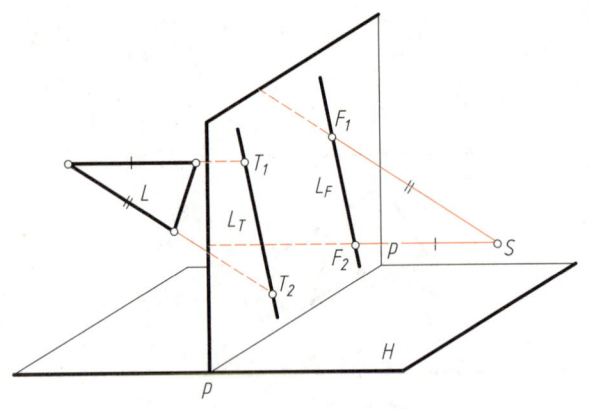

图 4.4.3　平面迹线与灭线

由于视平面 SF_1F_2 与平面 L 平行,且均与画面相交,其一对交线 L_T 与 L_F 必然平行,即平面图形的灭线与迹线相互平行。

4.4.3 特殊位置平面的灭线特征

有一些平面图形,其所在的平面处于一些特殊位置,如基面、画面的平行面或垂直面,它们的灭线也处于特殊位置。

(1) 平行于基面的平面 K,如图 4.4.4a 所示,其灭线就是视平线 $h—h$。

(2) 垂直于基面的平面 Q,图 4.4.4b 所示,其灭线 Q_F 垂直于视平线 $h—h$。

(3) 平行于画面的平面 U,图 4.4.4c 所示,其在画面上既无灭线,也无迹线。

(4) 垂直于画面的平面 P,图 4.4.4d 所示,其灭线 P_F 必通过主点 s'。

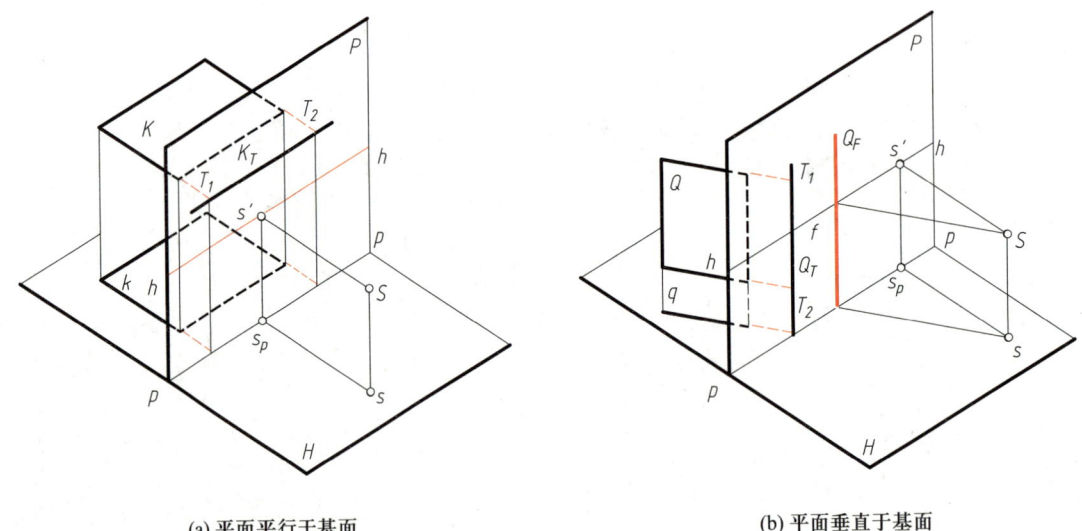

(a) 平面平行于基面　　　　　　　　　　(b) 平面垂直于基面

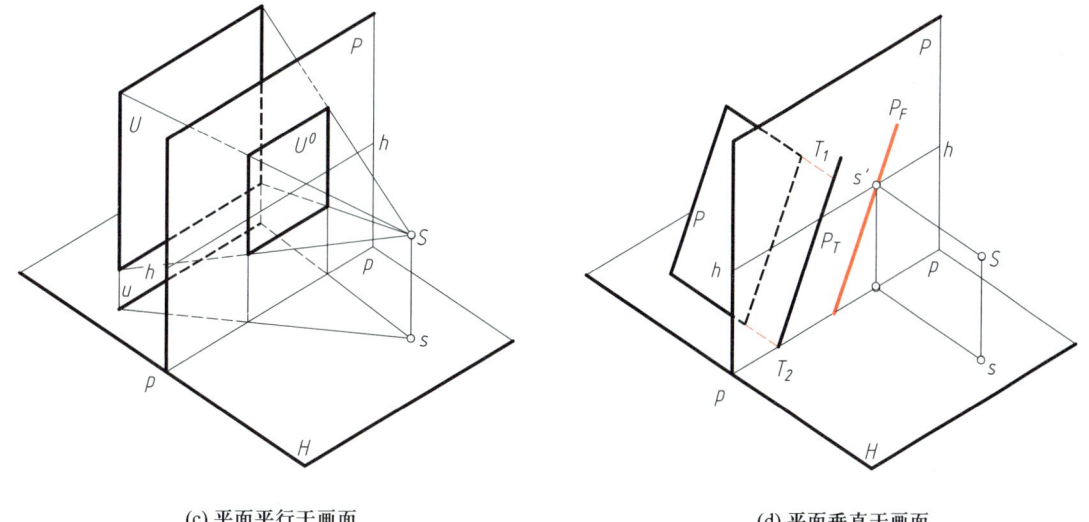

(c) 平面平行于画面 (d) 平面垂直于画面

图 4.4.4 特殊平面的灭线

第 5 章

建筑物的透视图

本章根据前面的透视作图方法,给出一些建筑物的作图实例,并介绍量点法、距点法、网格法等的透视图作法,以及交点法、直线的分割、矩形平面的分割等建筑物的局部简捷画法。

5.1 建筑物常用的透视图类型

透视方式反映透视(图)立体形象的不同效果。建筑物透视图一般分成两大类:画面与基面垂直、画面与基面倾斜(称倾斜画面)。

5.1.1 画面与基面垂直的透视

画面与基面垂直的透视又可分成两类:平行透视和成角透视。

1. 平行透视

平行透视的特点是:物体的主面与画面平行。平行透视图有 1 个主灭点。

如图 5.1.1 所示,两个主向轮廓线的长度方向(X 向)和高度方向(Z 向)平行于画面 P,平行于这两个方向的直线的透视无灭点,而与两个主向轮廓线垂直的宽度方向(Y 向)上的轮廓线与画面 P 垂直,其主向灭点就是主点 s'。利用一个主向灭点画出的透视图,称为平行透视(又称一点透视)。

平行透视能显示主要立面的正确比例关系,它适用于横向面宽,又需显示纵向深度的建筑群或室内透视,如图 5.1.2 所示。

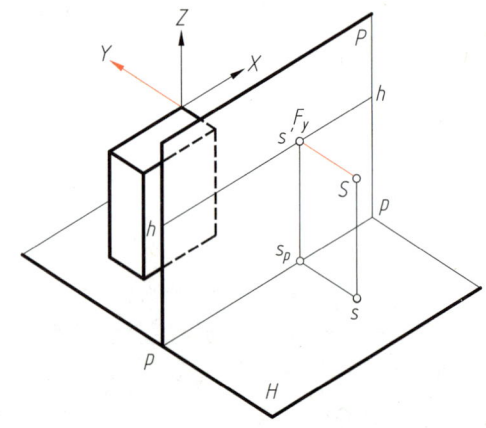

图 5.1.1 平行透视方式

2. 成角透视

成角透视的特点是:物体的主面与画面不平行。成角透视图有 2 个主灭点。

如图 5.1.3 所示,当建筑物主立面与画面成某一角度时,竖向图线(Z 向)与画面平行,另外两个方向(X、Y 向)的图线与画面斜交,在画面上形成两个主向(X、Y 向)灭点 F_x、F_y,这两个灭点都在视平线 $h—h$ 上,利用两个灭点画成的透视图,称为成角透视(又称两点透视)。这种透视图在工程设计中经常用到,透视效果真实自然,如图 5.1.4 所示。

5.1 建筑物常用的透视图类型

图 5.1.2　平行透视实例

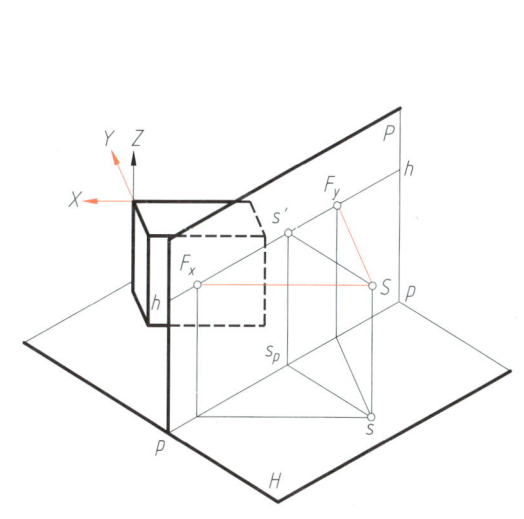

图 5.1.3　成角透视方式

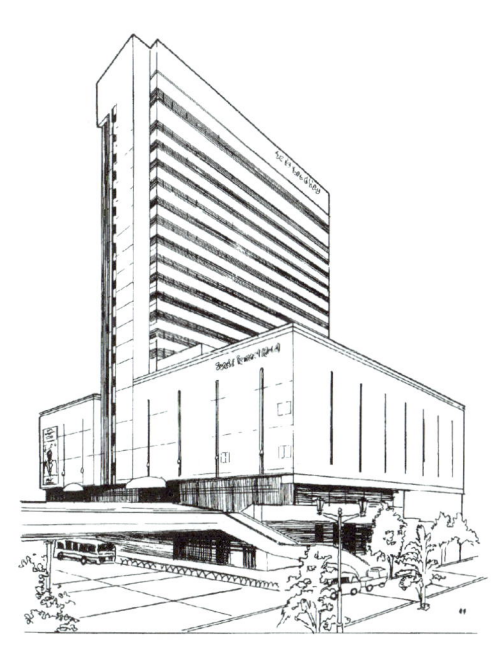

图 5.1.4　成角透视实例

5.1.2　倾斜画面的透视

当画面倾斜于基面且物体的主面与画面不平行时会产生三个灭点,利用三个灭点画出的透视称为斜透视或三点透视(图 5.1.6)。

这种透视在展示高耸建筑物时常会用到。高耸建筑物采用垂直画面方式作出的透视图,由于垂直视角过大,会产生较大的变形,真实效果差。因而采用倾斜画面的方式作图(图 5.1.5),使画面对基面倾斜(前倾或后仰)一个适当的角度,以取得满意的效果。在离高耸建筑物较近的地方拍摄该建筑物时常会将照相机镜头面倾斜一个角度就是这个道理。

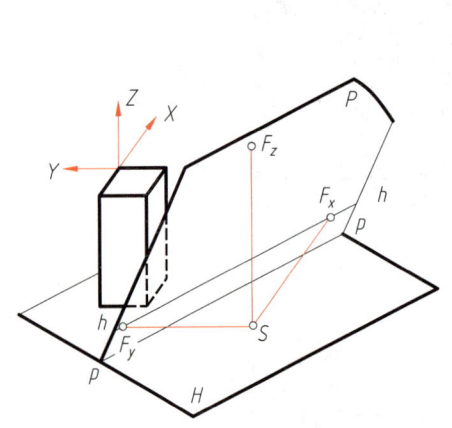

图 5.1.5　倾斜画面透视方式

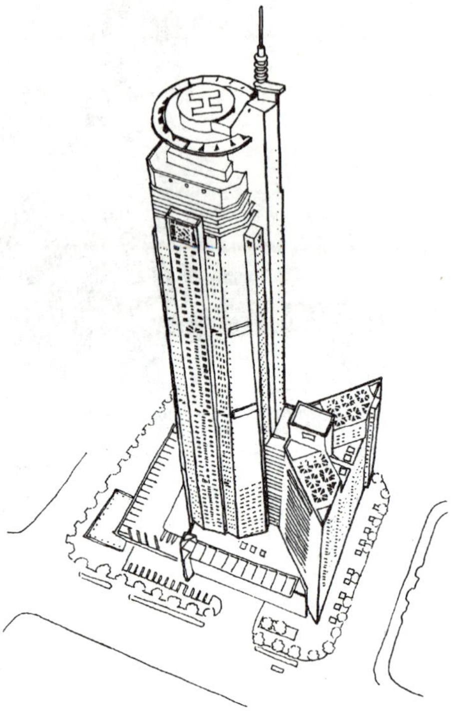

图 5.1.6　倾斜画面透视实例

5.2　透视参数的设置

为了使所绘出的透视图能够获得理想的透视效果,清晰、准确地反映设计者的意图,在着手绘制透视图之前,除了要选择所绘透视图的类型外,还必须安排好视点、画面与建筑物之间的相对位置,如人站立在什么位置上、建筑物与画面之间夹角多大以及要画出的透视图的大小等等。

5.2.1　人眼的视觉范围

当人以眼睛观看某一方向时,所见景物的清晰范围有一个限定,它是以人眼为顶点、中心视线为轴线的一个圆锥面,称为视锥,如图 5.2.1 所示。视锥的顶角称为视角,视锥与画面相交所包围的区域称为视域。一般认为,人眼的视域接近于一个椭圆形,椭圆的长轴在水平方向。这样,视锥

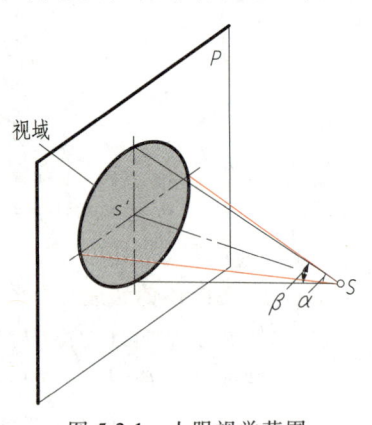

图 5.2.1　人眼视觉范围

就成了椭圆锥,水平视角 α 为 120°~148°,垂直视角 β 约为 110°。但是,清晰的视野范围只是视域的一小部分,为了方便,一般把视锥看成是正圆锥,视域也就成了一个正圆。

在画透视图时,一般以 $\alpha=60°$ 作为控制角参数,而将 $\alpha=30°~40°$ 视作理想情况,清晰的视角范围为 28°~37°。如遇特殊情况(画室内透视或受空间限制时),视角可大于 60°,但不能超过 90°,否则将产生很大的透视变形,失去真实感。

5.2.2 视点的选择

1. 确定站点的位置

画出的透视图是否反映建筑物的形体特征而不产生大的透视变形,与站点对画面的相对位置有很大关系。如果视高已定,站点(图 5.2.2 中 s_1 点)与画面距离近,水平角 α_1 就大,或主点 s' 与 f_{1y} 距离过小,则建筑物右侧轮廓线的透视收敛得过于急剧,右侧墙面显得很狭窄,透视效果欠佳。

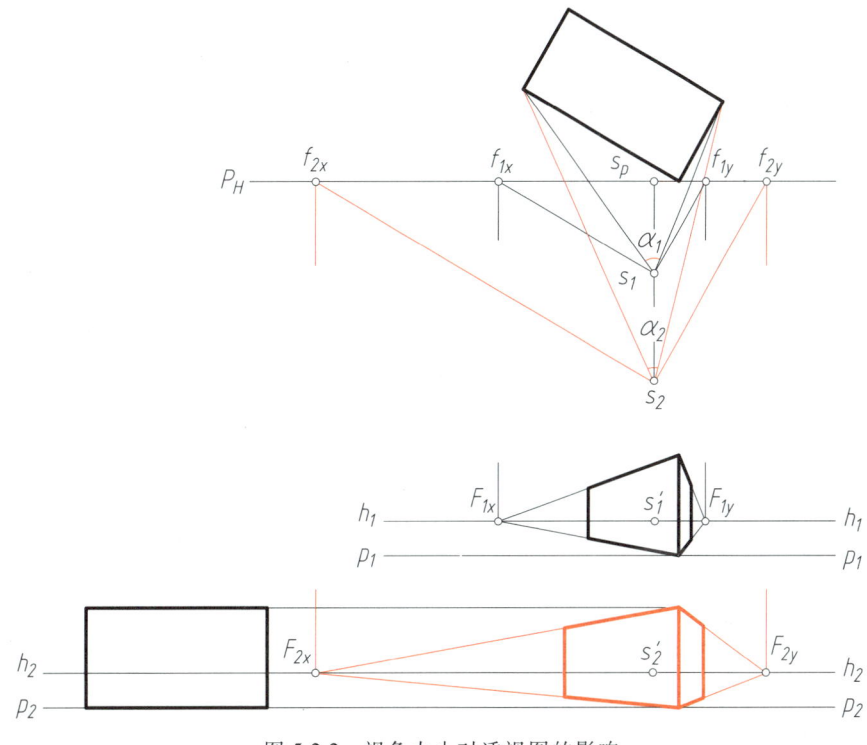

图 5.2.2 视角大小对透视图的影响

若将站点移至 s_2 处,视距增大,两灭点相距较远,视角 α_2 接近 40°左右,这时水平方向线条的透视显得平缓,墙面宽阔,透视效果较理想。

视距的大小决定视角的大小,但在实际作图中,有时出现主视点不在视角内的情况。在这种情况下,为了保证视角适宜,充分体现建筑物的体形特点,可选择主视点位于视宽中间的三分之一区域内。

另外,站点应尽可能确定在实际环境许可的位置上。

2. 视高的确定

视高即视点距基面的高度,反映在画面上就是视平线 $h-h$ 到基面的距离,一般按人的眼睛高度来确定（1.5～1.8 m）。视平线的高低变化对所表达的建筑物的形象影响也是很大的。图 5.2.3 表示视平线在不同位置时对同一立方体所作透视的变化情况。图 5.2.3a 中视平线位于立方体的棱高中间，图 5.2.3b 中视平线靠近立方体的顶部，而图 5.2.3c 中视平线靠近立方体的底部。这三种情况下画出的透视图不是显得呆板，就是顶面棱线或底面棱线消失得过于平缓。图 5.2.3d 中，视平线位于立方体的顶面以上，这样画出的图称为鸟瞰图。在实际作图中，根据建筑物的形体特点和透视图的表现需要，可以降低或抬高视平线。如画高耸的建筑物，需将视平线降低，给人以高大雄伟之感；如要表现某一区域的建筑物群的规划设计，或者看建筑物顶面的情况，需升高视平线，它符合人们居高临下观看建筑物时所获得的视觉印象。

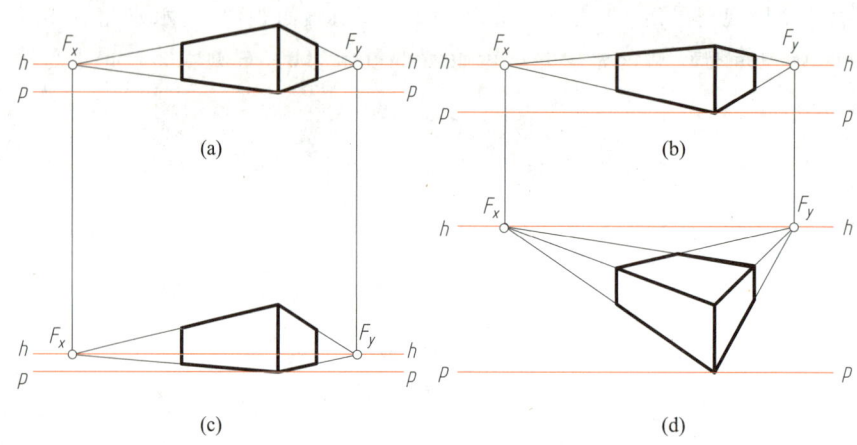

图 5.2.3　视高对透视图的影响

5.2.3　画面位置与角度的选择

1. 画面与建筑物主立面的偏角

图 5.2.4 示出画面与建筑物主立面偏角 θ 的大小对透视图的影响。

（1）θ 愈小（图 5.2.4 中 θ_1），主向灭点愈远，透视收敛得愈平缓，该立面的透视显得宽阔。

（2）θ 适中（图 5.2.4 中 θ_2），所画出的透视图上的各种比例均与实际物体上的各种比例大致相符。

（3）θ 愈大（图 5.2.4 中 θ_3），主向灭点愈近，该立面透视愈狭窄。

一般情况下，建筑物主立面与画面夹角取为 30°左右，这时所求得的透视图主立面与次立面分明，建筑形象符合人们的视觉习惯。应避免 θ 角接近 45°，因此时画出的两个主向轮廓线透视长、宽几乎相等，图形显得笨拙。

图 5.2.4 中示出 3 个不同的 θ_1、θ_2、θ_3 和相应灭点的位置状态。

2. 画面与建筑物前后位置关系

如图 5.2.5 所示，当建筑物与视点的相对位置确定之后，根据所绘透视图大小的需要，可移动画面的前后位置。画面在建筑物之前，画出的透视图为缩小透视（图 5.2.5a）。画面在建筑物之后，画出的透视图为放大透视（图 5.2.5b）。若所设画面互相平行，在各个画面上的透视图大小不同，但均为相似图形，且透视随视距增大、缩小而放大或缩小。

透视作图过程中，往往使画面通过建筑物的某一局部，从而容易获得迹点、真高，方便并简化作图。

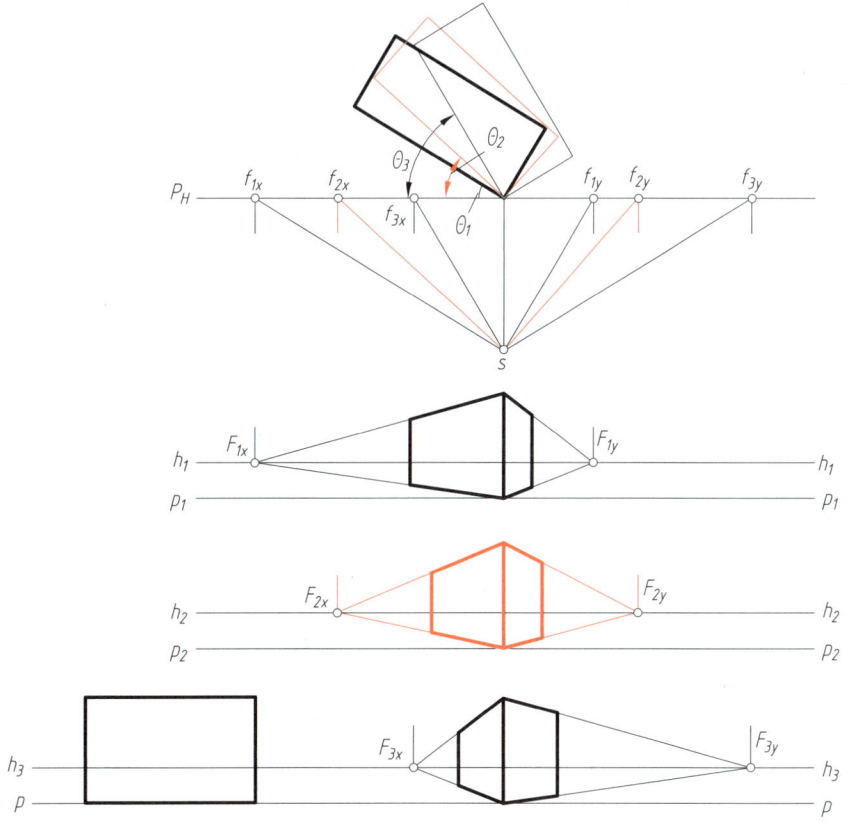

图 5.2.4　画面与建筑物主立面的偏角对透视图的影响

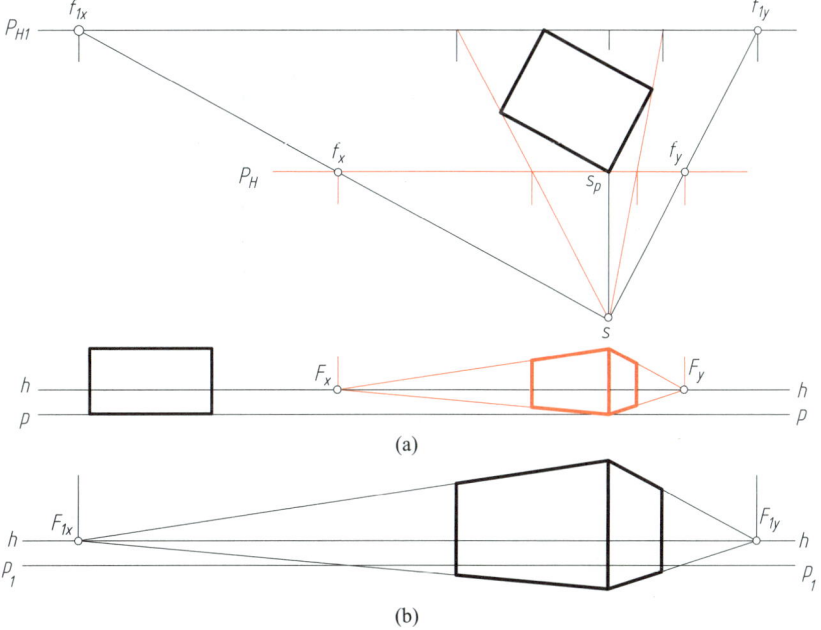

图 5.2.5　画面平行移动时透视图的变化

5.3 视线法绘制透视图

建筑物由于与画面的相对方位不同,其长、宽、高三个主要方向的图线往往对画面或基面处于平行或垂直或倾斜的关系,可以利用直线与画面的透视特征作图。

5.3.1 平行透视图的作图

【例 5.3.1】 图 5.3.1a 所示为建筑物组合体的平面图与立面图,按所设置的画面 $p—p$、视平线 $h—h$ 和站点 s 作平行透视图。

解 步骤如下:

(1) 分析

该组合体由左、右两个相同的长方体和中间底部一个台阶组成。由于题设画面 P_H 通过两长方体的前表面,故该面的透视反映真高和实形;竖向轮廓线都是基面垂直线;水平轮廓线都是基面平行线。

(2) 作图

1) 根据已知条件,在图纸的适当位置画出基线 $p—p$、视平线 $h—h$,定出站点 s(图 5.3.1b)。

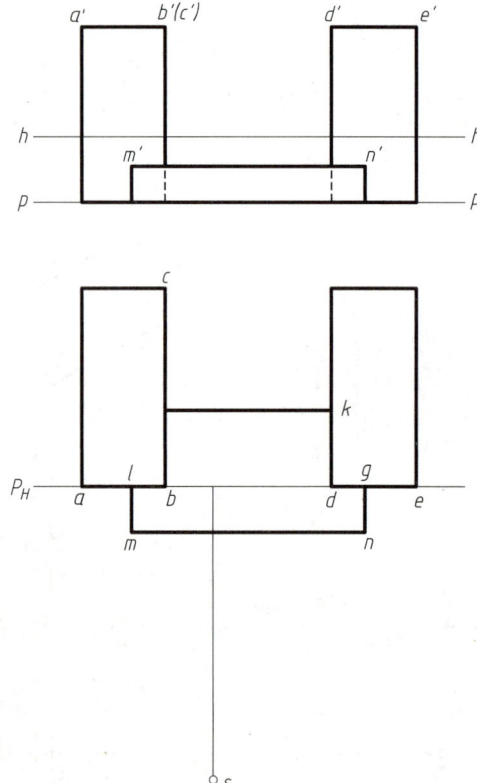

(a) 已知条件

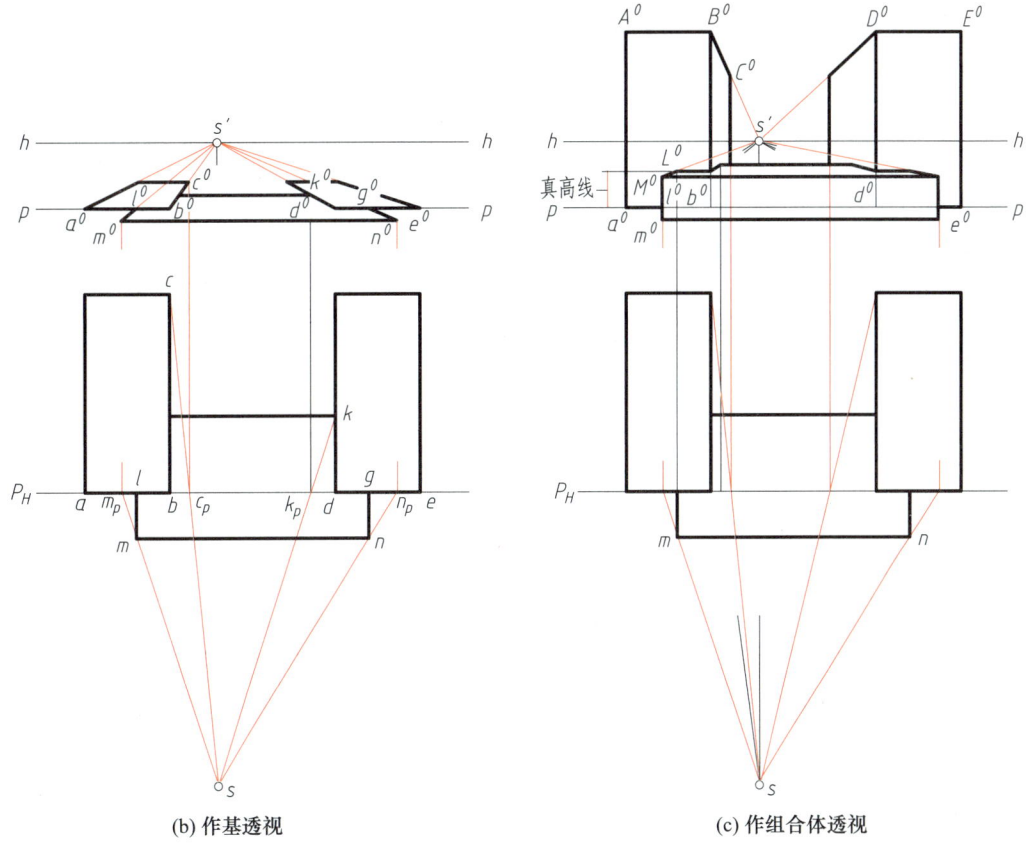

(b) 作基透视　　　　　　　　　　(c) 作组合体透视

图 5.3.1　组合体的平行透视

2) 作基透视。

① 作左、右两长方体的基透视。由于 a、b、d、e 在画面 P_H 上，故基透视 a^0、b^0、d^0、e^0 为自身。在基线 $p—p$ 上，连线 $s'a^0$、$s'b^0$、$s'd^0$、$s'e^0$ 为各线的全透视。过站点 s 作视线的水平投影 sc 与 $p—p$（即 P_H）交于点 c_p，过点 c_p 引铅垂线与 b^0s' 交于点 c^0，过 c^0 作 $p—p$ 的平行线得到两侧长方体的基透视。同理，可得其他点的基透视。

② 作台阶的基透视。台阶位于两长方体中间，前部位于画面前为放大透视。由于 l、g 两点在画面上，故 l^0、g^0 为已知点，通过 s' 与 l^0、g^0 连线，作出全透视 $s'l^0$、$s'g^0$ 并延长，过站点 s 作 sm、sn，与 $p—p$ 交得 m_p、n_p，分别由 m_p、n_p 引铅垂线与 $s'l^0$、$s'g^0$ 的延长线相交于 m^0、n^0。同理，作出基透视 k^0，完成整个建筑物的基透视，如图 5.3.1b 所示。

3) 作组合体的透视。

① 作两长方体的透视。因画面通过长方体前表面，透视图上反映前表面的实形，故过 a^0 画真高线，然后直接在真高线上求出 a^0A^0 的透视高度，左侧长方体前表面的透视为 $a^0A^0B^0b^0$。根据点的透视和基透视在同一垂线上的原理，侧棱面 $BCcb$ 的透视可根据基透视作图。将主点 s' 分别与 b^0、B^0 连线，过 c^0 引铅垂线与 $s'B^0$ 相交得点 C^0，$B^0C^0c^0b^0$ 即为侧棱面 $BCcb$ 的透视，从而求出整个长方体的透视。右侧长方体透视作图方法同左侧。

② 作台阶的透视。通过点 a^0 画真高线得点 L^0，连线 $s'L^0$ 并延长，过 m^0 引垂线交 $s'L^0$ 于点 M^0，即为点 M 的透视。以此类推，可作出台阶的透视。全部作图结果如图 5.3.1c 所示。

【例 5.3.2】 图 5.3.2a 所示为一建筑物（加油站），已知其两面投影，作其透视图。

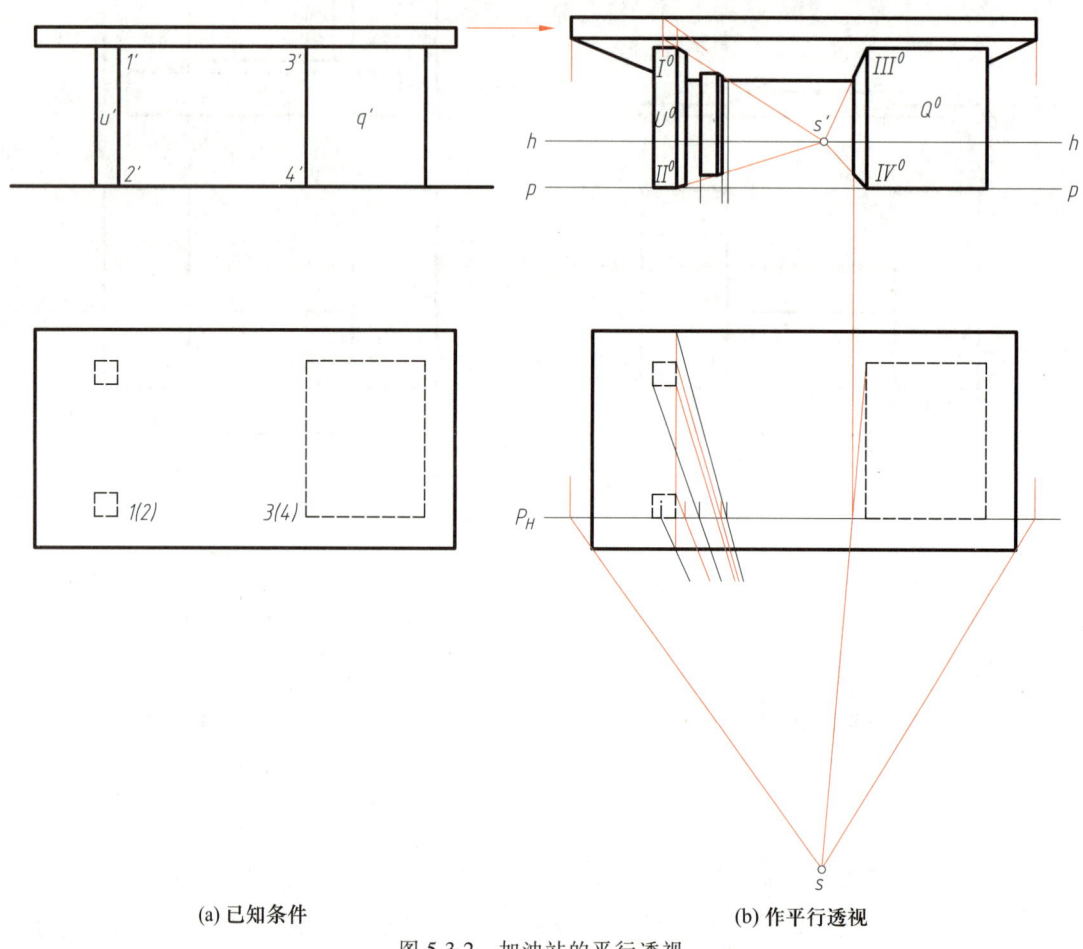

(a) 已知条件　　　　　　　　(b) 作平行透视

图 5.3.2　加油站的平行透视

解　步骤如下：

(1) 设置画面与视点

为了作图方便、简捷，使画面通过建筑物前面（X 方向）的柱面（U）与墙面（Q）；视距大致相当于建筑物长度，主点 s' 居中稍偏右；视平线 h—h 稍高于人眼高度。如图 5.3.2 所示。

(2) 作图

由于柱面 U 和墙面 Q 在画面上，其透视反映实形，所以只需要在画面上以主点 s' 为基准，直接作出 U 和 Q 的实形。连接 s'、I^0，s'、II^0 和 s'、III^0，s'、IV^0，则 $s'I^0II^0$ 和 $s'III^0IV^0$ 分别为建筑物侧立的（宽度 Y 方向）柱面和墙面的全透视。由站点 s 作各角点视线的投影分别与 P_H 相交，由各交点向上引铅垂线分别与各全透视相交，即可得到柱和墙相应的可见棱线的透视，如图 5.3.2b 所示。

作画面前部的檐口板的透视，作图时要从真高线上（如柱顶点 I^0 处）量取真高（即檐口板厚）。

其他可见棱线的透视按其透视的平行关系作出，即可获得完整的透视图。

【例 5.3.3】 图 5.3.3 所示为居室平面图和立面图，用平行透视方式作室内的透视图。

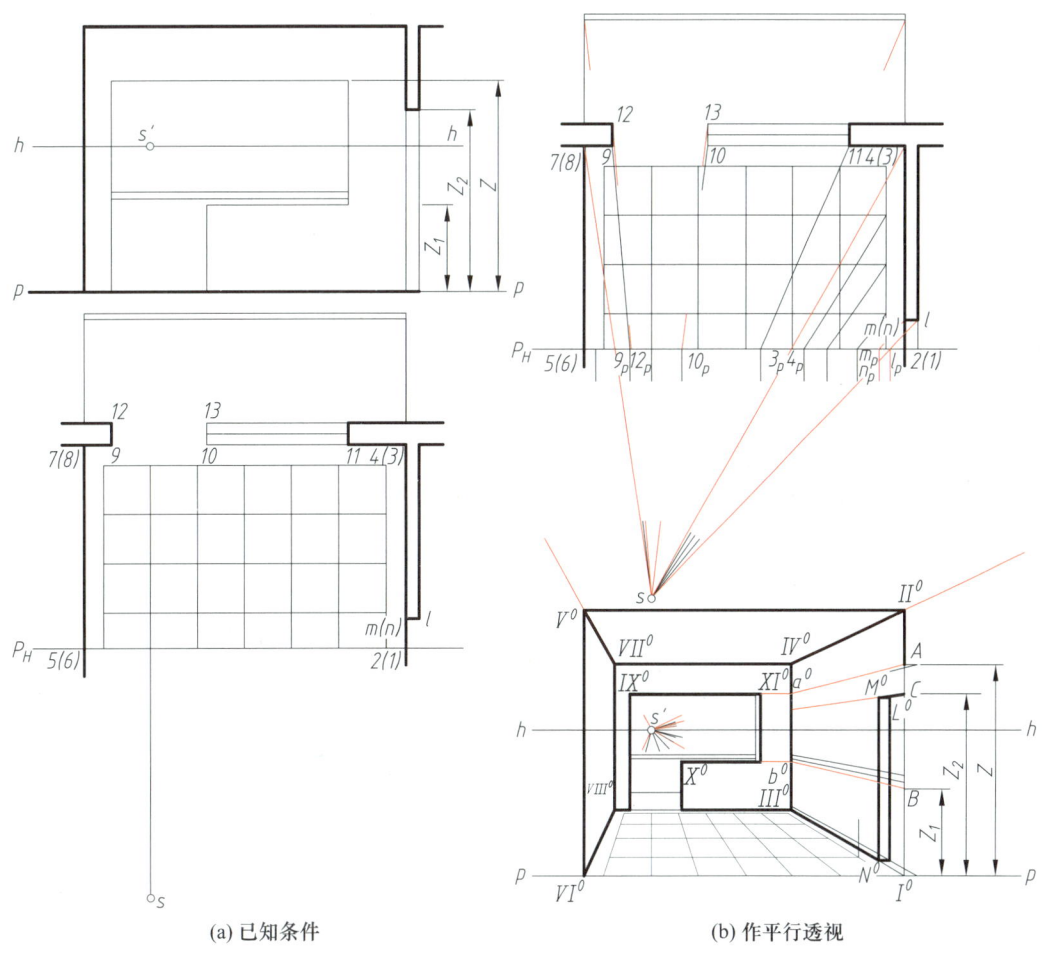

(a) 已知条件　　　　　　　(b) 作平行透视

图 5.3.3　居室的平行透视

解　步骤如下：

（1）设置画面与视点

如图 5.3.3a 所示，该居室为房屋的局部。从右侧墙的房门可以进入室内，居室内左侧是隔墙，正面墙设有刀把子门，门外是阳台。在平面图上定出画面 P，P 设在房间前部的截切部位上，且穿过右墙门。视点选在画面左前方，视平线 h—h 选在阳台偏上部位，使画出的透视图能表达出门与阳台的效果。

（2）作图

1）在画面上定出 p—p 线、h—h 线，在 h—h 线上定出主点 s'。

2）作房屋轮廓透视。

如图 5.3.3a 可知，画面与地面、天棚、左右墙面交于矩形 I II V VI，其透视 $I^0 II^0 V^0 VI^0$ 与自身重合，反映房间的宽度和高度。正面墙壁 III IV VII VIII 平行于画面。左右墙壁的墙角线 VI VIII、I III 和

墙顶线 $V\,Ⅶ$、$Ⅱ\,Ⅳ$ 垂直于画面，灭点为主点 s'，迹点为 $Ⅰ^0$、$Ⅱ^0$、V^0、$Ⅵ^0$。连线 $s'Ⅰ^0$、$s'Ⅱ^0$、$s'V^0$、$s'Ⅵ^0$ 为这些线的全透视，再由 $s3$、$s4$、$s7$、$s8$ 与 $p—p$ 线交点处作铅垂线，交得墙角线 $Ⅲ^0Ⅳ^0$、$Ⅶ^0Ⅷ^0$，和墙底线 $Ⅲ^0Ⅷ^0$ 及墙顶线 $Ⅳ^0Ⅶ^0$，完成整体轮廓的透视（图 5.3.3b）。

3）作正面墙上门、阳台的透视。

作门的透视，主要是确定门的高、宽和厚度的透视。

① 作门高度的透视。将正面门的总高度 Z 和拐角处高度 Z_1 量到真高线 $Ⅰ^0Ⅱ^0$ 上，得 $Ⅰ^0A$、$Ⅰ^0B$，连线 $s'A$、$s'B$ 与墙角的透视 $Ⅳ^0Ⅲ^0$ 交于 a^0、b^0，分别过 a^0、b^0 作水平线，得门洞总高及拐角处的透视高度。

② 作门宽度的透视。在基面上，由站点 s 分别连视线 $s9$、$s10$、$s11$ 与 P_H 相交，过各交点作铅垂线可得门宽的透视。如过 9_p 作铅垂线与通过 a^0 的水平线相交于 $Ⅸ^0$，通过 $Ⅸ^0$ 得门洞边线的透视。同理，求出门上其他各点的透视，得到门洞的透视宽度。

③ 作门洞厚度的透视。门洞厚度方向线是画面垂直线，因此，在画面上连线 $s'Ⅸ^0$、$s'X^0$、$s'Ⅺ^0$ 等，与由 $s12$、$s13$ 同 P_H 的交点所作铅垂线相交，从而得到门厚度的透视。

阳台的透视作法同门的作法，需注意的是阳台底面与室内地面同高。

4）作右墙门的透视。

因画面穿过门，故只需画出门一侧洞口以及门上边线的透视方向即可。

同理，在真高线 $Ⅰ^0Ⅱ^0$ 上量取门高 Z_2，即得 $Ⅰ^0C$，连接 s'、C，由 sm 连线与 P_H 的交点 m_p 作铅垂线，与 $s'C$ 相交得门洞的透视高度 M^0。过 M^0 作水平线，由 sl 与 P_H 的交点 l_p 引铅垂线与水平线相交得 L^0，M^0L^0 即为门洞的透视厚度，连线 $s'M^0$ 延长得门顶上边线的透视方向。

5）作地面分格线的透视。

地面上的分格线有两种，一种是画面垂直线，一种是水平线。画面垂直线一端点即迹点，位于画面上，可直接引到 $p—p$ 线上，将各迹点分别与主点 s' 连线，得到一组画面垂直线的透视。再按直线上点的透视仍在直线的透视上的规律，在 $Ⅰ^0Ⅲ^0$ 线上定出水平线各分点的透视位置，再过各点作水平线完成地面方格线透视作图。

5.3.2　成角透视图的作图

【**例 5.3.4**】　图 5.3.4a 为图 5.3.1a 所示建筑物的平面图及立面图，这里另行设置画面、视平线和视点，作成角透视图。

解　步骤如下：

（1）分析

该组合体由左、右两个相同的长方体和中间底部一个台阶组成，包括三个方向的轮廓线，竖向直线均为垂直于基面的铅垂线，它们的透视仍为竖直方向；其余为两组方向不同的水平线，分别有灭点 F_x 和 F_y。

（2）作图

1）作主向灭点 F_x、F_y（图 5.3.4b）。过站点 s 分别作 X、Y 方向的平行线与 P_H 线交于点 f_x、f_y，由点 f_x、f_y 向下引铅垂线与视平线 $h—h$ 相交，交点即为 X、Y 方向的两个主向灭点 F_x、F_y（图 5.3.4b）。

2）作基透视（建筑物的基透视亦即建筑物平面图的透视）。确定组合体的透视长度和宽度。按前述图 4.4.1 的作图方法，作出建筑组合体平面图的透视。作图时，把两侧长方体的平面

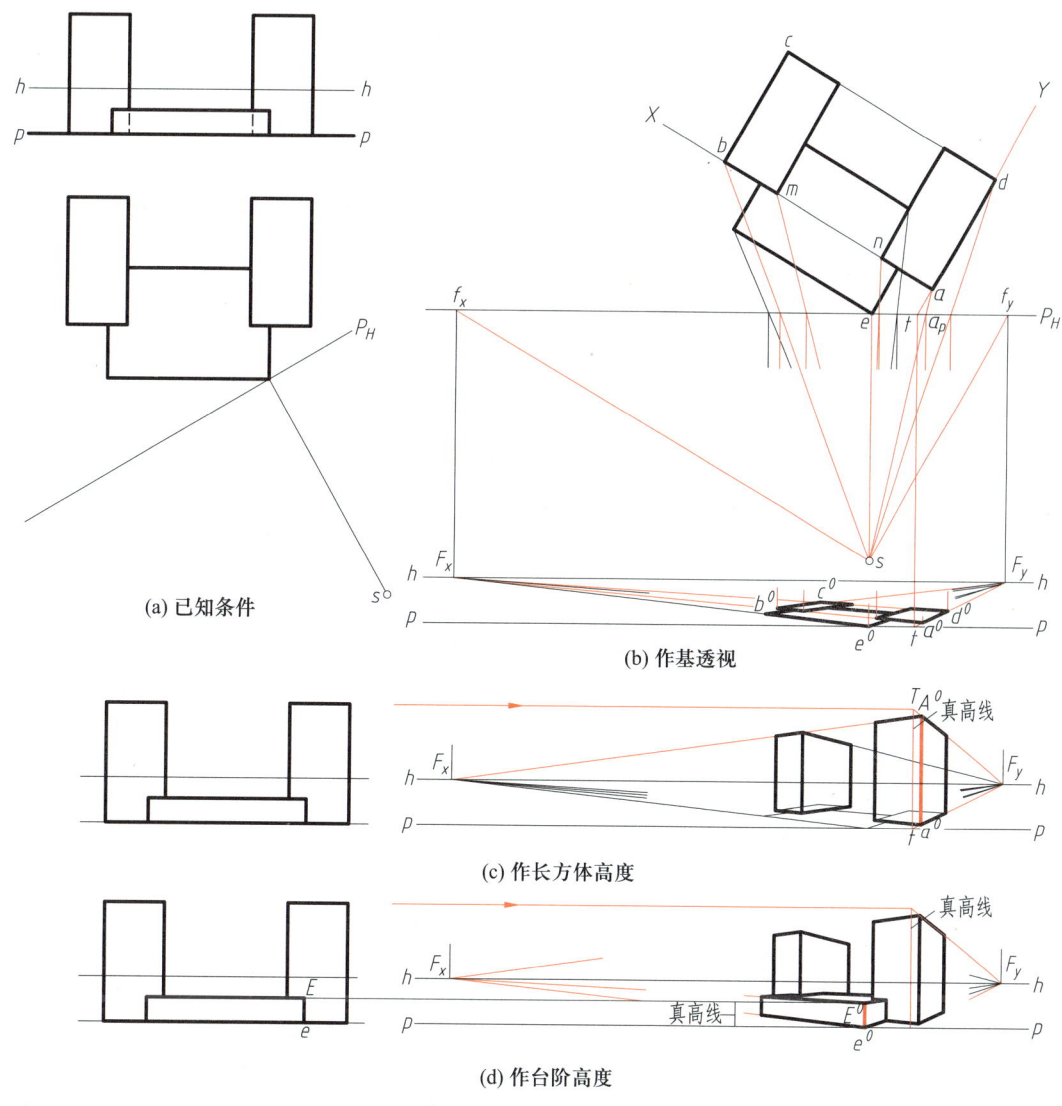

图 5.3.4 组合体的成角透视

图形看成一个矩形平面图形 abcd,求出该矩形平面图形的透视,再在 ab 线上确定分点 m、n 的透视位置。

由于矩形平面远离画面,平面 abcd 上没有一条水平线的迹点,故延长水平线 ad 与 P_H 线交于点 t,过点 t 与 F_y 相连,构成 ad 线的全透视。连视线 sa 交 P_H 于点 a_p,过 a_p 引铅垂线与 tF_y 相交于点 a^0,点 a^0 即点 a 的透视。连接点 a^0 与灭点 F_x,得 ab 的全透视。再利用视线的水平投影确定 b^0、d^0 的透视位置。c^0 的透视,可利用两个方向全透视的交点定出。台阶的基透视作法如下:因点 e 在画面上,透视为其自身,通过点 e^0 直接与两灭点 F_x、F_y 连线,其他同理。最后得到图 5.3.4b 所示的基透视。

3) 作组合体的透视。关键是解决高度的透视问题。先作两长方体的透视(图 5.3.4c)。因两长方体没有一条棱线与画面重合,故在图 5.3.4b 的基础上,通过 da 延长线与画面相交的点 t 作画面铅垂线,即为真高线。利用正面投影中给出的长方体高度,量画到真高线上定出点 T,连接 T、F_y,过基透视 a^0 作铅垂线与 TF_y 相交于点 A^0,a^0A^0 即为棱线 aA 的透视。根据 A^0 可逐步求出两长方体的透视。

再作台阶的透视(图 5.3.4d)。因 Ee 棱线位于画面 P_H 上,其透视即为本身,高度不变。可由 e^0 作铅垂线,在铅垂线上量取正面投影上的真高得 e^0E^0,即为台阶高度的透视。其他各点的高度可利用灭点 F_x、F_y 得到。

【例 5.3.5】 图 5.3.5a 中给出一建筑物的平面图、立面图、画面及站点,采用成角透视方式作加油站的透视图。

解 步骤如下:
(1) 设置画面与视点

如图 5.3.5a 所示,可使画面通过柱子最前面的棱线,基线 $p—p$ 与建筑物长边(X 方向)间的夹角为 30°;视距大致相当于建筑物长度;主点 s' 位于画面上的柱子棱线上;视平线 $h—h$ 高度同图 5.3.2。

(2) 作图

如图 5.3.5a 所示,由站点 s 分别作建筑物长度方向(X 方向)与宽度方向(Y 方向)的平行线交画面线 P_H 于点 f_x 与 f_y,由点 f_x 与 f_y 作两个主向灭点 F_x、F_y。为了避免作图重叠,将平面图移至相对应的作图区(图 5.3.5b),并使基线 $p—p$ 成水平线,即 $h—h$、$p—p$ 和 P_H 三线平行并对应。过 s' 作一铅垂线并量取画面上棱线的真高 I^0II^0。连接 F_x、I^0,F_x、II^0 和 F_y、I^0,F_y、II^0,则 $F_xI^0II^0$ 和 $F_yI^0II^0$ 即为建筑物长度和宽度立面的全透视。这两个方向面上的各平面必在该全透视上。由站点 s 作建筑物各可见棱线的视线分别交 P_H 于相应的各点,由各点向上引铅垂线与全透视 $F_xI^0II^0$、$F_yI^0II^0$ 相交即得各可见棱线的透视。

求作檐口板的透视,实质就是求作檐口板的厚度。其厚度必须从真高线 MN 上量取,如图 5.3.5 中箭头所示。然后分别与灭点 F_x 和 F_y 连接,再由站点 s 作檐口板的可见点的视线,即可作出檐口板的透视。

其他可见点、线的透视,按其透视的必然性作相应连接即可获得完整的透视图。

5.4 透视图的其他作法

5.4.1 量点法

1. 量点法的基本概念

如图 5.4.1a 所示,直线 CD 位于基面 H 上,其画面迹点 T 位于基线 $p—p$ 上,灭点 F 位于视平线 $h—h$ 上,TF 为 CD 的全透视。为了在全透视 TF 上求出点 C 的透视 C^0,可通过点 C 在基面上作辅助线 CC_1,点 C_1 是辅助线与基线的迹点,并使 TC_1 等于 TC,△CTC_1 为等腰三角形。然后求该辅助线的全透视,即过视点 S 作平行于 CC_1 的视线,与画面相交于视平线上的点 M,点 M 为辅助线的灭点,称为量点。将迹点 C_1 与量点 M 相连,就是辅助线 CC_1 的全透视。两直线透视的交点

5.4 透视图的其他作法

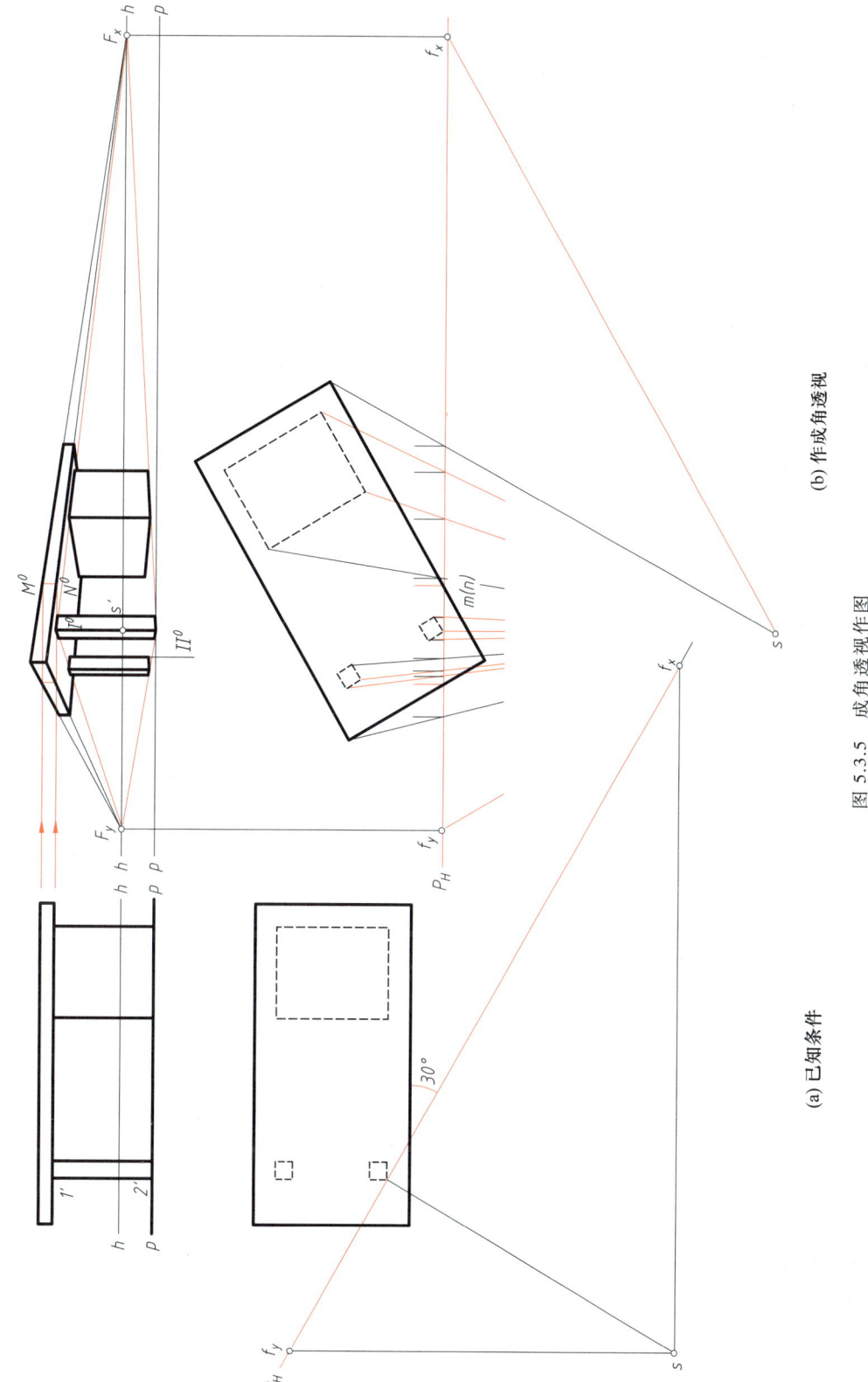

图 5.3.5　成角透视作图

(a) 已知条件　　(b) 作成角透视

是两直线交点的透视,所以,C_1M 与 TF 的交点 C^0 就是点 C 的透视。同理可以求出点 D 的透视 D^0。这种利用量点直接根据基投影(平面图)中的直线长度求作透视图的方法称为量点法。

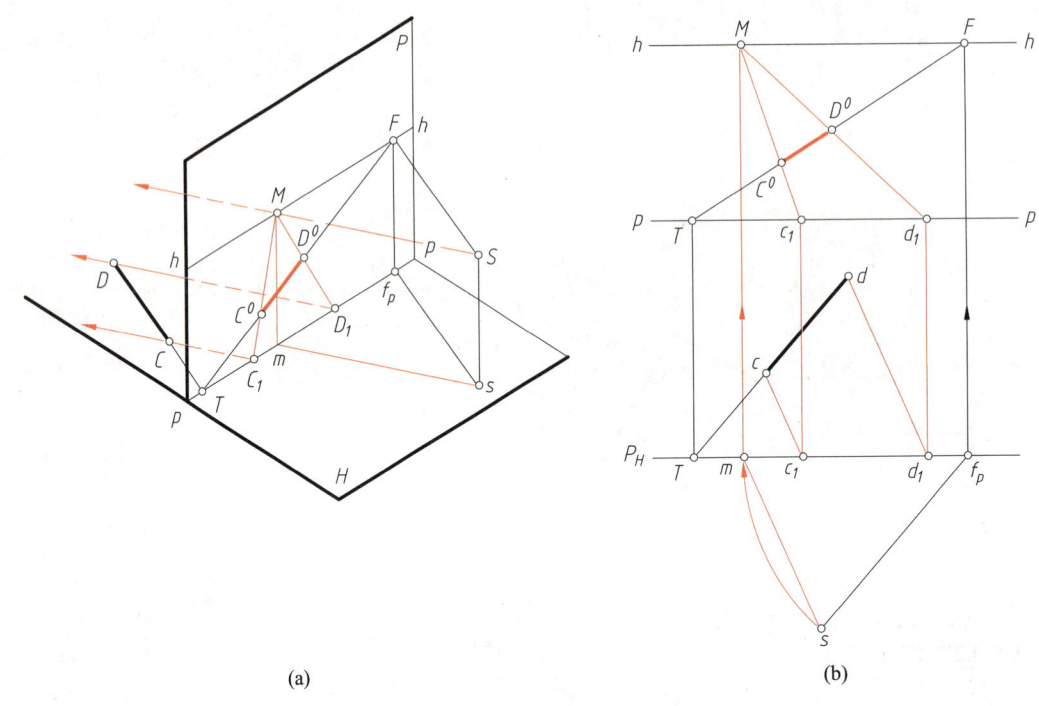

图 5.4.1　量点法概念与作图

图 5.4.1b 显示了用量点法作透视图的过程:首先自站点 s 作平行于 cd 的直线,与线 P_H 交于点 f_p,以 f_p 为中心,f_ps 为半径画圆弧,与 P_H 交于点 m。分别由 f_p、m 作铅垂线与 h—h 相交,即得到灭点 F 和量点 M。再过迹点 T 量 Tc 的长度到 P_H 上,截取 Tc_1 等于 TC,得到 c_1,再把 c_1 引到画面上,连线 c_1M 与 TF 的交点就是点 C 的透视 C^0。D^0 的求法同 C^0。

2. 量点法绘制建筑透视图

【例 5.4.1】 已知建筑物的平面图(水平投影)、站点 s、画面线 P_H 和视高,画面通过平面图上一顶点 a(图 5.4.2a),求作建筑平面的透视。

解　步骤如下:

(1) 如图 5.4.2a 所示,此布局为成角透视。在基面上求出灭点及相应的量点的投影。平面图中有 X、Y 两组不同方向的平行线,从站点 s 分别向这两个方向引出视线的投影,与 P_H 交于 f_x、f_y,这就是 X、Y 两个不同方向的灭点的投影。然后求量点,量点是空间一组平行辅助直线的灭点,所以与 f_x、f_y 相对应,求得两个量点的投影 m_x、m_y。

(2) 如图 5.4.2b 所示,在画面上按选定的视高画出视平线 h—h 和基线 p—p,不改变点 f_x、f_y、m_x、m_y 的位置将其量画到基线 p—p 上,再过各点向上引铅垂线,在视平线 h—h 上得到两个主向灭点 F_x、F_y 和相应的量点 M_x、M_y。然后,将平面图中的顶点 a 移到 p—p 上。要注意的是不能改变它相对于灭点的左右距离。

(3) 作平面图形的透视,实际上是求平面图形上各点的透视,然后将各点相连。平面图上的顶

5.4 透视图的其他作法

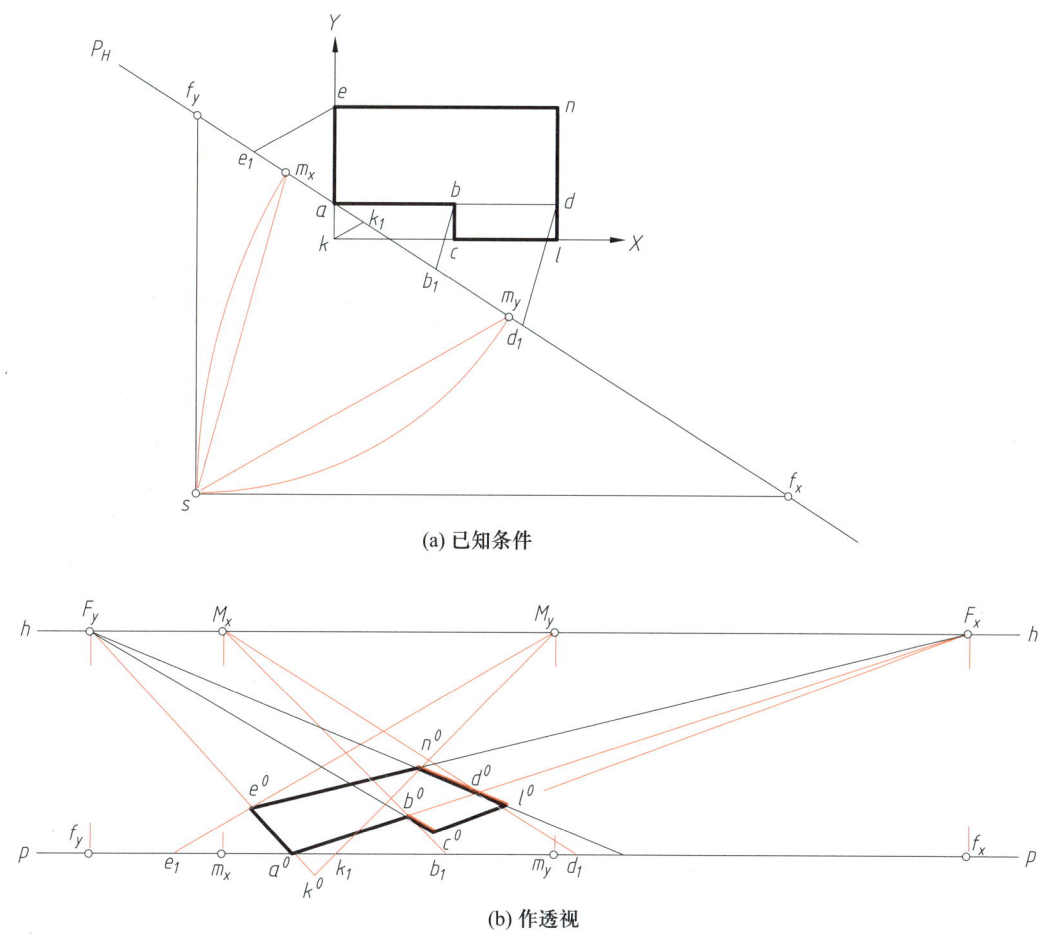

图 5.4.2 用量点法作平面的透视

点 a 在 p—p 线上,点 a 的透视 a^0 就是它自身。过 a^0 向 F_x、F_y 引线,就得到 ae、ab 两条主向直线的透视方向(全透视)。自 a^0 向左量取 e_1,使 $a^0e_1=ae$,由 e_1 向量点 M_y 引线,即辅助线 ee_1 的透视方向,该辅助线与 a^0F_y 的交点,就是点 e 的透视 e^0。同理,自 a^0 向右量取 k_1、b_1、d_1(为求线 ln 的透视,在 ln 上取一点 d,d 在 ab 延长线上),k_1M_y 及 b_1M_x、d_1M_x 分别与 a^0F_y 及 a^0F_x 相交,即得透视 k^0、b^0、d^0。通过 b^0、d^0 向 M_y 引直线,通过 e^0、a^0、k^0 向 F_x 引直线,从两组直线网格中就可得到平面图形的透视。

建筑物平面图形的透视是建筑物形体透视的基础,在此基础上加绘相关部位的透视高度,从而完成建筑物的形体透视。

【例 5.4.2】 如图 5.4.3 所示,已知建筑形体的平面图、立面图及站点 s 和画面等透视要素的布局,用量点法作成角透视。

解 步骤如下:

(1) 分析

建筑物形体的透视,通常是先作出基面上的平面图形的透视,再由平面透视上相关的点引铅垂线,并利用真高线及灭点确定相关的墙角线的透视高度。

94 第 5 章 建筑物的透视图

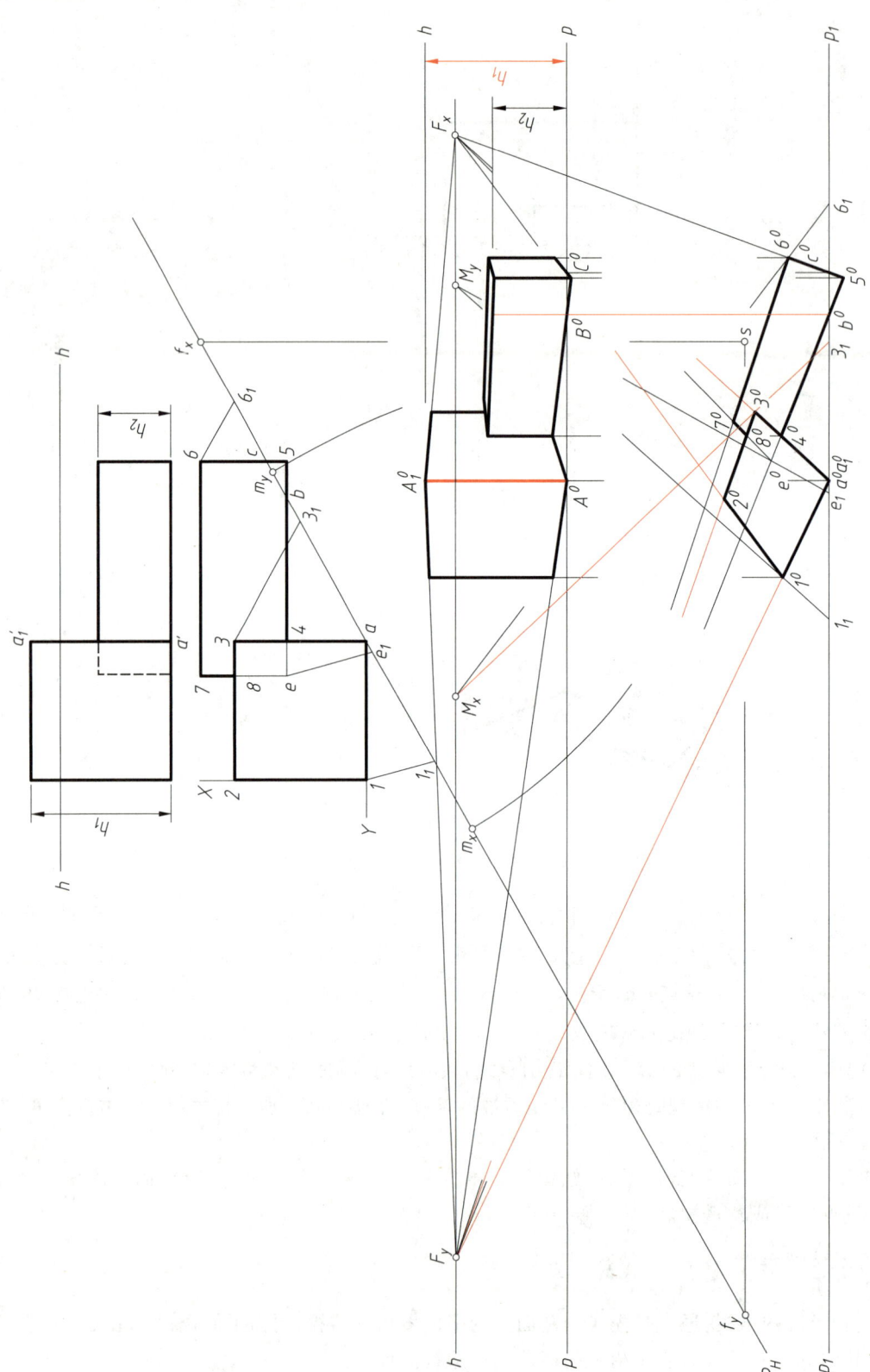

图 5.4.3 用量点法作建筑形体的成角透视

此例中由于选定的视高较小,基线 $p—p$ 过于接近视平线 $h—h$,则求出的透视网格偏窄而线条拥挤,交点的位置很难准确。所以,采取降低或升高基线的办法来提高作图的准确性。因为不论降低或升高基线,各个透视平面的相应顶点总是位于同一条铅垂线上。

(2)作图

1)为了作图方便,将基线 $p—p$ 转绘到 $p_1—p_1$ 位置(降低基线)作出平面图形的透视。

2)根据已给的高度画出基线 $p—p$。透视平面图中,点 a^0 在 $p_1—p_1$ 线上,说明墙角线 AA_1 位于画面上,其透视 $A^0A_1^0$ 为该墙角线自身,反映真实高度,故从 a^0 向上作垂线与 $p—p$ 相交于点 A^0。在此铅垂线上,按墙的真高,自点 A^0 量 h_1 得 A_1^0,就是墙角的透视 $A^0A_1^0$。在平面图形的透视中,b^0、c^0 均在线 $p_1—p_1$ 上,过 b^0、c^0 的铅垂线也反映真高。同理,作出相关各线的透视高度,即可完成全部透视作图。

5.4.2 距点法

1. 距点法的概念

距点是量点的特例。如图 5.4.4a 所示,画面垂直线 AB 位于基面上,其灭点为主点 s',Ts' 为直线 AB 的全透视。在基面上作辅助线 AA_1、BB_1,使 $TA_1 = TA$,$TB_1 = TB$。在 $\triangle TBB_1$ 中,$\angle TBB_1 = 45°$,求辅助线 AA_1、BB_1 的量点 D。可过视点 S 作平行于 AA_1、BB_1 的视线,与视平线 $h—h$ 的交点 D 即为所求。由于 $\triangle BTB_1 \backsim \triangle Ss'D$,所以 $\angle s'SD = \angle s'DS = \angle s_pds = 45°$,$Ss' = s'D$,即量点 D 到主点 s' 的距离等于视点 S 到画面的距离。因此,可以利用量点 D 按画面垂直线上的点到画面的距离求得该点的透视,所以,画面垂直线的量点 D 又称为距点。利用距点绘制平行透视的作图方法称为距点法。

注意:当距点 D 在灭点 s' 之左时,则点 a_1 应量在直线的画面迹点 T 之右(图 5.4.4b);当点 D 在 s' 点之右时,则 a_1 点应量在点 T 之左。

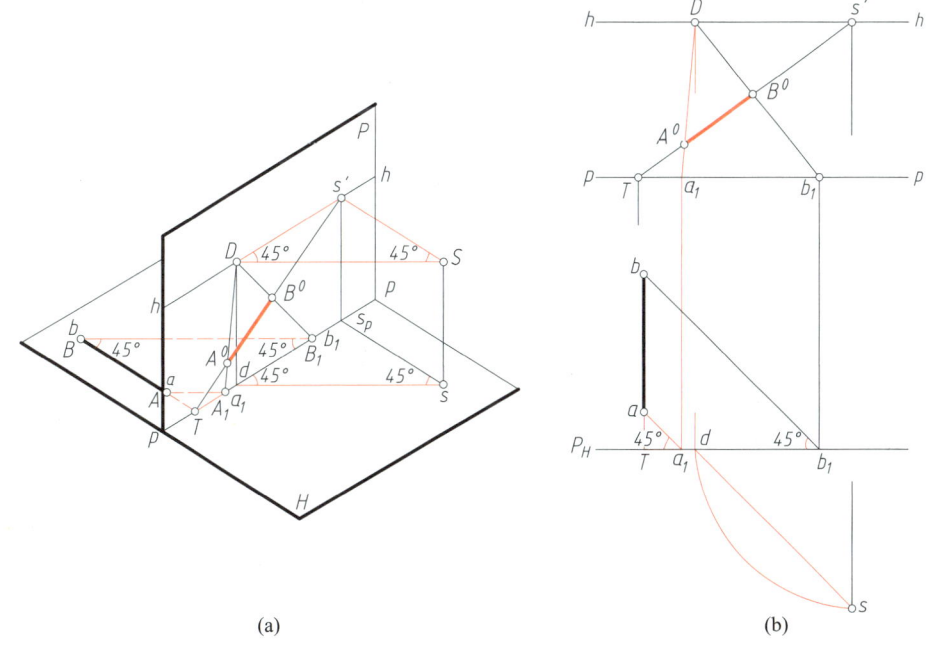

(a)   (b)

图 5.4.4 距点法概念与作图

2. 距点法绘制建筑透视图

【**例 5.4.3**】 如图 5.4.5 所示，平面图形位于基面上，已知站点 s、视高 h—h，用距点法求平面图形的平行透视。

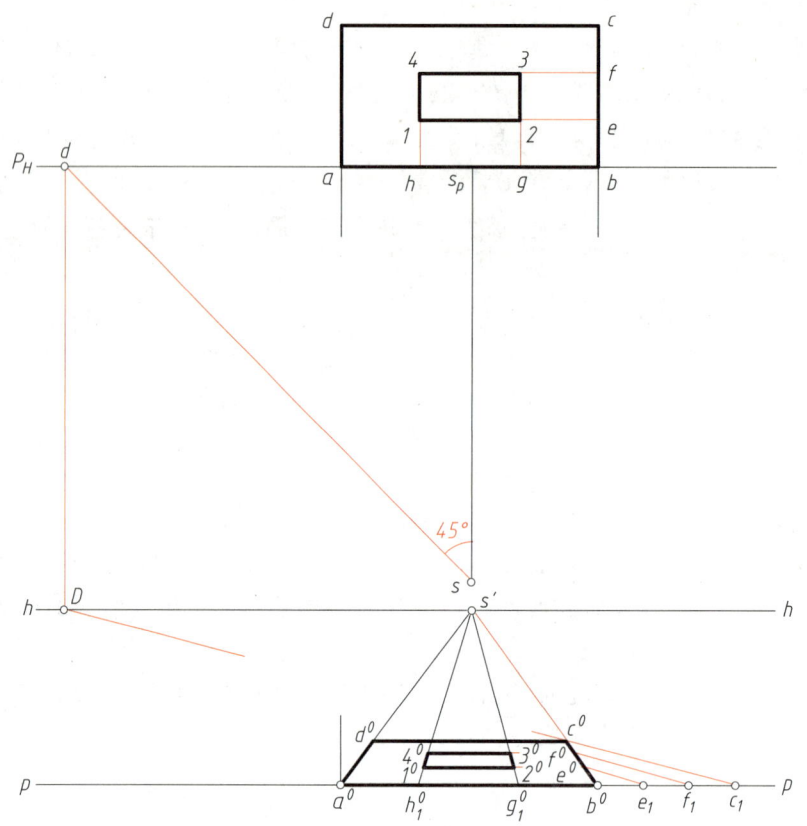

图 5.4.5 距点法作平面图形的透视

解 步骤如下：

(1) 在视平线上定出灭点 s'，以 s' 为基准，向左量取 $s'D=ss_p$，定出距点 D。或在基面上过站点 s 作 45°线与 p—p 交于点 d，过点 d 引铅垂线与 h—h 线相交，得点 D。

(2) 求出画面垂直线 ad、14、23、bc 的画面迹点 a^0、h_1^0、g_1^0、b^0，过各迹点与灭点 s' 连线，构成各直线的全透视。

(3) 确定各直线的透视位置，在基面上延长直线 12、34 与直线 bc 交于点 e、f。由于距点 D 在 s' 之左，故在基线 p—p 上从点 b^0 向右依次量取 $b^0e_1=be$，$b^0f_1=bf$，$b^0c_1=bc$，得点 e_1、f_1、c_1。分别过点 e_1、f_1、c_1 与距点 D 相连，得各辅助线的全透视，并交线 b^0s' 于点 e^0、f^0、c^0。过点 e^0、f^0 分别作水平线交线 h_1^0s'、g_1^0s' 于点 1^0、4^0 及 2^0、3^0，过 c^0 作水平线交 a^0s' 于点 d^0。即得各直线上点的透视位置，从而完成平面图形的透视作图。

【**例 5.4.4**】 如图 5.4.6a 所示，已知建筑形体的立面图、平面图、站点 s 和视高，用距点法求作平行透视图。

解 步骤如下：

(1) 分析

如图 5.4.6a 所示,根据建筑形体与画面之间的位置关系可知,建筑形体上的三组主向轮廓线方向只有 Y 方向与画面垂直,故只有一个灭点,即主点 s'。X 方向的线为侧垂线,透视应为水平线段,Z 方向的线为铅垂线,其透视仍为铅垂线。作图时,要利用这些透视特性。

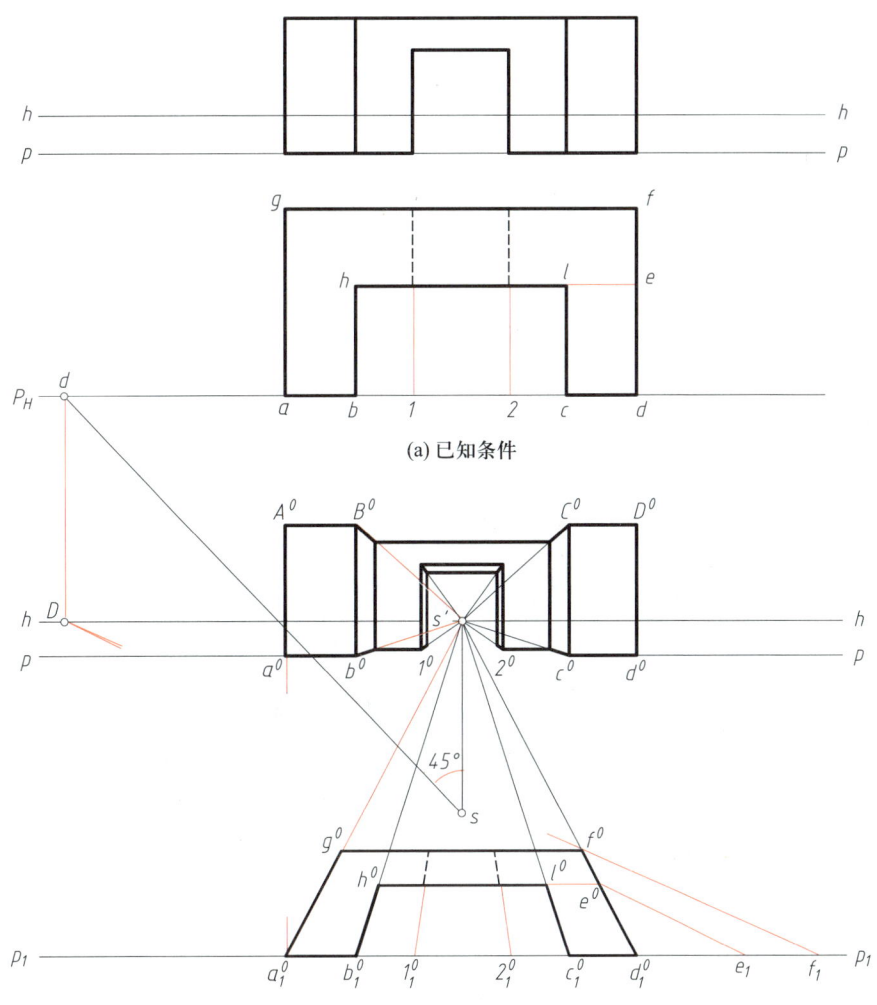

(a) 已知条件

(b) 透视平面图及透视图

图 5.4.6 距点法作建筑形体的平行透视图

(2) 透视作图

1) 如图 5.4.6a 所示,在基面上作画面垂直线的基迹点 a、b、1、2、c、d,延长直线 hl,与直线 df 相交于点 e,过站点 s 作出距点 D 的基投影 d。

2) 如图 5.4.6b 所示,在画面上定出基线 $p—p$,视平线 $h—h$,作出灭点 s'、距点 D。并在适当位置上降低基线至 $p_1—p_1$ 处。

3) 作建筑平面的基透视(透视平面图)。将画面线 P_H 的基迹点移画到 $p_1—p_1$ 线上,得点 a_1^0、

b_1^0、1_1^0、2_1^0、c_1^0、d_1^0,在点 d_1^0 之右量取 $d_1^0e_1=de$,$d_1^0f_1=df$,得出点 e_1、f_1。连接 $s'a_1^0$、$s'b_1^0$、$s'1_1^0$、s'、2_1^0、$s'c_1^0$、$s'd_1^0$,得各画面垂直线的透视方向,再连 D 和 e_1、D 和 f_1 与 $s'd_1^0$ 交于点 e^0、f^0,过点 e^0、f^0 作水平线,完成建筑的基透视(图5.4.6b)。

4)作透视图。过 p_1—p_1 线上的点 a_1^0、b_1^0、1_1^0、2_1^0、c_1^0、d_1^0 引铅垂线至原画面 p—p 上。作出形体端面的透视。因形体端面位于画面上,所以透视为其自身,反映实形(如平面 $AabB$ 的透视 $A^0a^0b^0B^0$)。然后,过端面透视的各角点与灭点 s' 相连,得画面垂直线的全透视。再过基透视中各点引垂线与画面上相应的画面垂直线的全透视相交,即得所求透视图(图5.4.6b)。

5.4.3 网格法

对于平面布局分散、图形不规则,而且水平尺度远大于竖向尺度的建筑群及其所属的地形地物,适合于用正方形网格与高视点的鸟瞰图来表达,可以取得理想的效果,如图5.4.7居住小区所示。

图 5.4.7 某居住小区局部鸟瞰图

所谓网格法,是将建筑群及其所属的地形地物(即总平面图)纳入正方形网格中,然后选择适当的透视方式及站点、视线高度,作出网格在画面上的基透视,即网格的透视。再按总平面图及其所属的地形地物在网格上的具体位置与平面图形,作出总平面图形的透视。而后,根据所设定的视线高度作出各部分相应的透视高度,即完成方格网法所作透视图,一般称为鸟瞰图。

利用网格法作透视图有两种方式:平行透视(一个灭点)与成角透视(两个灭点)。

1. 网格法作平行透视图

由于建筑物主要立面平行于画面,采用方格网作平行透视相对简单。图5.4.8a所示为两个建筑物的平面布局及其主立面图,用网格法作其平行透视的步骤如下:

① 图5.4.8b所示为在建筑物平面布局图上设置正方形网格。设置原则为:网格的大小与方位尽可能与平面布置图形特点相契合,使作图简化。设置画面 P 并对网格竖向与横向作编号,并设定适当的站点 s。

5.4 透视图的其他作法

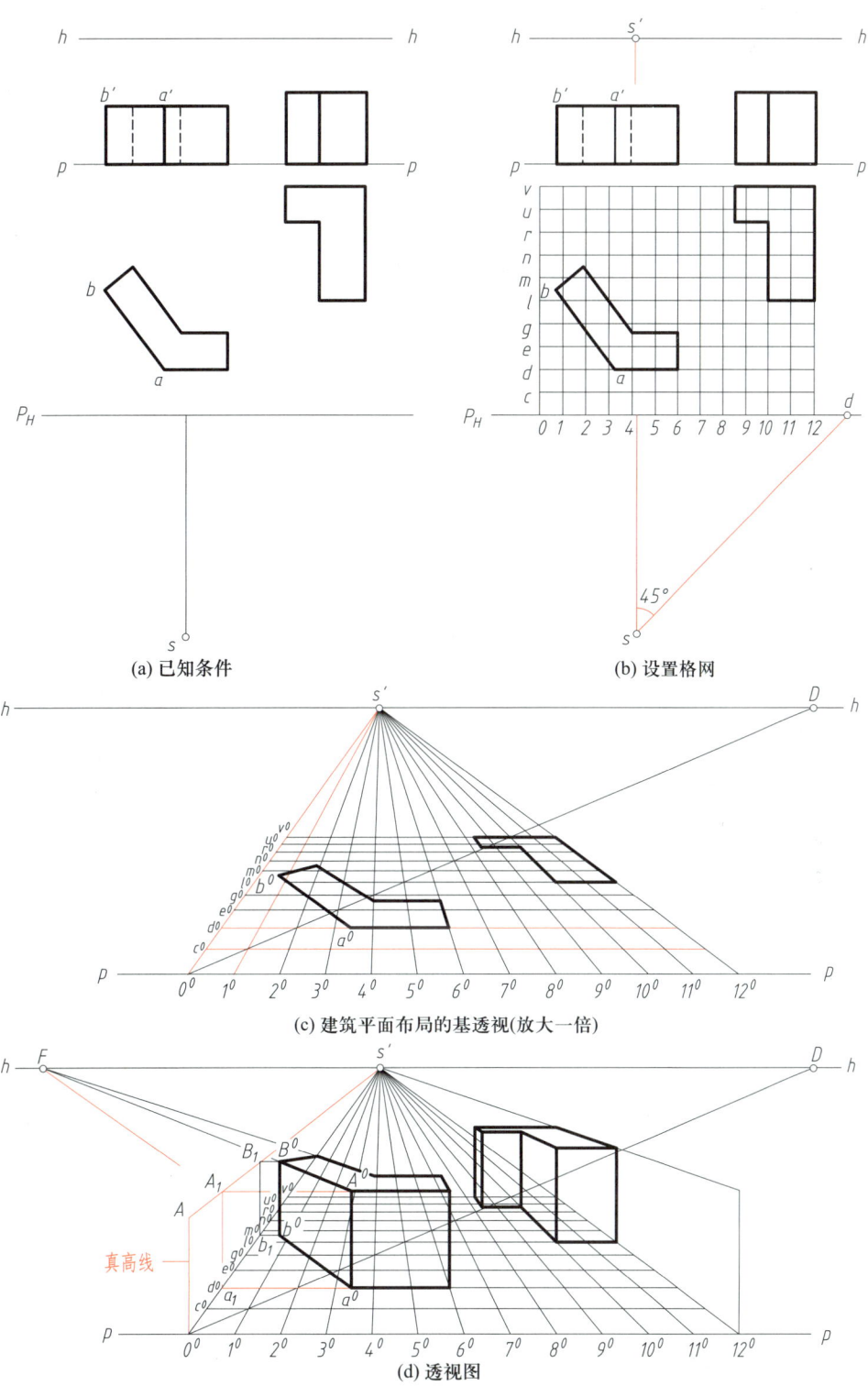

图 5.4.8 网格法作平行透视

② 如图 5.4.8c（为将图 5.4.8b 放大一倍所作的平面透视图）所示，选择适当的视线高度 $h—h$，由站点 s 引垂线交 $h—h$ 于 s'，引 45°线 sD 交 $h—h$ 于点 D。于基线 $p—p$ 上确定网格编号点 0、1、2、…、12 的相交点位，并连接 0、s'，1、s'，2、s'，…，12、s'，分别与 OD 线相交，分别过交点引水平线即得方格网的基透视。

③ 根据建筑物的平面布局与图形在网格中的相应位置，按坐标关系画到方网格基透视上，即得建筑物平面布局的基透视。

④ 图 5.4.8d 所示是根据基透视确定建筑物各部分的透视高度。这里以棱线 Aa 为例说明透视高度 A^0a^0 的作法。由画面上 O 点向上引铅垂线，并截取 OA 为 Aa 棱线的实际高度（称真高线）。连接 A、s'（称高度消失线）。同一高度不同位置的棱线的透视高度都可以通过 As' 得到。如 Aa 棱线透视高度，可由基透视 a^0 引 $p—p$ 平行线交 Os' 于点 a_1（本例中 a_1 与方网格编号 2 重合）。由点 a_1 向上引铅垂线交 As' 于点 A_1，再由点 A_1 引 $p—p$ 平行线交由点 a^0 向上所作铅垂线于点 A^0，a^0A^0 即为建筑物 Aa 棱线的透视。同理，可取得其他棱线的高度。另外，对建筑物上有灭点的棱线如 AB，也可以通过其灭点 F 得到点 B 的透视 B^0。

2. 网格法作成角透视图

如图 5.4.9a 所示，已知建筑群的平面图、立面图与画面的位置及视高，用成角透视网格作鸟瞰图。作图步骤如下：

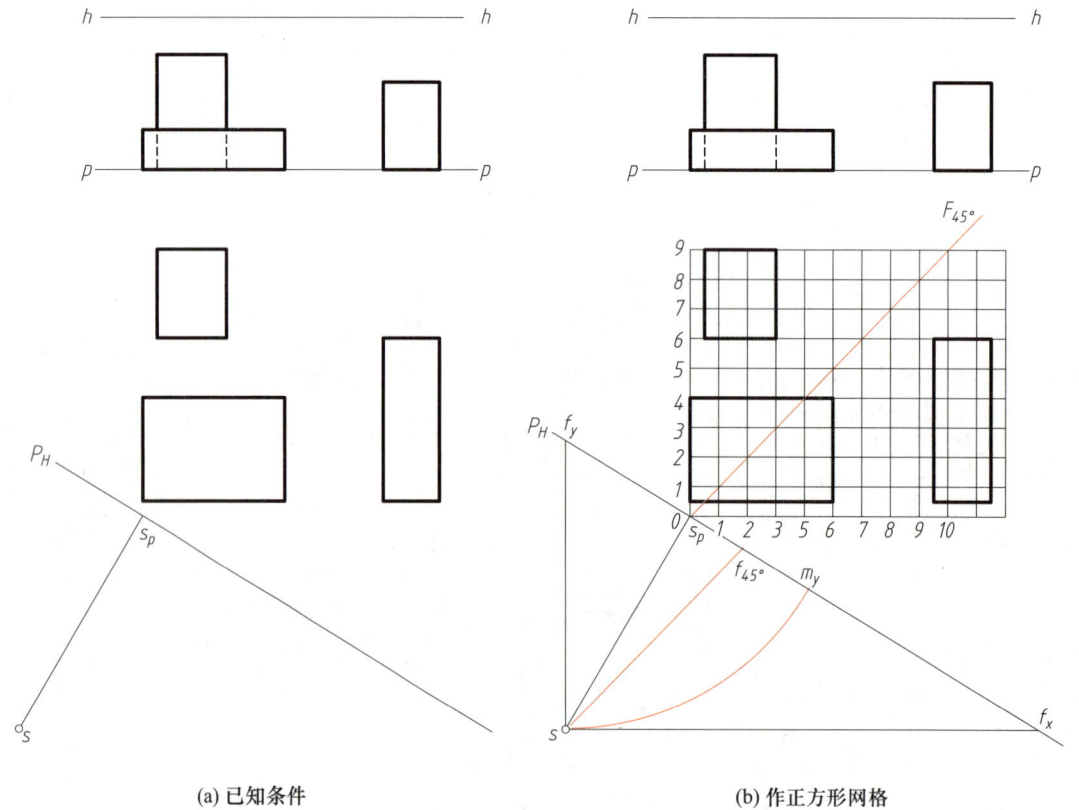

(a) 已知条件　　　　　　　(b) 作正方形网格

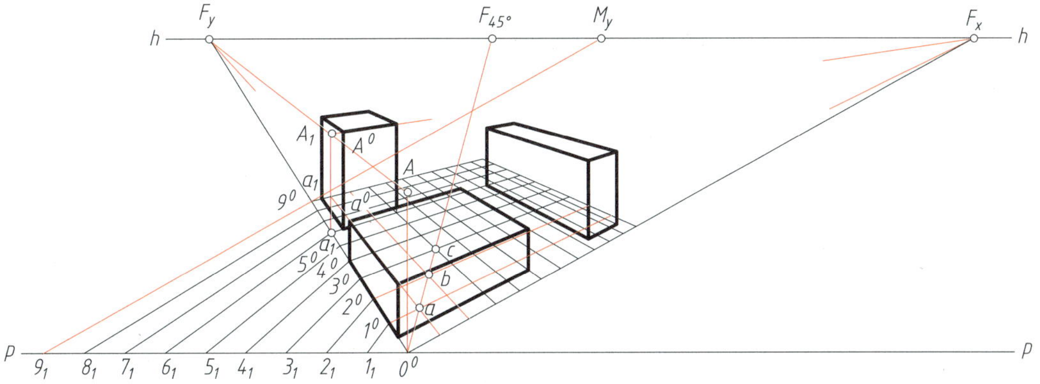

(c) 作成角透视

图 5.4.9 网格法作成角透视

① 在平面图上平行于建筑物主要轮廓线画正方形网格,将网格边线编号,求出灭点及量点的基投影 f_x、f_y、m_y(图 5.4.9b)。

② 将视高放大一倍画出基线 $p—p$、视平线 $h—h$,定出 F_x、F_y、M_y 及 0^0 点位置。在 0^0 点之左定出网格宽度,即使 $0^0 1_1 = 01, 0^0 2_1 = 02, \cdots, 0^0 9_1 = 09$,如图 5.4.9c 所示。

③ 用量点法作出透视网格,图中作出了网格对角线的灭点 $F_{45°}$,对角线的透视 $0^0 F_{45°}$ 与 $F_x 1^0$、$F_x 2^0$、$\cdots$、$F_x 9^0$ 交得 a、b、c、$\cdots$ 点,将这些点与 F_y 相连,即得所求的透视网格(图 5.4.9c)。

④ 建筑物透视高度的决定。在图 5.4.9c 中,过点 0^0 引画面铅垂线作为真高线,如求点 A 的透视 A^0,在真高线上量 $0^0 A$ 等于 OA,连接 F_y、A 与过点 a_1 的铅垂线交于点 A_1,F_x、A_1 与过 a_0 的铅垂线交于点 A^0,由此得到点 A 的透视高度。其他各点的透视高度用同样的方法求出。

值得注意的是:应用网格法作透视图时,平面网格和透视网格可以采用不同的比例尺绘制。

5.5 建筑物的局部简捷画法

当建筑物的主要轮廓的透视确定之后,建筑物细部的定位可以采用分割直线或平面的作图方法来完成,此方法称为分割法,也称为分比法。

5.5.1 直线的分割

1. 基面垂直线的分割

如图 5.5.1a 所示,直线 Aa 与基面垂直,其透视 $A^0 a^0$ 与直线 Aa 平行,直线上各线段长度之比在透视图中保持不变,即 $AC:Ca = A^0 C^0:C^0 a^0$。利用这一特性,可在透视图上直接确定各线段的透视。

如图 5.5.1b 所示,$A^0 a^0$ 为铅垂线 Aa 的透视,求 C^0 的位置,使 $AC:Ca = 1:2$。作图过程如图 5.5.1b 所示,过点 A^0 任作一直线,在该线上截取 $A^0 C:Ca = 1:2$,连接 a、a^0,过分点 C 作 aa^0 的平行线,点 C 与 $A^0 a^0$ 相交于点 C^0,点 C^0 就是分点 C 的透视。

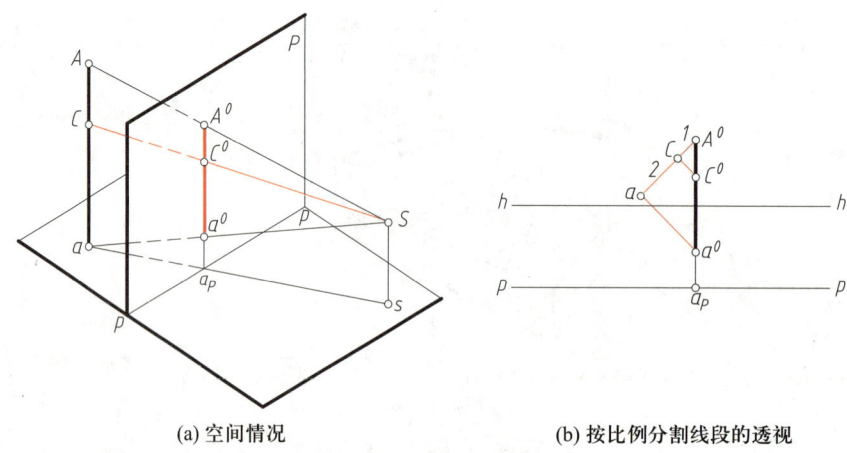

(a) 空间情况　　　　　　　　(b) 按比例分割线段的透视

图 5.5.1　铅垂线的分割

2. 基面平行线的分割

当基面平行线与画面相交时,在透视图中不能体现直线上各线段长度之比。在该直线的透视上分割成定比的线段,可根据平面几何中的平行截割定理及直线的透视特性,求出直线上各分点的透视。

如图 5.5.2a 所示,直线 AB 位于基面上,透视为 A^0B^0。现将直线 AB 两等分,求等分点 C 的透视 C^0。可通过取与画面平行的基面平行线作为辅助线来进行分段作图。自直线 AB 两端点中的任一端点作基线 $p—p$ 的平行线(辅助线),本例通过点 B 向左引线,并在该线上取两点 C_1、D_1,使 $BC_1:C_1D_1=1$,连接点 D_1、A,过点 C_1 作 D_1A 的平行线得到 AB 的等分点 C。由于 D_1A 和 C_1C 为基面上互相平行的直线,所以,它们的透视有一个共同的灭点 F_1,且在视平线 $h—h$ 上。因直线 BD_1 平行于画面 P,其透视 $B^0D_1^0$ 与 BD_1 平行,故有 $B^0C_1^0:C_1^0D_1^0=BC_1:C_1D_1=BC:CA=1$ 的

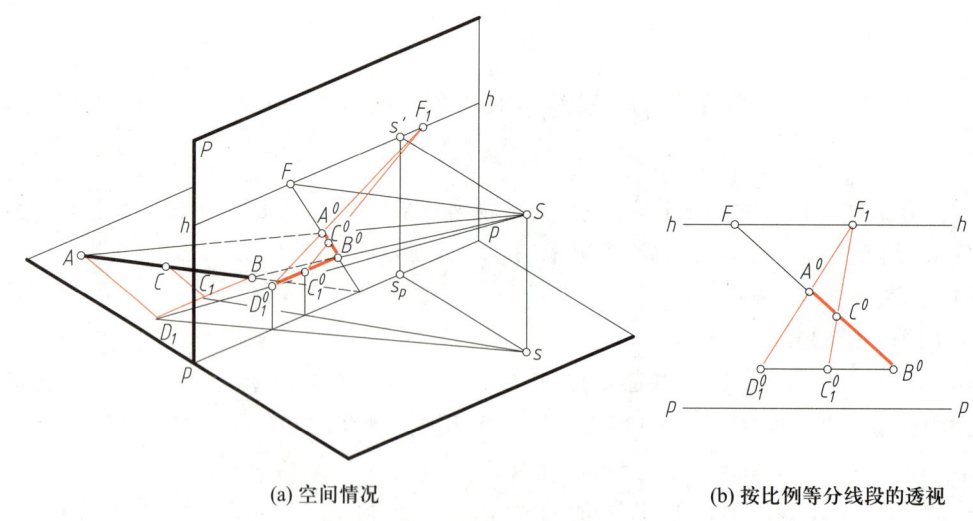

(a) 空间情况　　　　　　　　(b) 按比例等分线段的透视

图 5.5.2　基面平行线的分割

关系，所以，点 C_1 的透视 C_1^0 就是 $B^0D_1^0$ 的等分点。连接 C_1^0、F_1 与 A^0B^0 相交于点 C^0，C^0 就是空间中将 AB 两等分的分点 C 的透视。

可直接利用上述定比关系确定等分点的透视。图 5.5.2b 所示为求等分点透视 C^0 的作图过程。首先自 B^0 作一平行于基线 $p—p$ 的辅助线，在其上以适当长度为单位，从右向左等距离截取两等份，使 $B^0C_1^0 : C_1^0D_1^0 = BC : CA$；连接 D_1^0、A^0 并延长，与视平线 $h—h$ 交于灭点 F_1；再从点 F_1 向等分点 C_1^0 引直线，与 A^0B^0 交于点 C^0，即为等分点 C 的透视。

图 5.5.3 是将基面平行线的透视 A^0B^0 分为三段，使三段实长之比为 2：1：2，求透视分点的作图方法同图 5.5.2，作图过程见图 5.5.3。

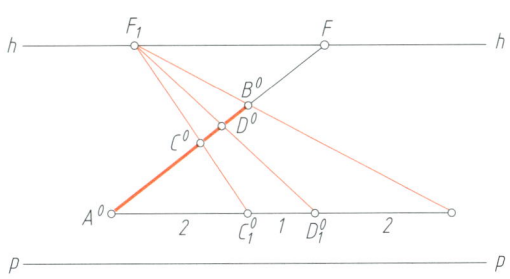

图 5.5.3　在直线的透视上截取成比例的线段

3. 透视图的局部分割

作出图 5.5.4a 所示房屋轮廓的透视。

（1）作整幢房屋外形轮廓的透视

通过平面图进行布局，定画面、视点及视平线位置。用视线法作出房屋外形轮廓的成角透视，作图结果如图 5.5.4b 所示。

(a) 已知条件

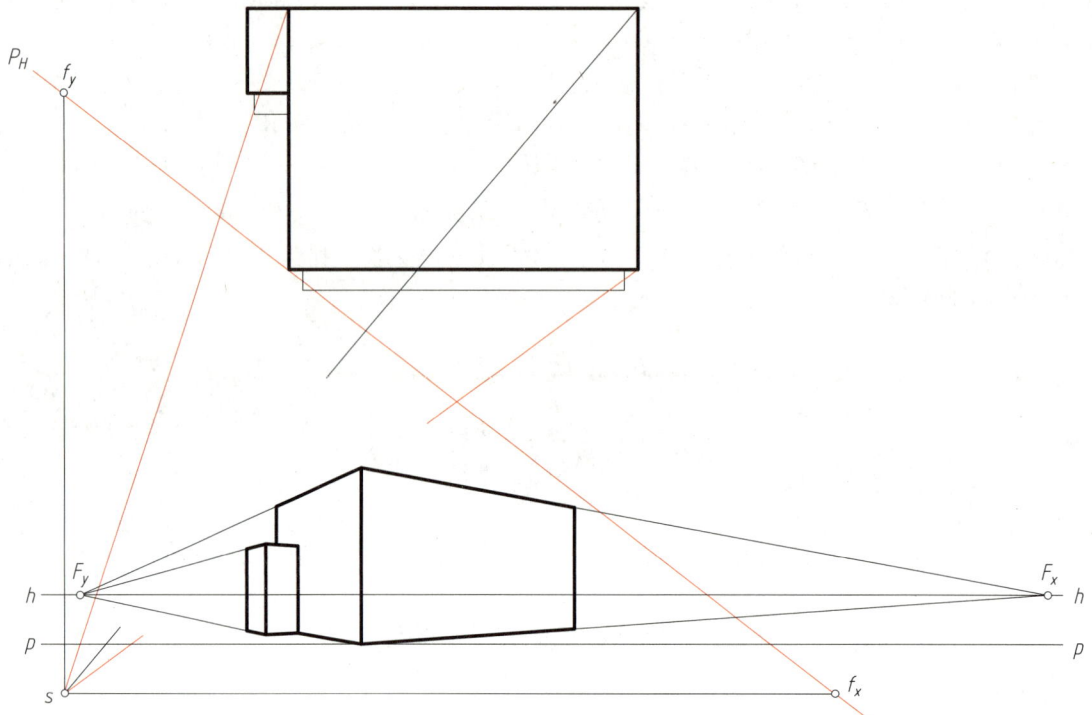

(b) 房屋外形轮廓的透视

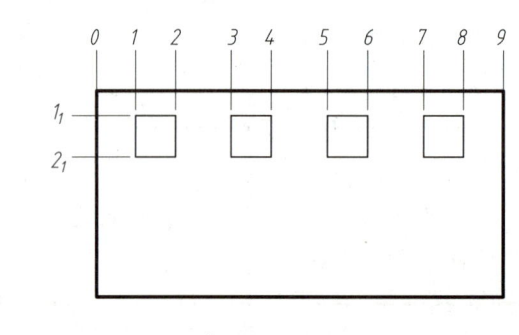

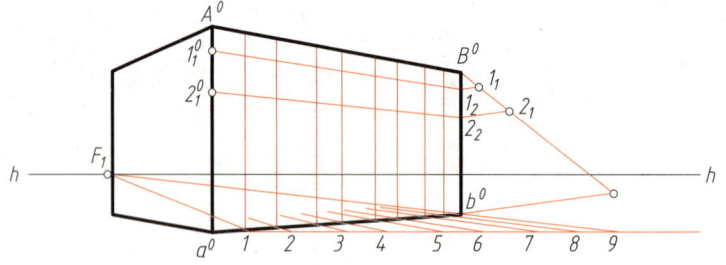

(c) 利用分比法作立面分割

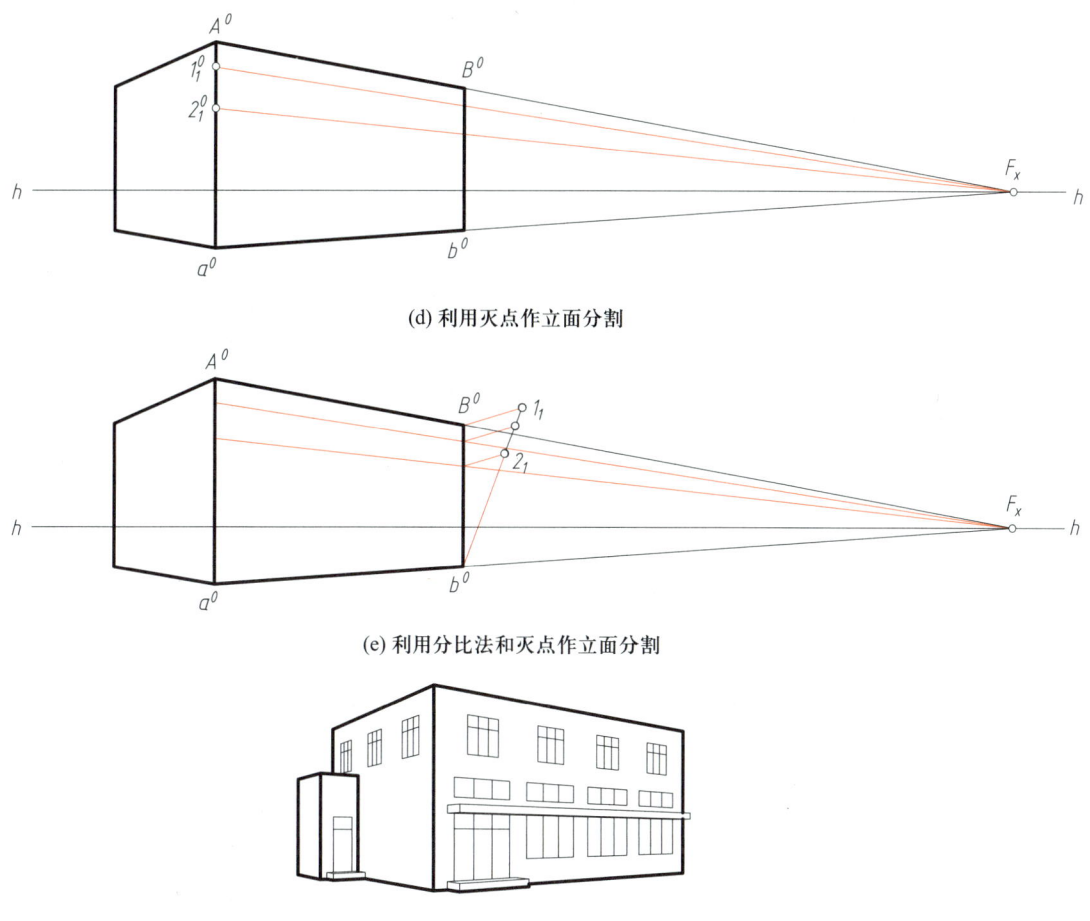

图 5.5.4 房屋透视图的局部分割

（2）作门窗轮廓的透视

以房屋上部窗为例，说明应用分比法的作图过程。

1）作窗宽的透视。如图 5.5.4c 所示，过点 a^0 作一水平线，从左向右截取点 $0、1、2、\cdots、9$，使每一段等于相应窗宽的实际大小，将点 9 与墙角点 b^0 连接，并延长与视平线 $h—h$ 交于点 F_1，点 F_1 与各分点相连。再从截得的墙角线上的各分点引铅垂线，得到窗的左右边线的透视位置。

2）作窗高的透视。如图 5.5.4c 所示，墙角线 Aa 位于画面上，其透视 A^0a^0 反映实际高度，可直接在此线上定出各横向分点，如点 $1_1^0、2_1^0$，然后在另一墙角线 B^0b^0 上按比例作出点 $1_2、2_2$，连接点 $1_1^0、1_2$，点 $2_1^0、2_2$ 即为所求。

若灭点在图纸范围内，可直接将线 A^0a^0 上的点 $1_1^0、2_1^0$ 与灭点 F_x 相连，即得到横向分格的透视（图 5.5.4d）。或在 B^0b^0 上按比例分格，通过各分点与 F_x 相连并延长到立面上（图 5.5.4e）。

门的画法同窗。门、窗上的中框线、中槛线均可按上述方法绘出。

（3）作遮阳板、台阶的透视

遮阳板、台阶是房屋立面凸出的部分，尺寸比较小，作图时要仔细。作图时，可事先按横向分格法画出遮阳板或台阶与墙面接触部分的透视位置,然后,求出遮阳板或台阶的转角点,画出转角线。因该部位尺寸小,也可按相对比例画出,但要符合透视规律。

(4)作侧门的透视

侧门透视作法同前,要注意高度的量取。

作图结果如图 5.5.4f 所示。

5.5.2 矩形平面的分割

1. 对角线法分割连续等大矩形

(1)铅垂矩形透视的分割

如图 5.5.5a 所示,将矩形 $ABba$ 分成两等份,可通过矩形 $ABba$ 的对角线作图,过对角线的交点 O_1 作铅垂线,此线把矩形一分为二。若过 O_2、O_3 分别作铅垂线,则分矩形 $ABba$ 为四等分。若将 A、O_4 相连,并延长与 ab 线交于点 d,则图中 ab 等于 bd。依次类推,可连续作出等大矩形。

透视作图过程如图 5.5.5b 所示,矩形的透视为 $A^0B^0b^0a^0$,对角线透视的交点为 O_1^0,O_1^0 是矩形形心 O_1 的透视。过 O_1^0 作对称中心线透视 O_1^0F,根据对角线交点的透视 O_1^0、O_2^0、O_3^0,可作出双数等分矩形的透视或扩大 n 倍矩形的透视。

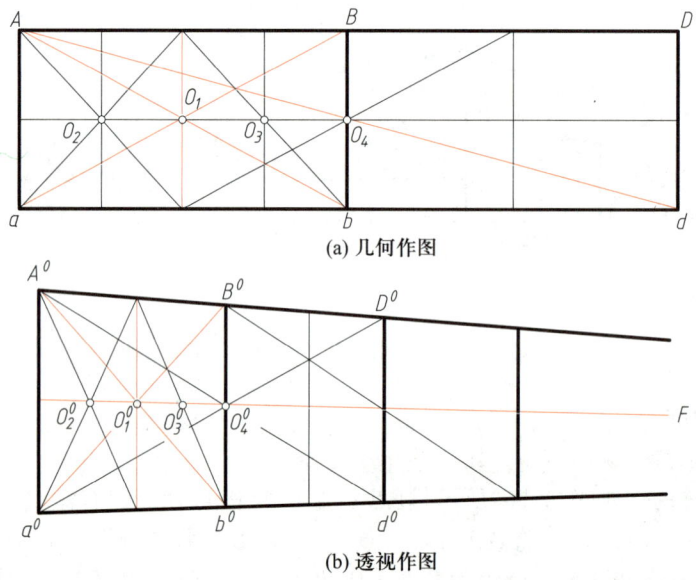

图 5.5.5 铅垂矩形面划分为双数等分

(2)水平矩形透视的分割

图 5.5.6 所示为矩形 $ABCD$ 的透视 $A^0B^0C^0D^0$,对角线交点的透视为 O^0,连接 O^0、F,交 B^0C^0 于点 O_1^0,延长 $A^0O_1^0$ 与 D^0C^0 延长线交于点 E^0。连接 F_x、E^0 与 A^0B^0 的延长线交于点 G^0,依次类推,可以作出任意多个连续等大矩形的透视。

2. 用一条对角线或一组平行线按比例分割矩形

图 5.5.7 所示为一铅垂矩形面的透视 $A^0B^0b^0a^0$,要求在水平方向将其三等分。首先,以适当长度为单位,在 A^0a^0 线上自 a^0 向上截取三等分,得等分点 1、2、3,连线 $3F$ 与线 B^0b^0 的交点为 4^0。

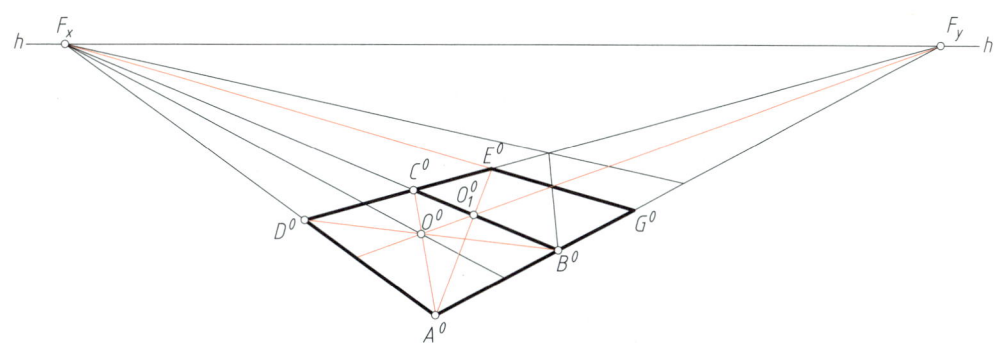

图 5.5.6　水平矩形的透视分割

连接 F_x、1 和 F_x、2 与矩形 $3a^0b^04^0$ 的对角线 b^03 交于点 1^0、2^0，过点 1^0、2^0 分别作铅垂线，即把矩形 $A^0B^0b^0a^0$ 分成铅垂三等份。

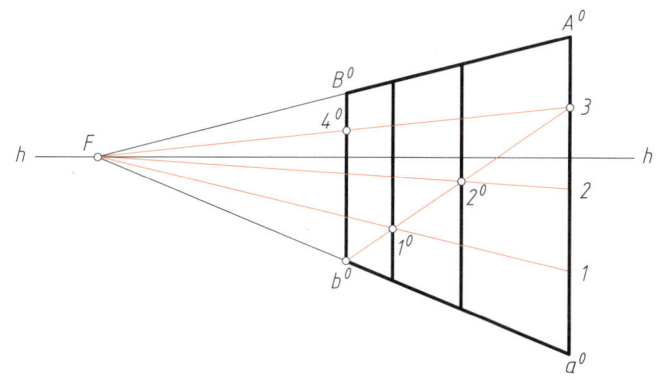

图 5.5.7　将矩形在透视图上沿水平方向三等分

图 5.5.8 为在铅垂矩形 $A^0B^0b^0a^0$ 透视的水平方向任意分割。现将矩形宽度分割成 2∶1∶3，作图方法类似图 5.5.7，但要在 A^0a^0 截取三段的长度之比为 2∶1∶3，作图过程如图 5.5.8 所示。

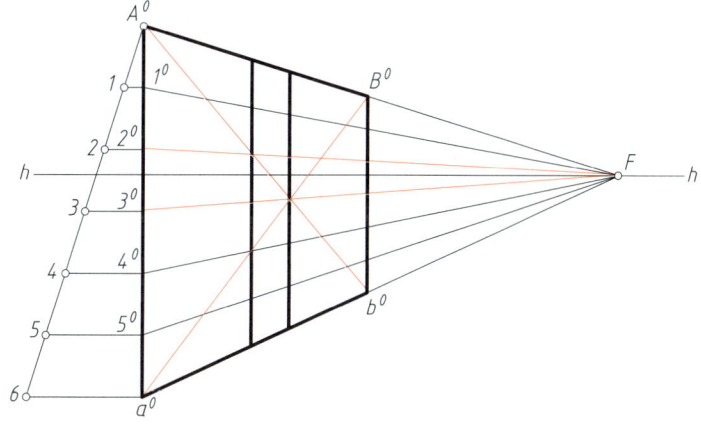

图 5.5.8　将矩形在透视图上沿水平方向任意分割

3. 对称图形的透视

如图 5.5.9 所示，已知矩形透视 $A^0B^0b^0a^0$ 及 $B^0C^0c^0b^0$，求与 $ABba$ 相对称的矩形的透视。首先，作 $B^0C^0c^0b^0$ 对角线交点的透视 O^0，连接 a^0、O^0 与 A^0C^0 延长线交于点 D^0，过点 D^0 作铅垂线与 a^0c^0 延长线交于点 d^0，则 $C^0D^0d^0c^0$ 即为所求。

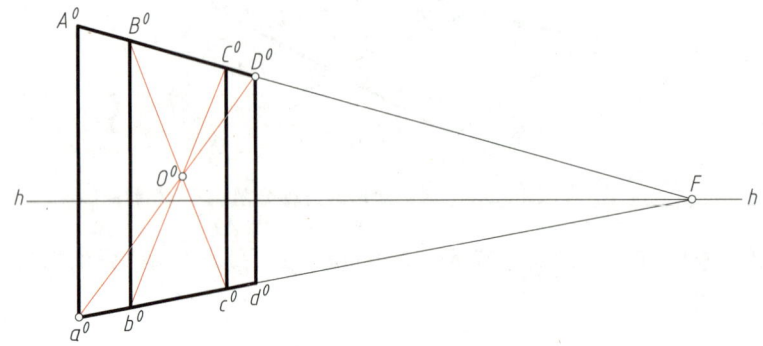

图 5.5.9　作对称图形

如图 5.5.10 所示，已知矩形的透视 $A^0B^0b^0a^0$ 及 $B^0C^0c^0b^0$，要求作连续对称图形。先按图 5.5.9 的方法作出对称矩形的透视 $C^0D^0d^0c^0$，并画出矩形水平中线的透视 O^0F，与 C^0c^0、D^0d^0 交于点 O_1^0、O_2^0，连线 $a^0O_1^0$ 和 $b^0O_2^0$ 与 A^0D^0 延长线交于点 E^0、H^0，过 E^0、H^0 分别作铅垂线与 a^0d^0 延长线交于点 e^0、h^0，如此往复下去所得图形即为所求的连续对称图形。

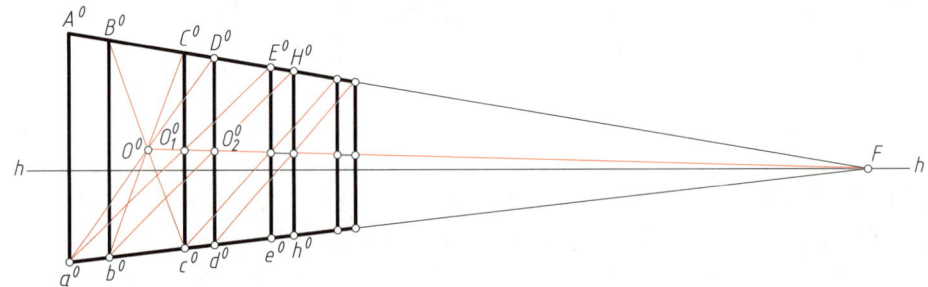

图 5.5.10　作连续对称图形

第6章

曲面体的透视图

本章讨论曲面体透视图的绘制方法,包括圆平面、圆柱面、圆锥面、球面等常用曲面以及曲线回转面和平螺旋面等回转面的透视图绘制。

6.1 圆平面的透视

6.1.1 垂直于基面圆的透视

根据圆平面与画面的关系,垂直于基面圆的透视又分为平行于画面圆的透视和倾斜于画面圆的透视。

1. 平行于画面圆的透视

空间情况:圆平面平行于画面 P,必定垂直于基面 H。正投影如图 6.1.1a 所示。

透视特征:由于圆平面平行于画面 P,通过视点 S 与圆周各点的视线组成一视锥,该视锥与画面的交线为圆,此圆即为圆平面的透视。所以,当圆平面平行于画面时,其透视仍为圆,透视圆的大小随画面与圆平面的距离而变化。

透视作图:如图 6.1.1b 所示,首先求圆心 O 的透视 O^0,过点 O 引画面垂直线,求出迹点 T、灭点 F、画面垂直线的全透视 TF;连 s、o 与 P_H 交于点 o_p,过点 o_p 作铅垂线与 TF 交于点 O^0,即为圆心 O 的透视。然后求透视圆的半径,连 s、a 与 P_H 交于点 a_p,过 a_p 作铅垂线与过点 O^0 的水平线交于点 A^0,$O^0 A^0$ 为透视圆的半径,以 O^0 为圆心,$O^0 A^0$ 为半径画的圆即为所求。

2. 倾斜于画面圆的透视

空间情况:圆平面垂直于基面 H,倾斜于画面 P。

透视特征:因过圆的全部视线与画面相交,故透视为椭圆。

透视作图:采用八点法作透视椭圆,即利用圆周外切正方形四边中点以及对角线与圆周的四个交点,求出八个点的透视,光滑连成椭圆即为所求。

如图 6.1.2a 所示,首先作出圆的外切正方形,得切点投影 a'、b'、c'、d',连正方形对角线与圆相交于点 g'、h'、f'、e'。然后在基面上求出正方形边的灭点的基投影 f_1。在图 6.1.2b 上定出灭点 F_1,作出外切正方形的透视 $I^0 II^0 III^0 IV^0$。注意,$I^0 II^0$、$III^0 IV^0$ 均为画面平行线,而 $I^0 II^0$ 又是真高线,对角线透视 $I^0 III^0$、$II^0 IV^0$ 的交点 O^0 即为圆心 O 的透视,但它不是透视椭圆的中心。过点 O^0 作两对边平行线的透视,与正方形四边透视交于点 A^0、B^0、C^0、D^0,也就是圆周与正方形四个切点的透视。然后以 $I^0 C^0$ 为斜边作等腰直角三角形,以直角边 $C^0 V$ 为半径,以 C^0 为圆心画圆弧交 $I^0 II^0$ 于点 VI 和点 VII,连 VI、F_1 和 VII、F_1,交对角线于点 E^0、F^0、H^0、G^0,现将 A^0、B^0、C^0、D^0、E^0、F^0、H^0、G^0 八个点用曲线板光滑连接即为所求圆的透视。

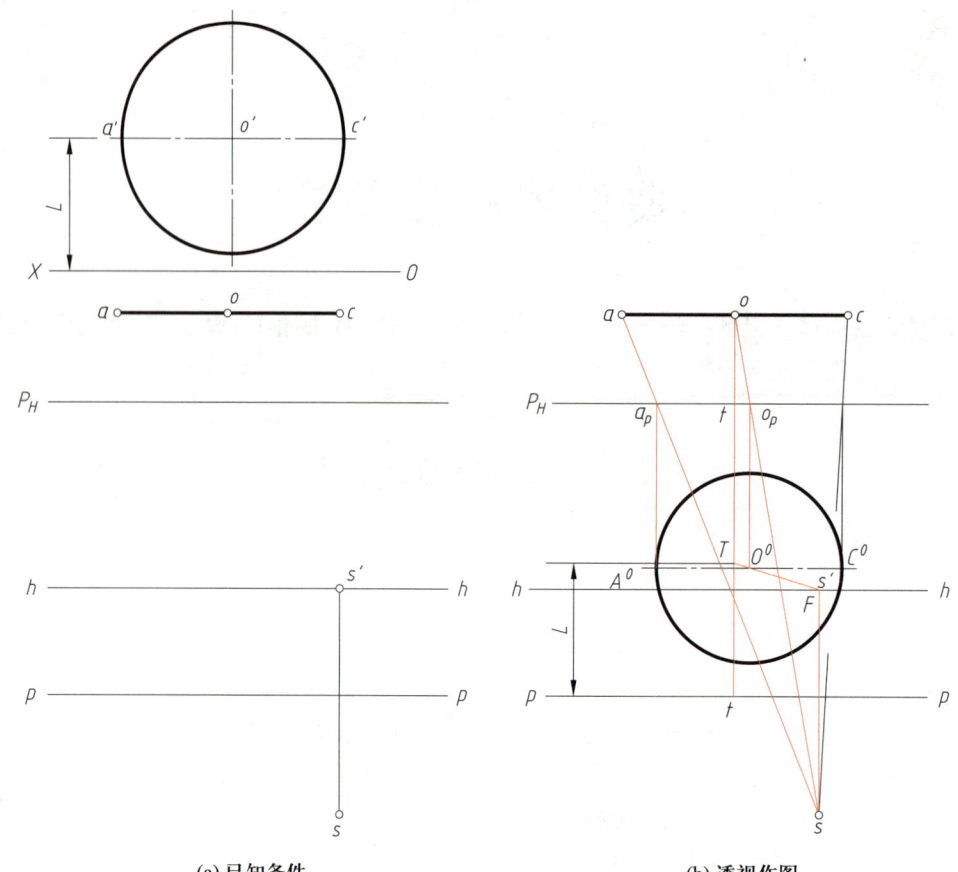

(a) 已知条件   (b) 透视作图

图 6.1.1　平行于画面圆的透视

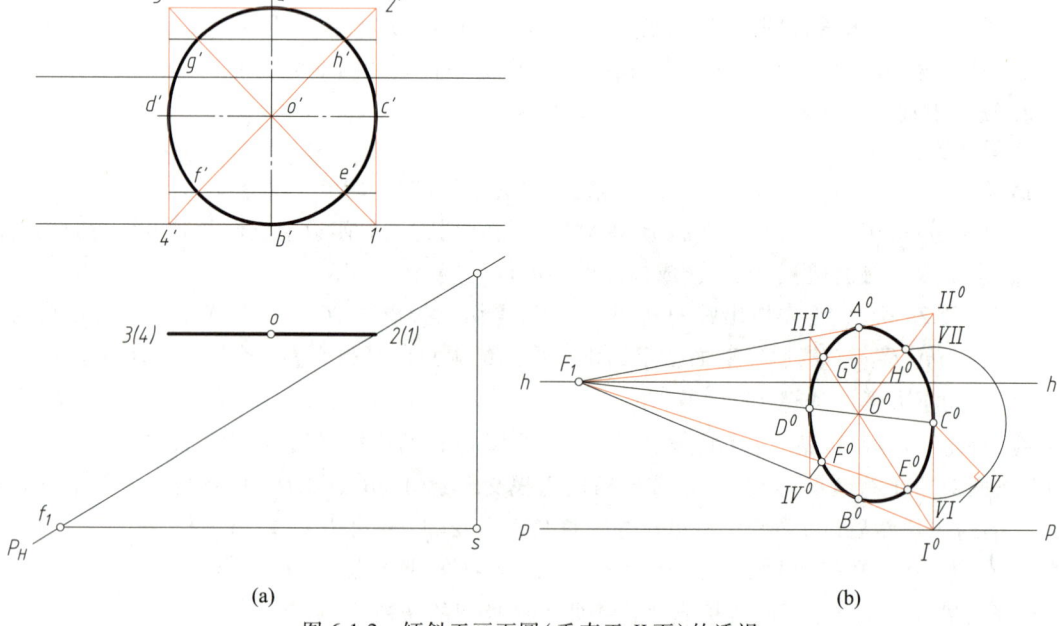

(a)   (b)

图 6.1.2　倾斜于画面圆（垂直于 H 面）的透视

6.1.2 平行于基面圆的透视

空间情况：圆平面平行于基面 H，垂直于画面 P。

透视特征：与图 6.1.2 类似，平行于基面圆的透视仍为椭圆。

透视作图：

(1) 作平行透视椭圆

如图 6.1.3a 所示，圆周外切正方形的对边平行于基线 $p—p$，故所求的透视为平行透视。作图过程如图 6.1.3b 所示，图中作出了正方形对角线的量点 M，FM 等于视距 sf_p，其余作图方法同前。

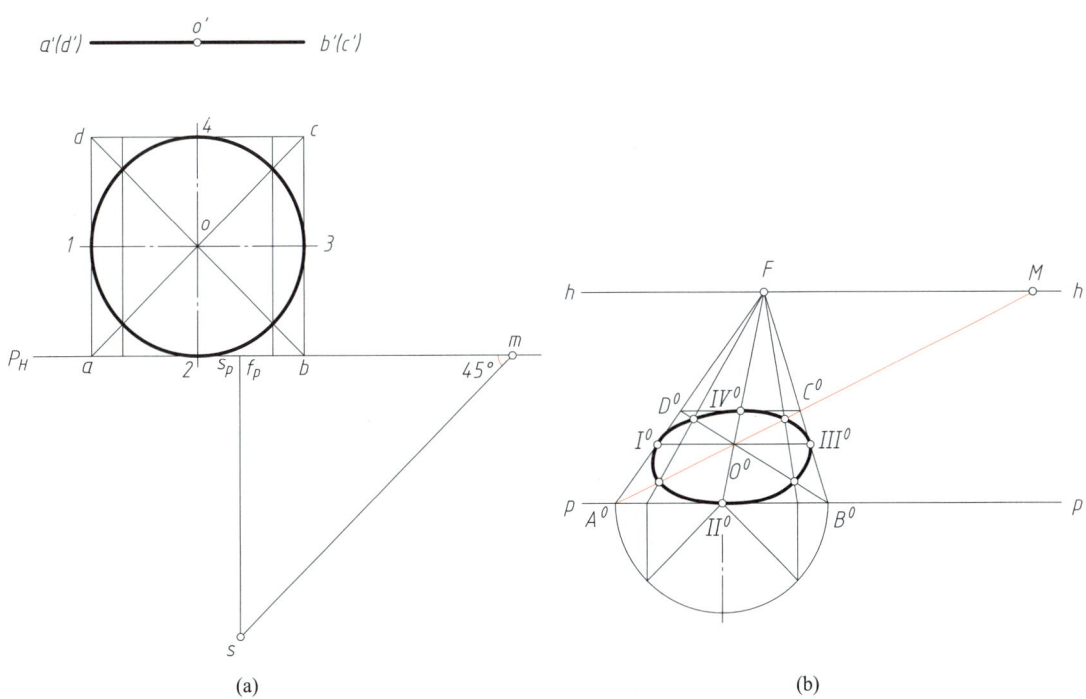

图 6.1.3 平行于基面圆的平行透视

(2) 作成角透视椭圆

如图 6.1.4a 所示，画面与圆的外切正方形处于倾斜位置，故作出的透视为成角透视。

透视作图：如图 6.1.4b 所示，首先确定正方形两组对边的灭点 F_1、F_2。然后用视线法求出正方形 $ABCD$ 的透视 $A^0B^0C^0D^0$，正方形对角线的透视 A^0C^0 和 B^0D^0 的交点 O^0 为圆心 O 的透视。连线 O^0F_1 和 O^0F_2 与正方形各边线的透视交得点 I^0、II^0、III^0、IV^0，即为四个切点的透视。再求出对角线上四个点的透视，在基面上过点 5、8 和 6、7 分别作正方形边线 ab 的平行线 el、mn，求出两平行线的透视，与对角线的透视相交得点 V^0、VI^0、VII^0、VIII^0，最后，将所求八个点的透视光滑连成椭圆即为所求。

第 6 章　曲面体的透视图

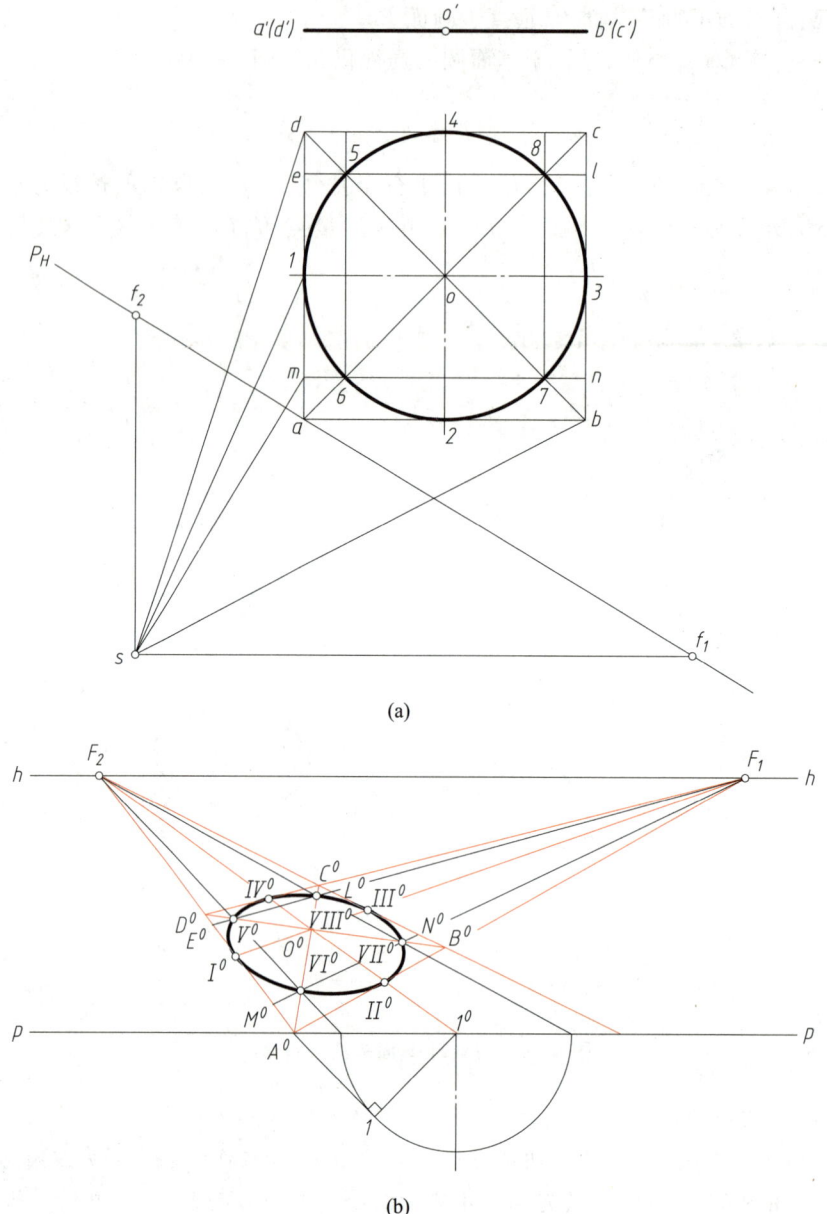

图 6.1.4　平行于基面圆的成角透视

6.2　圆柱的透视

绘制圆柱的透视,是根据圆柱与画面的相对位置,画出圆柱上、下底圆的透视,再作两透视椭圆的公切线,即得圆柱的透视轮廓线。

6.2.1 铅垂圆柱的透视

如图 6.2.1 所示,用类似于图 6.1.3 的方法求出圆柱下底圆的透视,在真高线上量取 AA^0 等于圆柱高度 L;用与求圆柱下底圆透视相同的方法,作出圆柱上底圆的透视,再作两透视椭圆的公切线,即得所求圆柱的透视。

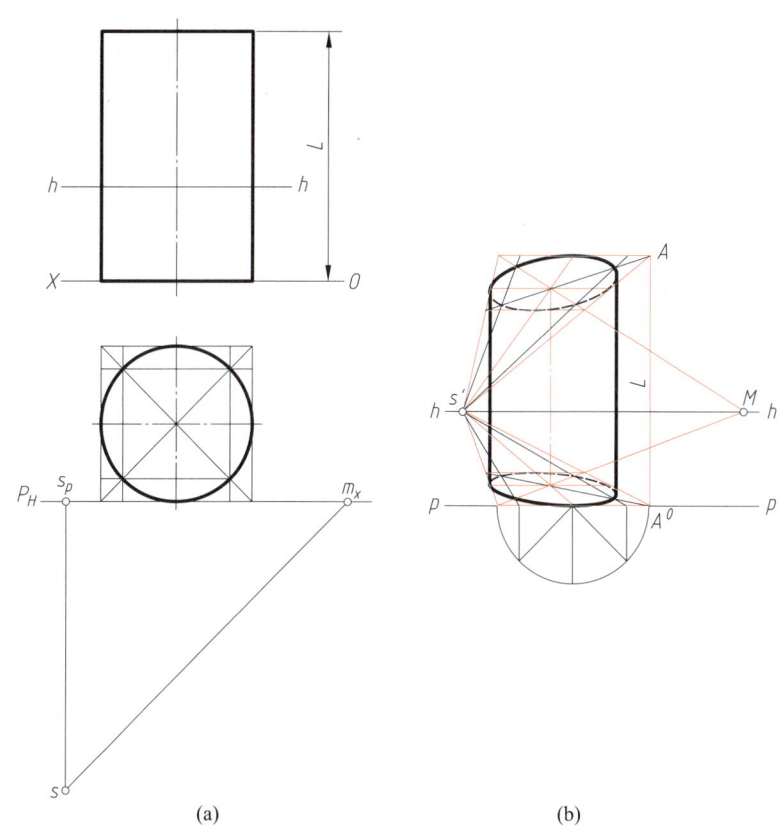

图 6.2.1 铅垂圆柱的透视

图 6.2.2 所示是圆柱轴线平行于 H 面且与画面成一倾斜角时水平圆柱的透视。

透视作图方法:

① 作出反映圆柱实长的真高线 $A^0 a^0$。

② 作出圆柱左、右端面外切正方形的透视 $A^0 B^0 b^0 a^0$ 和 $A_1^0 B_1^0 b_1^0 a_1^0$,并作出对角线的透视,分别得四边中点 $C^0 \setminus D^0 \setminus E^0 \setminus F^0$ 和 $C_1^0 \setminus D_1^0 \setminus E_1^0 \setminus F_1^0$。

③ 利用量点 M_x 与 $n_1 n_2$ 连线交 $F_x a_0$ 于点 $n_1^0 \setminus n_2^0$,分别过 $n_1^0 \setminus n_2^0$ 作垂线与对角线的透视交于点 $\text{I}^0 \setminus \text{II}^0 \setminus \text{III}^0 \setminus \text{IV}^0$,光滑连接八点得左端面透视椭圆。

④ 右端面透视图的求法同左端面,连接 $F_y \setminus n_1^0$ 和 $F_y \setminus n_2^0$ 交 $F_x a_1^0$ 于点 $k_1^0 \setminus k_2^0$,分别过点 $k_1^0 \setminus k_2^0$ 作铅垂线交右端面外切正方形透视的对角线于点 $\text{I}_1^0 \setminus \text{II}_1^0 \setminus \text{III}_1^0 \setminus \text{IV}_1^0$,光滑连接八点得右端面透视椭圆。

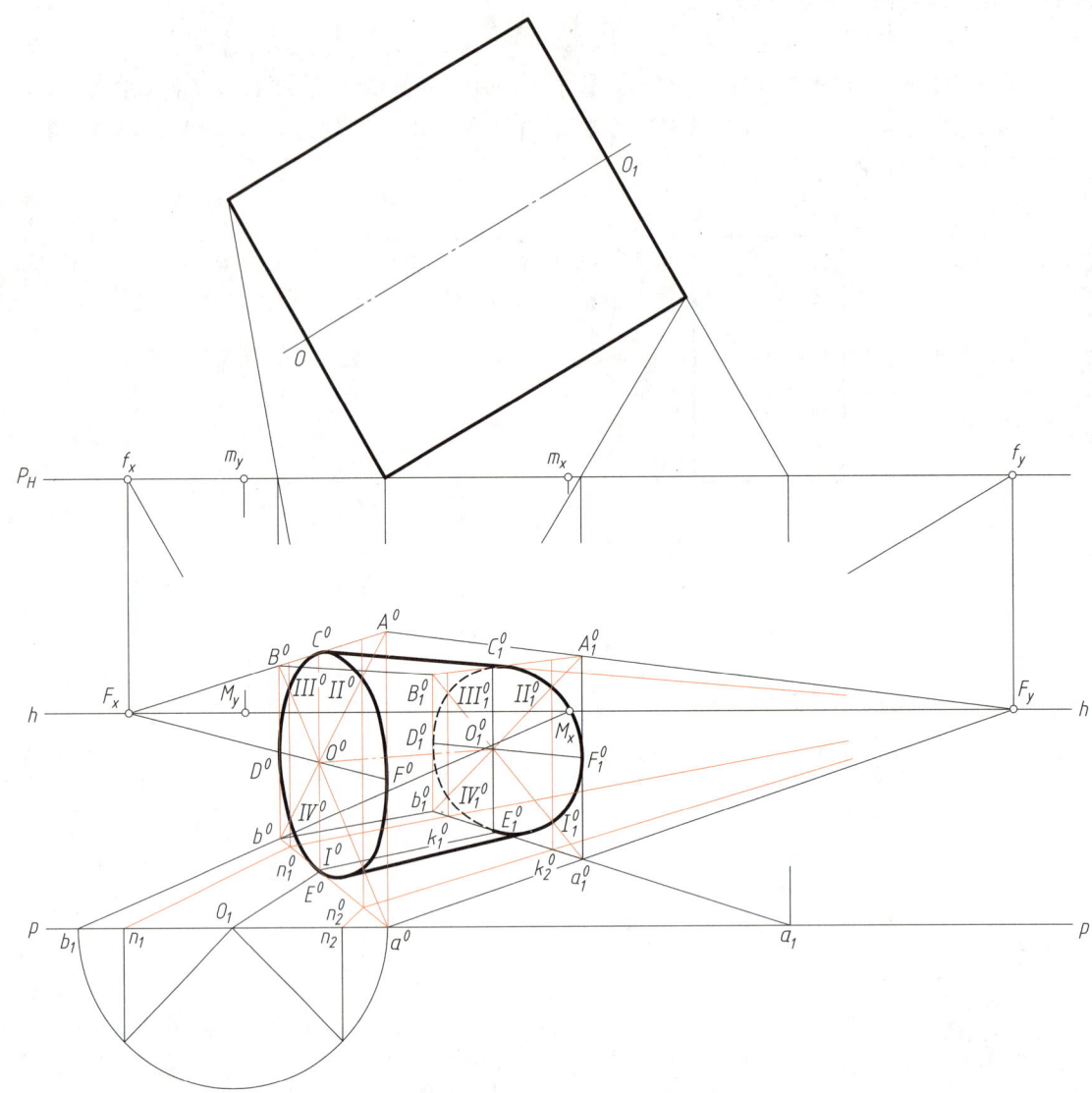

图 6.2.2 水平圆柱面的透视

⑤ 过 F_y 作两椭圆的切线,从而完成全部作图。

6.2.2 圆拱的透视

图 6.2.3 所示为圆拱门的平行透视。圆拱门端面与画面平行,前端面位于画面上,透视为其自身,此题只要求出后端面拱门的透视,即可完成作图。求法同图 6.1.1。由于主点 s' 位于中心位置,故将拱门边框线 A^0B^0 作为真高线,定出后端面圆心的透视点 O_1^0,根据视线法定出后端面圆拱的透视半径 $O_1^0C^0$,以点 O_1^0 为圆心、以 $O_1^0C^0$ 为半径画圆,进而完成整个圆拱门的透视作图。

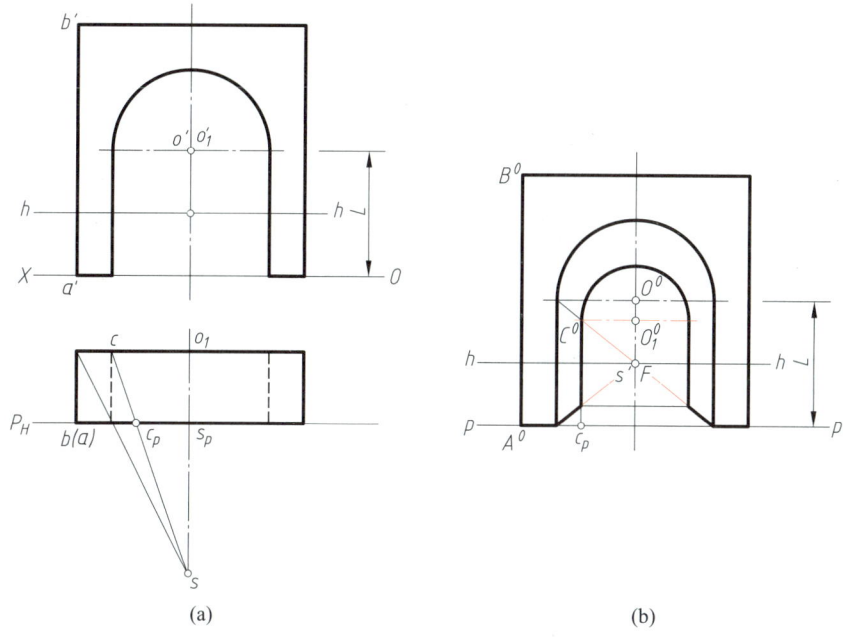

图 6.2.3 圆拱门的透视

【例 6.2.1】 图 6.2.4a 所示为正交圆柱拱顶的平面图与立面图,按设置的基线 P_H、视平线 $h—h$ 和站点 s 作透视图。

解 步骤如下:

(1) 分析

该图为正交的两个半径相等的半圆拱所组成的正交十字拱,两拱轴线在同一高度上,且平行于基面 H 而倾斜于画面 P。两拱前、后口是半圆弧,垂直于基面 H 而倾斜于画面 P,是铅垂圆,其透视分别为半个椭圆。圆拱素线和轴线的透视分别消失于 F_x、F_y,拱面的交线是平面曲线,可用面上取点的方法求得。

(2) 作图

1) 根据已知条件,在图纸的适当位置画出基线 $p—p$、视平线 $h—h$,定出站点 s,作出两个方向的主向灭点 F_x、F_y(图 6.2.4b)。

2) 绘制基面上两轴线 12、34 及正方形 abcd 的透视,得轴线的透视 $1^0 2^0$、$3^0 4^0$ 及四边形的透视 $A^0 B^0 C^0 D^0$,$A^0 B^0 C^0 D^0$ 是四个椭圆上的起讫点。

3) 作 AB 拱口透视。AB 拱口在画面前,为放大透视,其透视为半个椭圆。

作椭圆的透视只需找出椭圆上若干点的透视,光滑连接即可。首先求特殊点的透视,如投影图上的最高点 $6'$、视平线上的点 $7'$、$8'$,求出这些点的透视,光滑连线即得半个椭圆的透视。同理作出其他三个椭圆的透视。过 F_x、F_y 作两拱的切线,完成两圆拱的作图。

4) 采用辅助面的方法作相贯线的透视。假想用一水平面为辅助面,同时截切两圆拱,辅助面与两圆拱截交线的交点即是两拱面相贯线上的点。同时要求出一些特殊点的透视,如顶面正方形两对角线的交点 9 的透视 9^0,拱口四个半圆弧的起讫点 A、B、C、D 即两个拱面相贯线的起讫点的透视 A^0、B^0、C^0 和 D^0,对角线与圆的交点 10、11、12、13 的透视 10^0、11^0、12^0、13^0 等(图 6.2.4

中只作出了 12^0、13^0 的作图线,未加标注)。值得注意的是两拱切向透视的交点 E^0 是透视相贯线上的点,将这些点光滑连接起来,即得到十字拱的透视。

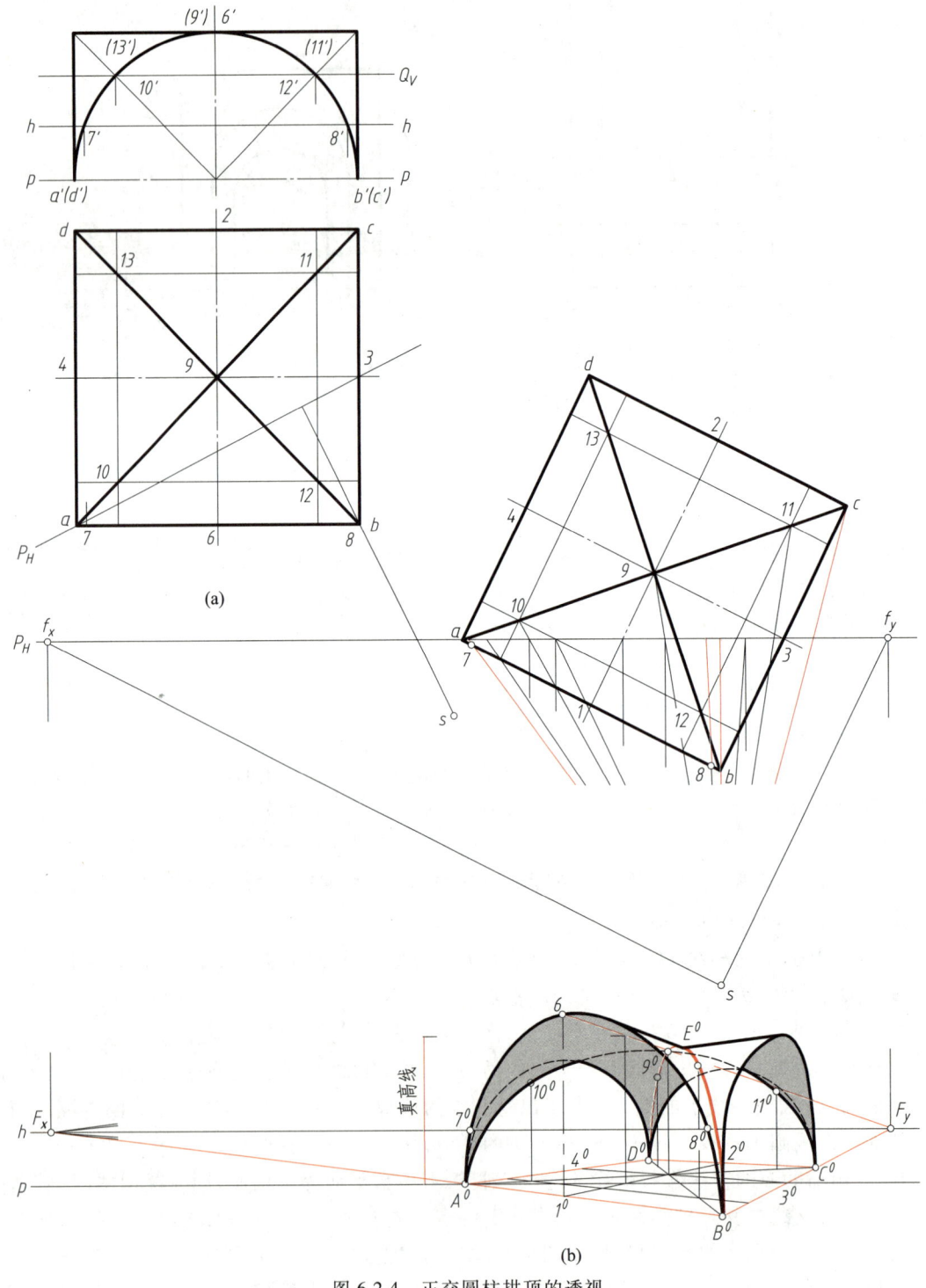

图 6.2.4　正交圆柱拱顶的透视

6.3 圆锥的透视

绘制圆锥的透视,需先画出圆锥底圆及锥顶的透视,过锥顶的透视向锥底透视椭圆作切线,即得圆锥的透视。

图 6.3.1 所示为正圆锥的透视。用八点法求出圆锥底面的透视椭圆,利用量点 M 求出圆锥的透视高度 S^0O^0。在真高线 A^0A 上量取锥高 L,连接 M、A 与过 O^0 的铅垂线交于点 S^0,即为锥顶的透视。过点 S^0 作圆锥底面透视椭圆的切线,即可完成透视作图。

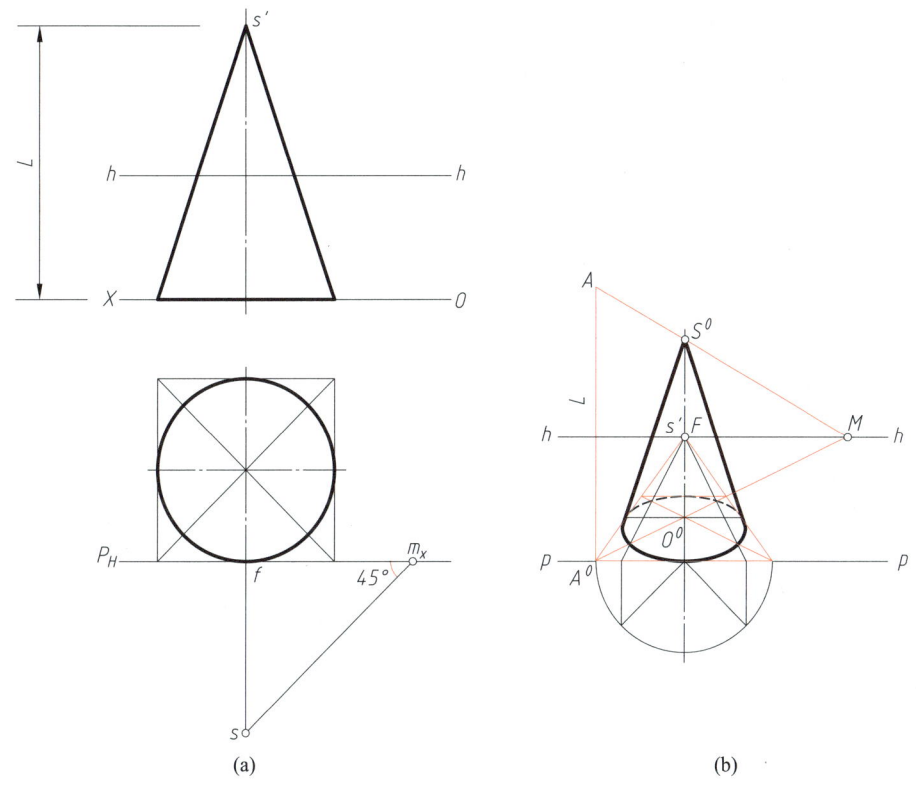

图 6.3.1 圆锥的透视

6.4 球 的 透 视

球的透视是过视点切于圆球的一些视线与画面的交点的集合,可看成是视锥与画面的交线。由于视点、画面和球面三者之间位置不同,产生的交线可以是圆、椭圆或抛物线等。但在一般情况下,球的透视是椭圆。为符合人们的视觉习惯,应尽可能使切于圆球的视锥的轴线与中心视线位于同一水平面上，这样，球的透视椭圆就可近似地用圆代替。

6.4.1 球心与视点等高时球的透视

1. 球心位于中心视线上时球的透视

如图 6.4.1 所示，已知球心 O 位于中心视线 Ss' 上时的基投影，求球的透视。

因球心 O 和视点 S 的连线垂直于画面，所以，过视点切于球的视线组成一正圆锥，此时球的透视为圆。由站点 s 向球的基投影作切线 sa、sb，切点 a、b 相连得切圆的基投影。视线 SA、SB 在视平面上，故 A^0、B^0 必在视平线 $h—h$ 上，且 A^0B^0 等于 a_pb_p，即为透视圆的直径，切圆的圆心 o_1 的透视 O_1^0 与主点 s' 重合，透视作图如图 6.4.1 所示。

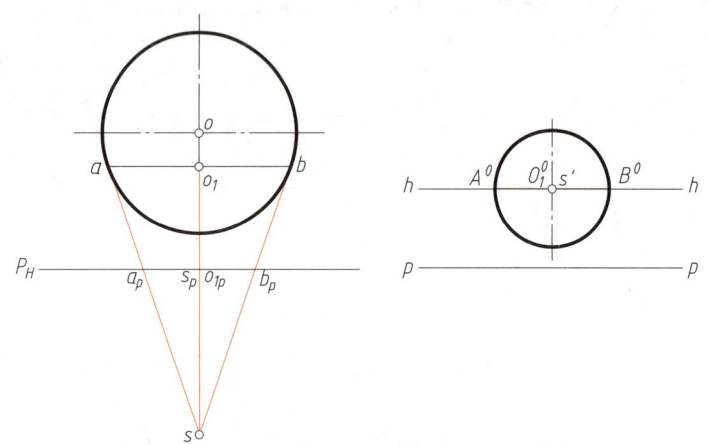

图 6.4.1 球心位于中心视线上时球的透视

2. 球心与视点的连线倾斜于画面时球的透视

如图 6.4.2 所示，球心 O 和视点 S 等高，视点 S 与球心 O 的连线倾斜于画面 P，球的透视为一椭圆，椭圆的长轴位于视平线 $h—h$ 上。具体作图过程为：过站点 s 向球的基投影作切线 sa、sb，切点 a、b 相连即为切圆的基投影。视线 SA、SB 在视平面上，故 A^0、B^0 在视平线 $h—h$ 上，A^0B^0 长度等于 a_pb_p，即为透视椭圆的长轴。透视椭圆的短轴与长轴垂直平分，故过 a_pb_p 的中点 o_1 作 so 的垂线交 sa、sb 于两点 c、d，cd 即为视锥面上垂直 SO 轴线的纬圆的基投影。点 o_2 为纬圆的圆心，以 o_2 为圆心、o_2c 为半径作圆，过 o_1 作 cd 的垂线与圆交于两点 1、2，12 长度为椭圆短轴的长度。根据椭圆的长短轴即可画出透视椭圆。

6.4.2 球处于一般位置时的透视

如图 6.4.3 所示，已知球的基投影及球心 O 在画面 P 上的投影 o'，作球的透视。

根据球与画面、视点的相对位置，球在视点、画面的后方，球的透视仍为一个椭圆，作球透视椭圆的方法通常采用包络线法。即在球面上取若干个平行于画面的圆，作一系列画面平行圆的透视（作图方法见图 6.4.3）；然后，作出这些透视圆的包络线，即为所求球的透视椭圆。

【例 6.4.1】 图 6.4.4a 所示为一截球面穹顶的平面图与立面图，按设置的基线 P_H、视平线 $h—h$ 和站点 s' 作透视图。

解 过程如下：

6.4 球的透视

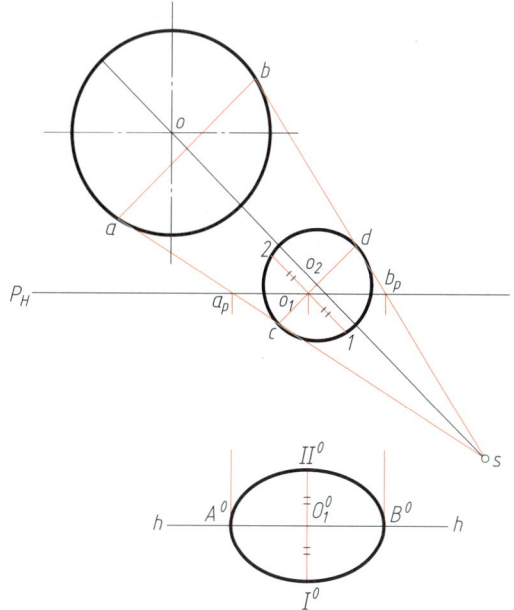

图 6.4.2 球心与视点等高时圆的透视

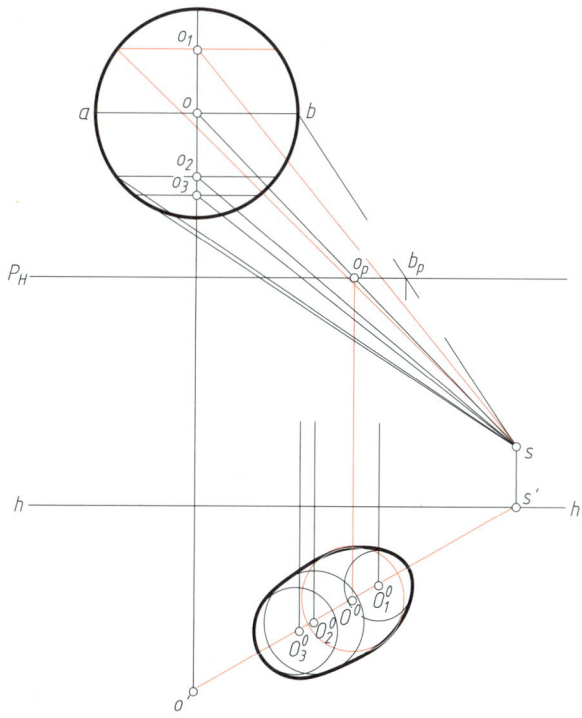

图 6.4.3 包络线法作球的透视

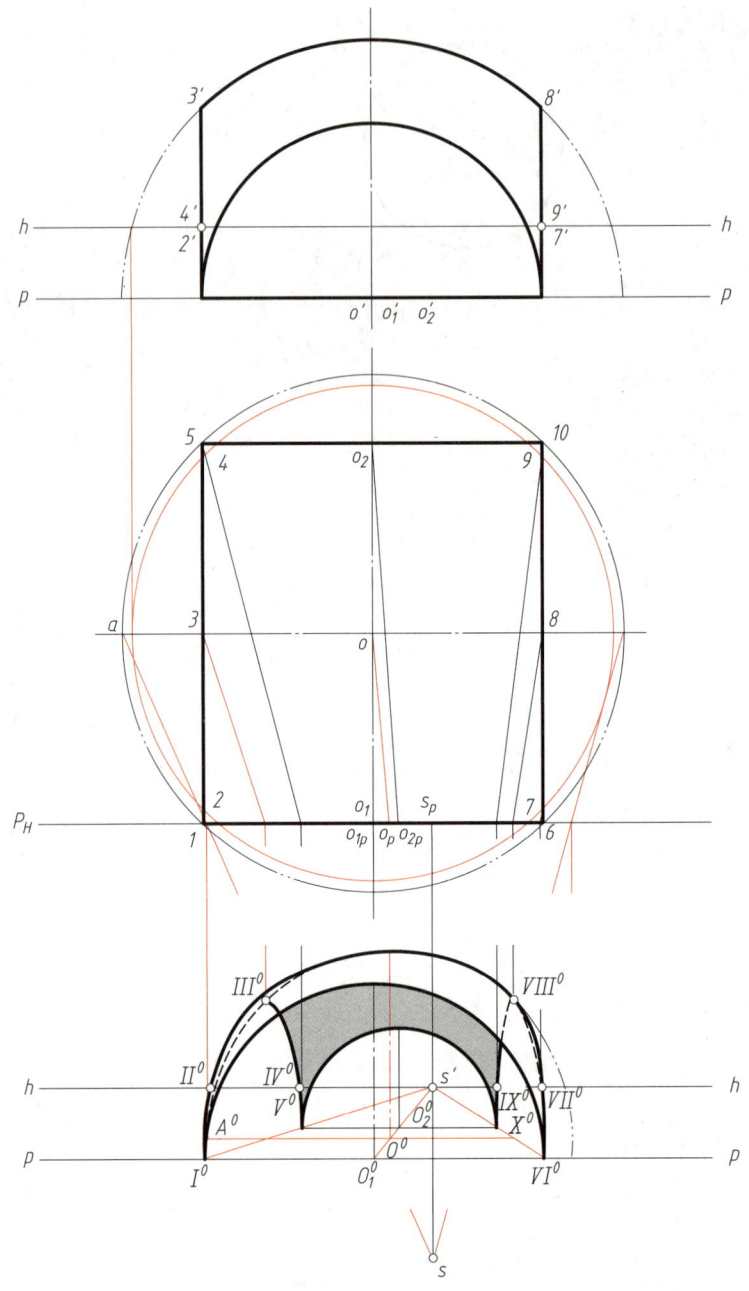

图 6.4.4 截球面穹顶的透视

(1) 分析

该球面被两个正平面和两个侧平面所截,四条截交线在空间为四个半圆弧,其中前后面截交线的透视为半圆,两侧圆弧的透视是两个椭圆弧,只要找出椭圆弧上若干点的透视即可。

(2) 作图

1) 根据已知条件,在图纸的适当位置画出基线 p—p、视平线 h—h,定出主点 s'(图 6.4.4b)。

2）作前后两圆弧和球面转向圆弧的透视。按前述图 6.4.3 的方法作图，首先用视线法作出前后两圆弧和球面转向圆弧的圆心，如 O 的透视 O^0。然后，以 O^0A^0 为半径作出转向圆弧的透视。

3）作两侧圆弧的透视。它们的透视是椭圆弧，采用找特殊点的方法绘制。如圆弧上两个端点 I、V，最高点 III 以及视平线上的点 II、IV，求出这些点的透视，然后光滑连线即得半个椭圆的透视。

4）作透视椭圆弧的包络曲线，完成作图。

6.5　曲线回转面的透视

求作曲线回转面的透视，采用的方法为包络线法，即画出回转面上若干个纬圆的透视椭圆，然后光滑地作出这些透视椭圆的包络线，即得到回转面透视的轮廓线。

图 6.5.1a 所示为一轴线垂直于基面 H 的回转面的 V 面投影；图 6.5.1b 所示是该回转面的透视，图中作出了五个纬圆的透视椭圆，最后作这几个透视椭圆的包络曲线，即得所求回转面的透视。

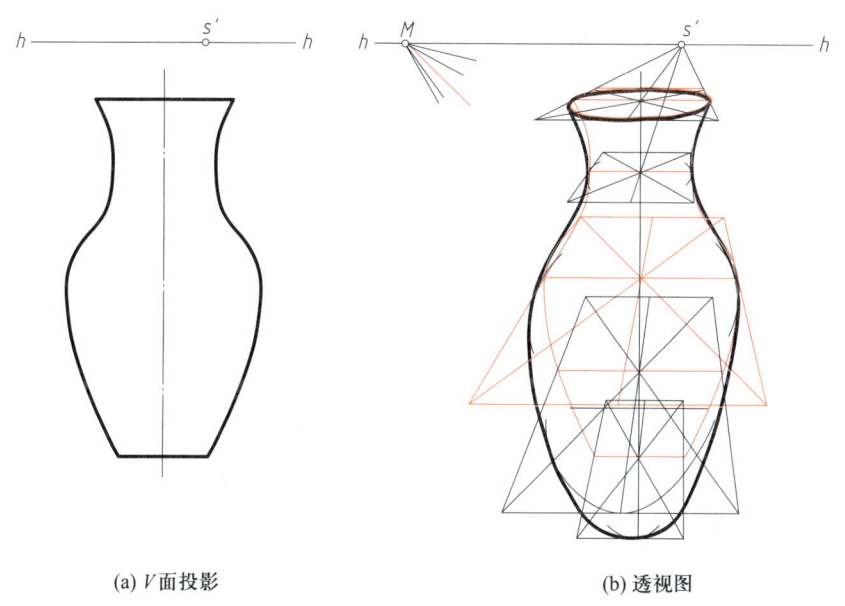

(a) V 面投影　　　　　(b) 透视图

图 6.5.1　曲线回转面的透视

6.6　平螺旋面的透视

6.6.1　圆柱螺旋线的透视

如图 6.6.1a 所示，已知圆柱螺旋线的平面图、立面图和侧面图，求圆柱螺旋线的平行透视。

第 6 章 曲面体的透视图

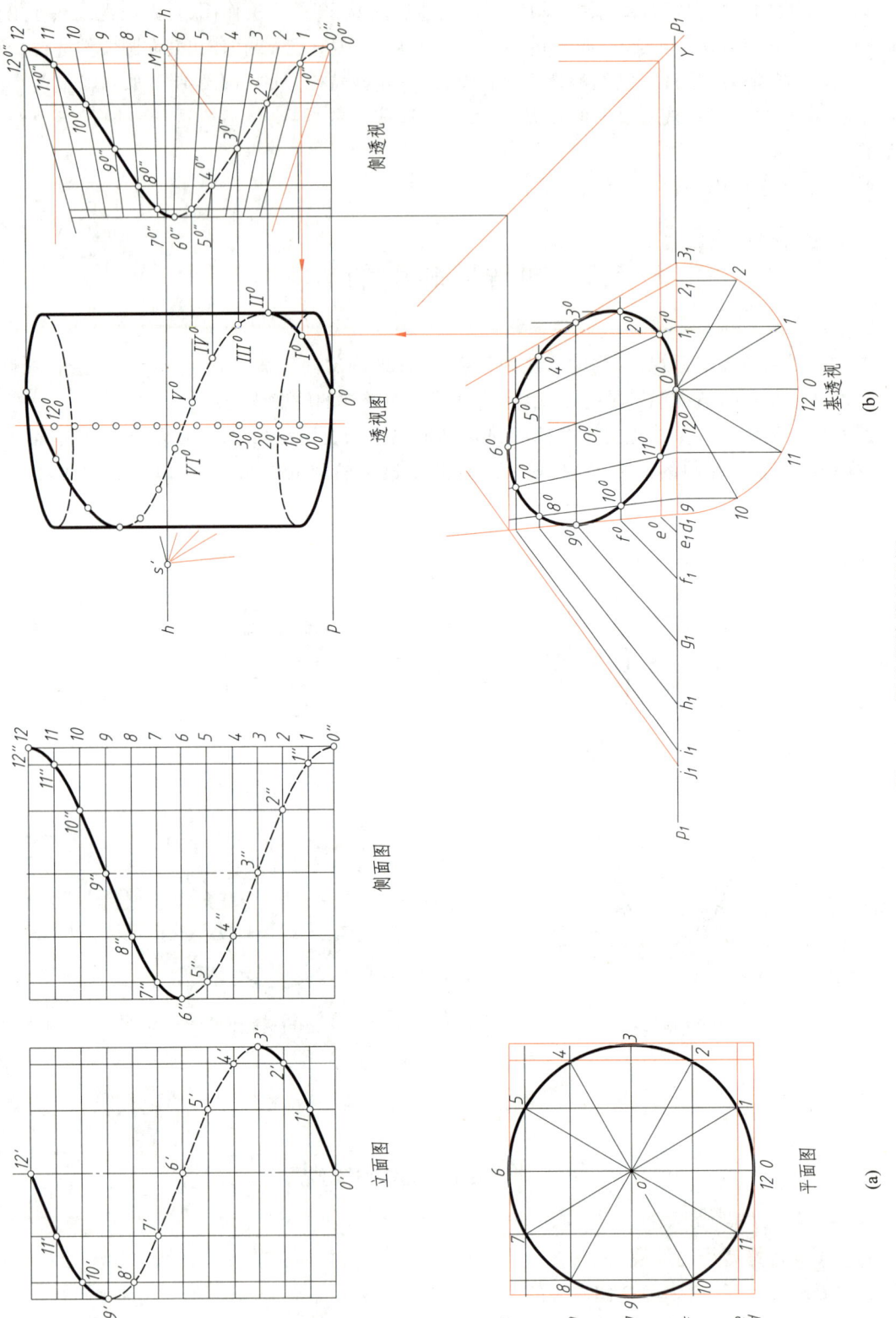

图 6.6.1 圆柱螺旋线的透视

因圆柱螺旋线是圆柱面上的一条曲线,所以该线的基透视(透视平面)为一椭圆,透视为一空间曲线。作透视图采用的方法是:先求出圆柱螺旋线的基透视,由基透视求出侧透视（W 面投影的透视),再由基透视和侧透视求出透视。作图步骤如下:

1）确定画面位置和视点,根据选定的视距求出量点 M($s'M$ 等于视距),如图 6.6.1b 所示。

2）采用降低基线的作法求圆柱螺旋线的基透视。先在平面图上过各分点作方格网(图 6.6.1a),用辅助半圆和对角线的灭点求出方格网的基透视(图 6.6.1b),根据点在线上定出各分点的基透视位置,如分点 1 在线 e 上,其透视一定在线 e 的透视 e^0 上,连线 $s'1$ 与线 e^0 交于点 1^0,1^0 即为点 1 的基透视。将各透视点光滑连成椭圆即为所求。

3）求圆柱螺旋线的侧透视。过点 s' 引 45°线,与 p_1—p_1 交于点 Y,自 Y 向上引铅垂线到画面上得真高线。在真高线上定出螺距分格点 0、1、2、$\cdots$、12,将各点与 s' 相连即为螺距水平分格线的侧透视。过基透视中各分点作水平线与 $s'Y$ 相交,过各交点向上引铅垂线与各水平分格线的透视相交,交点即为各分点的侧透视(如 1^0 的侧透视 $1^{0\prime\prime}$),再将各点的侧透视光滑连成曲线,即为螺旋线的侧透视。

4）作螺旋线的透视。在画面上作出圆柱的透视,过基透视中的 0_1^0 点向上作铅垂线,过侧透视上的各对应点作水平线,两线相交得轴线上 12 个分点的透视,即 0_0^0、1_0^0、2_0^0、$\cdots$、12_0^0。分别过基透视中各分点向画面上引铅垂线,与过侧透视上各点作的相应的水平线的交点,即为螺旋线上点的透视,如过 1^0 的铅垂线与过 $1^{0\prime\prime}$ 的水平线交于点 I^0,即为点 I 的透视。将所求各点透视光滑连接成曲线,即得螺旋线的透视。

6.6.2 螺旋楼梯的透视

如图 6.6.2a 所示,已知螺旋楼梯的平面图和侧面图,求作螺旋楼梯的平行透视。作图仍采用先求基透视、侧透视,再求透视的方法。作图步骤如下:

1）定画面位置、视点,求出量点 M(图 6.6.2b),方法同图 6.6.1b。

2）作基透视。按图 6.6.1b 的方法求出外圆周上 12 个等分点的基透视后,求出内圆周上 12 个等分点的基透视,依次光滑连接各点的基透视,即得内外圆的透视椭圆。再画出各踏面、踢面的基透视,从而得到螺旋楼梯的基透视。

3）作侧透视。按图 6.6.1b 的方法,求出透视网格后,由楼梯的侧面投影按坐标定点的方法作出其侧透视。

4）作透视图。先在画面上作出圆柱轴线上各点的透视 0_0^0、1_0^0、2_0^0、$\cdots$、12_0^0,并作出圆柱的透视,再作踢面、踏面的透视。过基透视上点 0_1^0 向上作铅垂线,过侧透视上点 0、1 作水平线,两组线相交得第一个踢面的真高线 01,连接 s'、0 和 s'、1,从基透视中 a_1^0 向上作铅垂线分别交 $s'0$、$s'1$ 于点 a^0、A^0,$01A^0a^0$ 为第一个踢面的透视。再从基透视中的 1_1^0 作铅垂线,从侧透视中的 $1^{0\prime\prime}$、$2^{0\prime\prime}$ 作水平线,两线相交得 1^0、2^0,1^02^0 为第二个踢面外侧的透视高度。连接 1_0^0、1^0 和 2_0^0、2^0 与基透视中过 b_1^0 作的铅垂线交于点 b^0、B^0,得到第二个踢面的透视,用椭圆曲线连接 1、1^0 和 A^0、b^0,即得第一踏面的透视。同理,完成其他各级踢面和踏面的透视。

(a) 平面图和侧面图

(b) 透视图

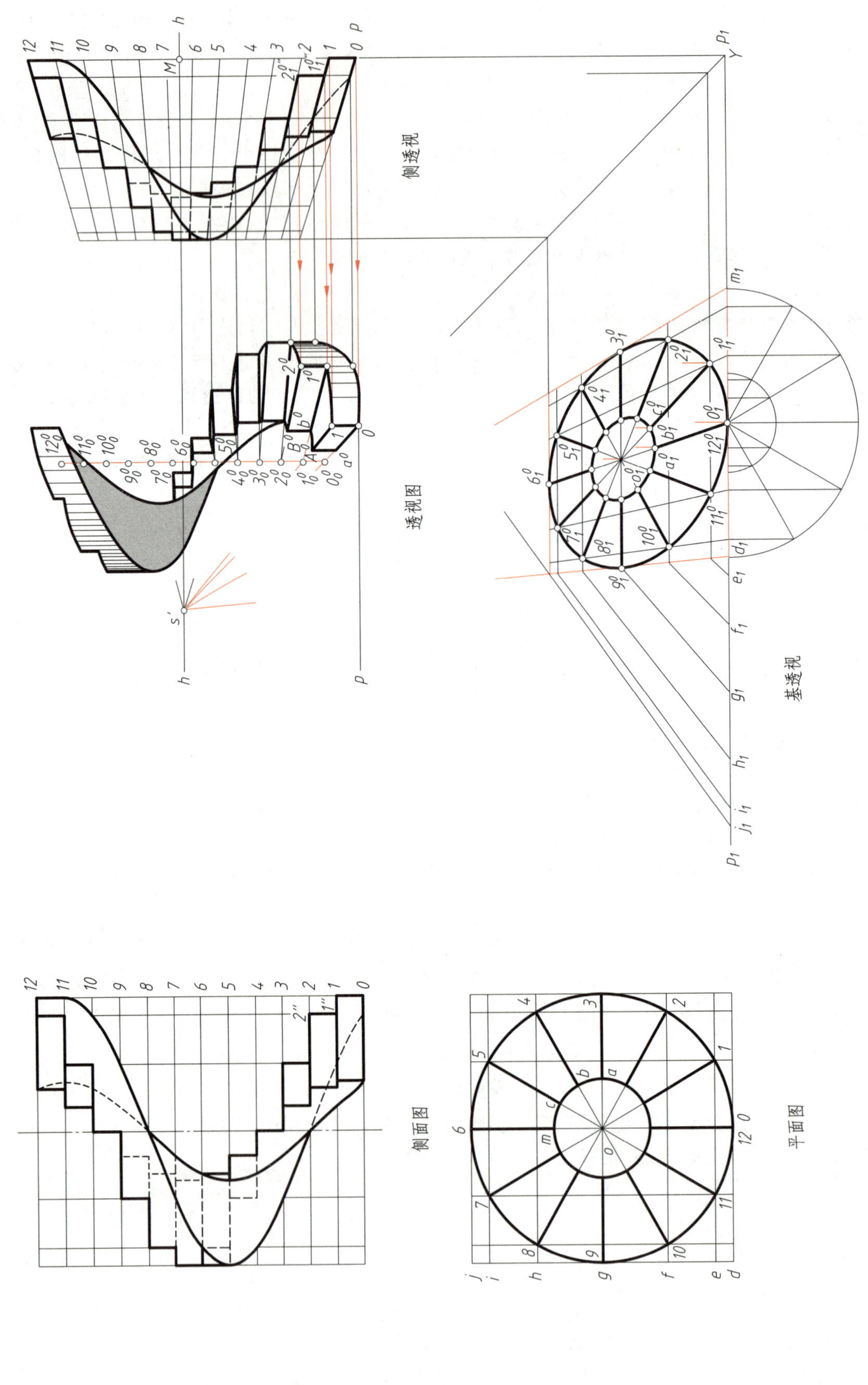

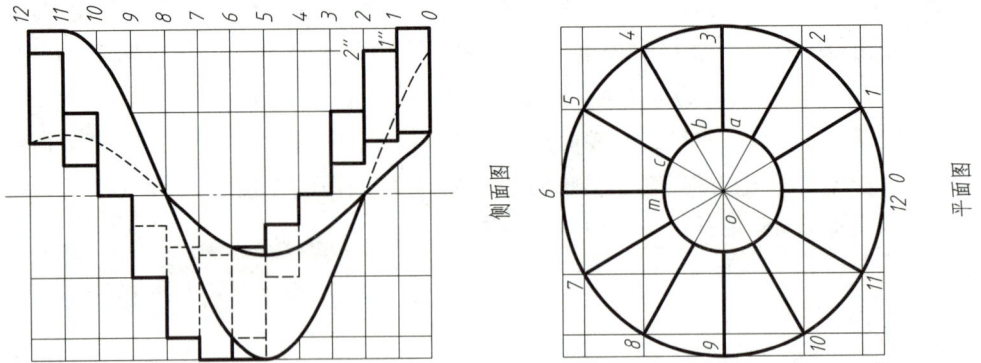

图 6.6.2 螺旋楼梯的透视

第 7 章

倾斜画面透视图

前面讨论的都是画面与基面垂直的透视图绘制的基本方法,下面讨论画面与基面倾斜时透视图绘制的基本方法。

7.1 基本概念

倾斜画面透视体系如图 7.1.1 所示,包括画面 P、投射中心 S、基面 H,画面 P 相对于基面 H 的倾斜角为 α,其大小可在 $0°\sim180°$ 间度量。当画面倾斜角 $\alpha<90°$ 时称为仰视斜透视,当画面倾斜角 $\alpha>90°$ 时称为俯视斜透视。

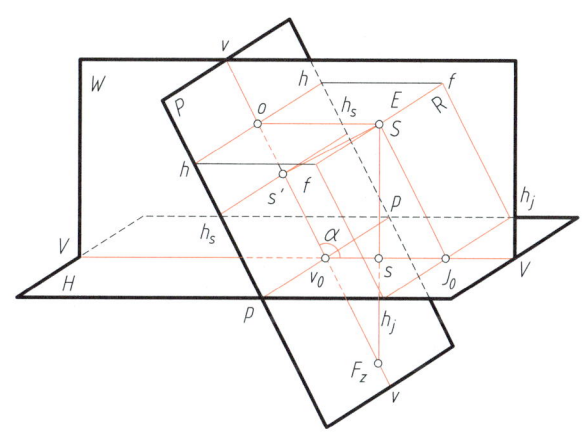

图 7.1.1 倾斜画面透视体系

① 视平线 $h—h$　过视点 S 与基面 H 平行的面与倾斜画面 P 的交线。
② 基线 $p—p$　倾斜画面与基面 H 的交线。
③ 主水平线 $h_s—h_s$　是画面上过主点 s' 的水平线。当画面与基面垂直时,主水平线就是视平线,主视点 o 是视点 S 在视平线上的垂足,o 与心点 s' 重叠。
④ 中立面 R　中立面 R 是包含视点 S 且与画面 P 平行的平面。
⑤ 灭线 $h_j—h_j$　R 与 H 面相交得 $h_j—h_j$,即与画面平行的平面在基面上的灭线。
⑥ 主纵面 W　包含视点 S 同时垂直于基面 H 和画面 P 的铅垂面 W。
⑦ 主纵线 vv　主纵面 W 与画面 P 的交线 vv。
⑧ 基本方向线 VV　主纵面 W 与基面 H 的交线 VV。

⑨ 主合点 J_0　基本方向线 VV 与灭线 h_j—h_j 交于点 J_0，称为物面主合点。

⑩ 主灭点 F_z　延长 Ss 与画面 P 交于点 F_z，即为铅垂线在画面 P 上的主灭点，是主纵线 vv 与视高线 Ss 的交点。

⑪ 斜视高 ov_0　当画面倾斜时，视平线 h—h 与基线 p—p 之间的距离 ov_0 反映的是斜视高，$ov_0 = Ss/\sin \alpha$。

7.2　点的透视

（1）当画面 P 倾斜于基面 H 时，点的透视 A^0、基透视 a^0 和灭点 F_z 在同一直线上。

如图 7.2.1 所示，因为点 A 的透视为过该点的视线与画面的交点，基透视为过该点基投影的视线与画面的交点，即 $A^0 a^0$ 位于过 Aa 的铅垂视平面与画面的交线上。主灭点 F_z 为视高 Ss 与画面的交点，Ss 位于铅垂的视平面上，则 F_z 位于铅垂的视平面与画面的交线上，所以，点 A 的透视 A^0 和基透视 a^0 与主灭点 F_z 共线。

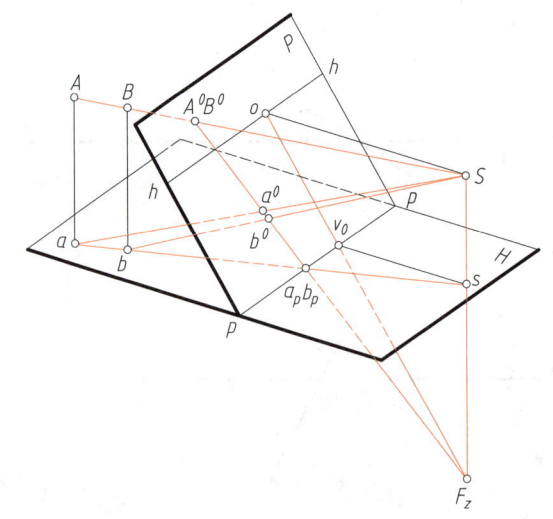

图 7.2.1　倾斜画面上点的透视

点 B 同点 A 在同一视线上，其透视 B^0 与 A^0 重合，基透视 b^0 位于铅垂视平面与画面的同一条交线上。

（2）用视线迹点法求倾斜画面上点的透视。

如图 7.2.2a 所示，画面倾斜于基面，$\alpha>90°$，已知视点 S 及基面上点 A 的三面投影。点 A 的透视 A^0 是视线 SA 与画面 P 的迹点。透视 A^0 的正投影 $A^{0\prime}$ 在视线 SA 的正投影 $s'a'$ 上，A^0 的侧面投影 $A^{0\prime\prime}$ 为视线的侧面投影 $s''a''$ 与画面侧面迹线 P_W 的交点。

透视作图步骤如下：

① 将图 7.2.2a 展成平面图，如图 7.2.2b 所示，H 面绕基线 p—p（OX 轴）向下旋转至与 V 面共面，W 面绕 OZ 轴向右旋转至与 V 面共面，面 P 在 W 面上的投影用迹线 P_W 表示，并画出已知元

素的投影。

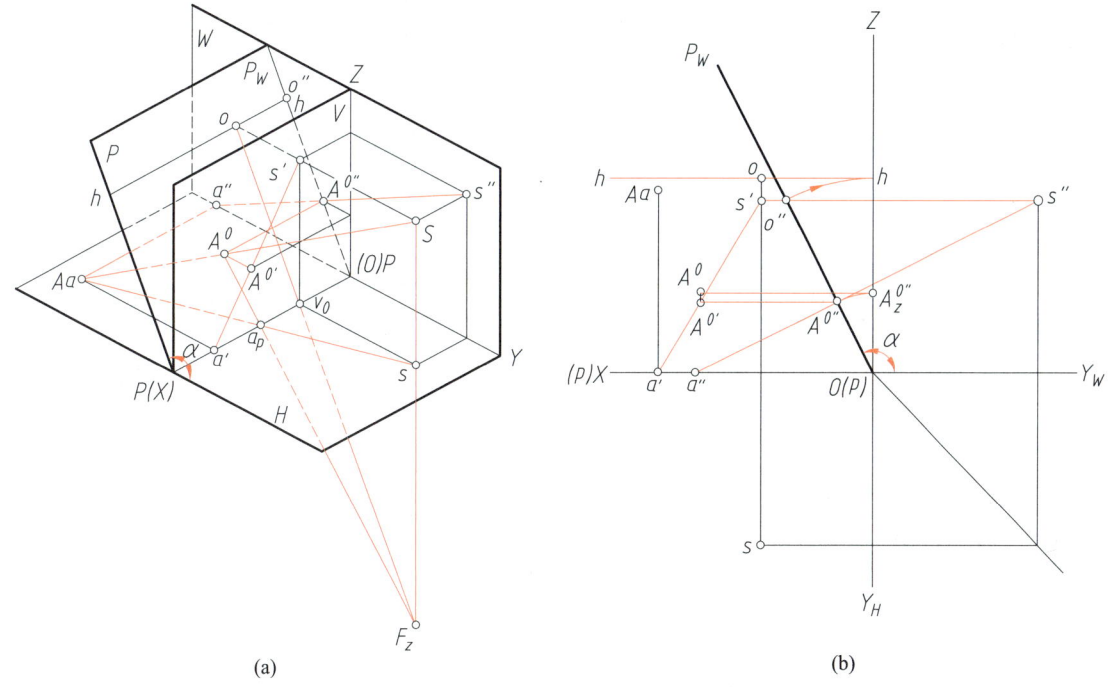

图 7.2.2 用视线迹点法在倾斜画面上作透视图

② 利用重合法求出视平线 $h—h$（使画面 P 与 V 面重合）。

③ 求出视线的正面投影 $s'a'$ 和侧面投影 $s''a''$，$s''a''$ 与 P_W 的交点为透视的侧面投影 $A^{0''}$。过 $A^{0''}$ 所引水平线与 $s'a'$ 的交点即为透视的正面投影 $A^{0'}$。把 $A^{0''}$ 旋转到 V 面上得 $A_z^{0''}$，再过 $A_z^{0''}$ 引水平线与过 $A^{0'}$ 的铅垂线相交，交点即为点 A 的透视 A^0。

7.3 直线的透视

7.3.1 基面上直线的透视

先介绍在基面上的直线在倾斜画面下的透视作图。直线的位置分 3 种情况：基面上与基线斜交的直线、基面上与基线垂直的直线和基面上与基线平行的直线。

（1）基面上与基线斜交的直线

空间情况：如图 7.3.1 所示，直线段 AB 斜交于 $p—p$。

透视特征：由投射中心 S 作直线段 AB 的平行线，与画面的交点 F 就是该直线段的灭点，而且位于视平线 $h—h$ 上。

（2）基面上与基线垂直的直线

空间情况：如图 7.3.2 所示，直线段 AB 垂直于 $p—p$。

透视特征：灭点 F 即是主视点 o。

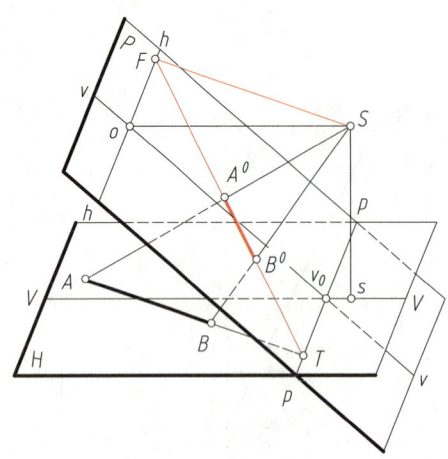
图 7.3.1　基面上与基线斜交的直线的透视

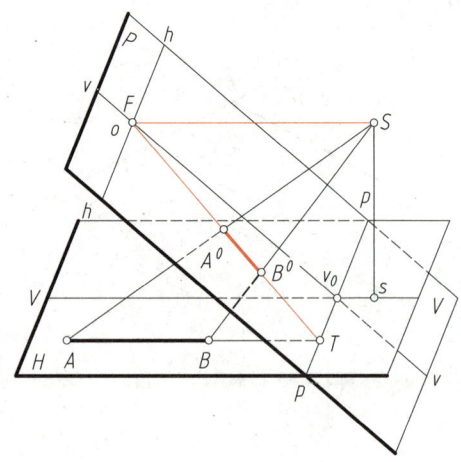
图 7.3.2　与基线垂直的直线的透视

（3）基面上与基线平行的直线

空间情况：如图 7.3.3 所示，直线段 AB 平行于 $p—p$。

透视特征：无迹点和灭点，也没有基迹点和基灭点。

其透视与基投影相互平行，但不等长，且平行于视平线 $h—h$。

7.3.2　基面垂直线的透视

空间情况：如图 7.3.4 所示，直线段 AB 垂直于 H 面。

透视特征：灭点即是主向灭点 F_z。

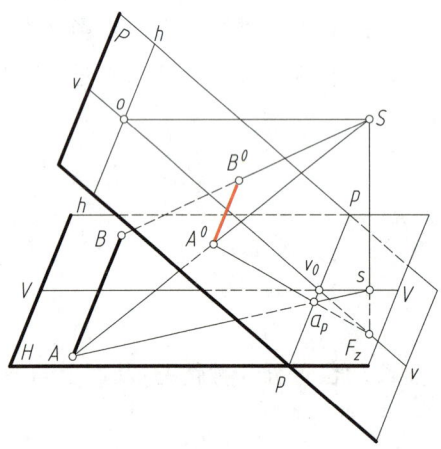
图 7.3.3　平行于基线的直线的透视

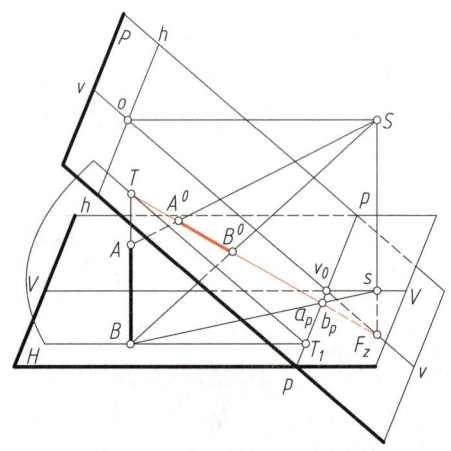
图 7.3.4　基面垂直线的透视

7.3.3　画面平行线的透视

空间情况：如图 7.3.5 所示，直线段 AB 平行于画面 P。

透视特征：

① 画面平行线没有迹点和灭点，直线段 AB 与其透视 A^0B^0 相互平行。

② 画面平行线及其透视之间简比不变，即 $AB : MB = A^0B^0 : M^0B^0$。

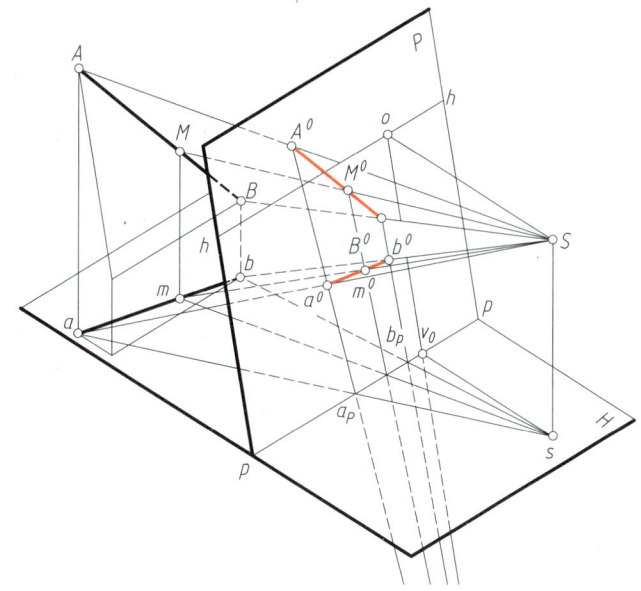

图 7.3.5　画面平行线的透视

7.3.4　画面相交线的透视

这里的画面相交线不包含基面垂直线、基面平行线以及基面上的直线,如图 7.3.6 所示。

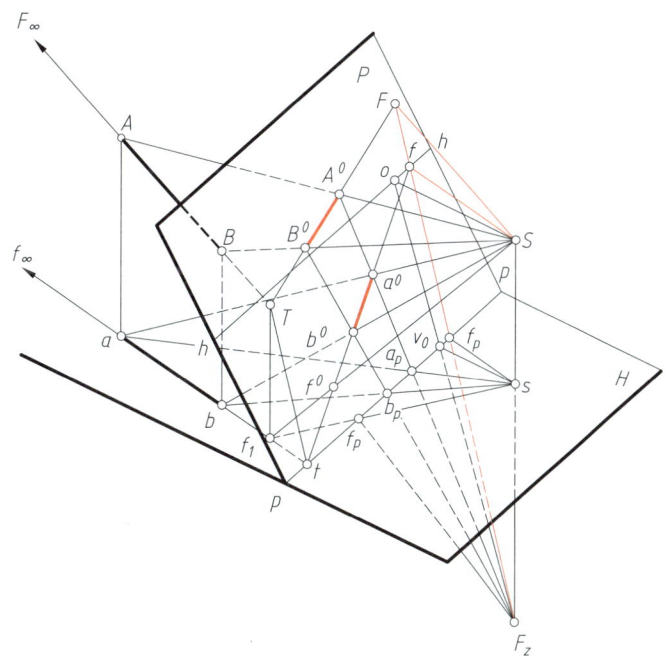

图 7.3.6　画面相交线的透视

空间情况：直线段 AB 为一般位置直线。

透视特征：一条画面相交线,必有一个灭点 F 和一个基灭点 f,基灭点 f 一定在视平线 $h—h$ 上,且 F、f、F_z 三点共线。

对于上述各种位置直线的透视作图,迹点和灭点起到重要作用;有时也利用合点(基面上直线与画面平行的平面在基面上的灭线 h_j—h_j 的交点)。

例如,根据画面上直线的透视求其在基面上的相应直线,除按迹点、灭点法以相反的顺序作图外,还可利用合点作图。如图 7.3.7 所示,延长 A^0B^0 与基线 p—p 相交于点 T,从视点 S 作 A^0B^0 的平行线与 h_j—h_j 相交得合点 J_1,SA^0、SB^0 的延长线与连线 TJ_1 相交,就得到 A^0、B^0 在基面上的相应直线段 AB。

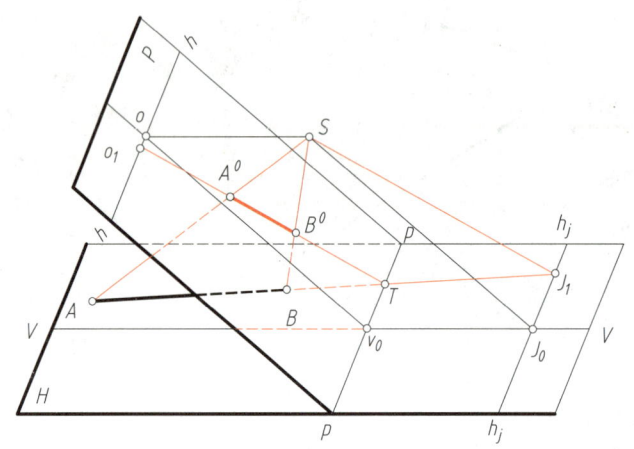

图 7.3.7　合点在透视图中的应用

7.4　视线法绘制倾斜画面透视图

由于倾斜画面透视中的画面倾斜于基面,所以应用视线法作透视图时,要把交于倾斜画面 P 上的各点,绕基线旋转到与基面垂直的面 V 上。

空间情况如图 7.4.1 所示。为使画出的倾斜画面透视符合人们的视觉印象,给人以稳定、庄重的感觉,通常将视点 S 的位置选择在过建筑物的一条主要铅垂线段 AD 且又垂直于画面 P 的平面内。过视点 S 分别平行于建筑物的三个主向 AB、AC、AD 作视线,与画面 P 交得三个主向灭点 F_x、F_y、F_z。根据迹点、灭点和视线求出建筑物的透视。

7.4.1　倾斜画面仰视透视图的绘制

透视作图如图 7.4.2 所示,由于画面与基面的倾角 $\alpha<90°$,为仰视倾斜画面透视。

作图步骤如下:

(1) 在基面上定出基线 p_0—p_0(画面 P 与基面的交线)、站点 s 和建筑物的基投影;在侧面上定出视点的侧面投影 s''、倾斜画面 P_W 和铅垂画面 V_W,画出建筑物的侧面投影图。

(2) 求视平线 h—h 和灭点 F_x、F_y、F_z。在侧面上,过 s'' 分别引 P_W 的垂线、水平线和铅垂线,与 P_W 交得 h_p''、f_x''、f_y'' 和 f_z'',即为视平线和三个灭点的侧面投影。因画面 P 是倾斜的,应将侧面图上的 P_W 连同上面各点,以基线为轴旋转到铅垂画面 V_W 上。在侧面上以 o 为圆心,以 oh_p'' 为半径画圆弧与 V_W 交于 h_v'',过 h_v'' 作水平线到画面上,得视平线 h—h。在基面上,由站点 s 分别引两

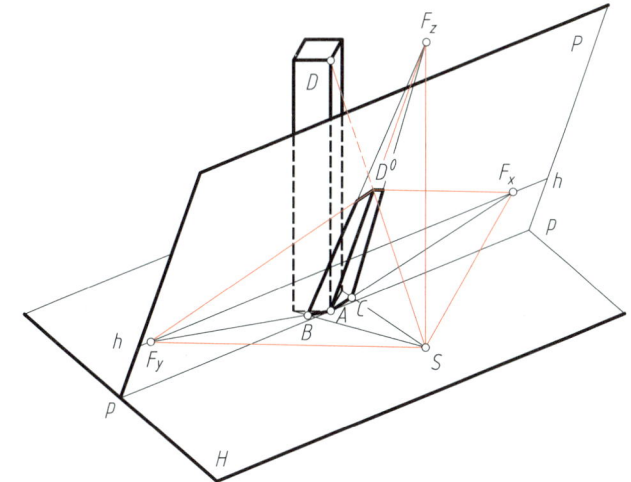

图 7.4.1 斜画面透视空间情况

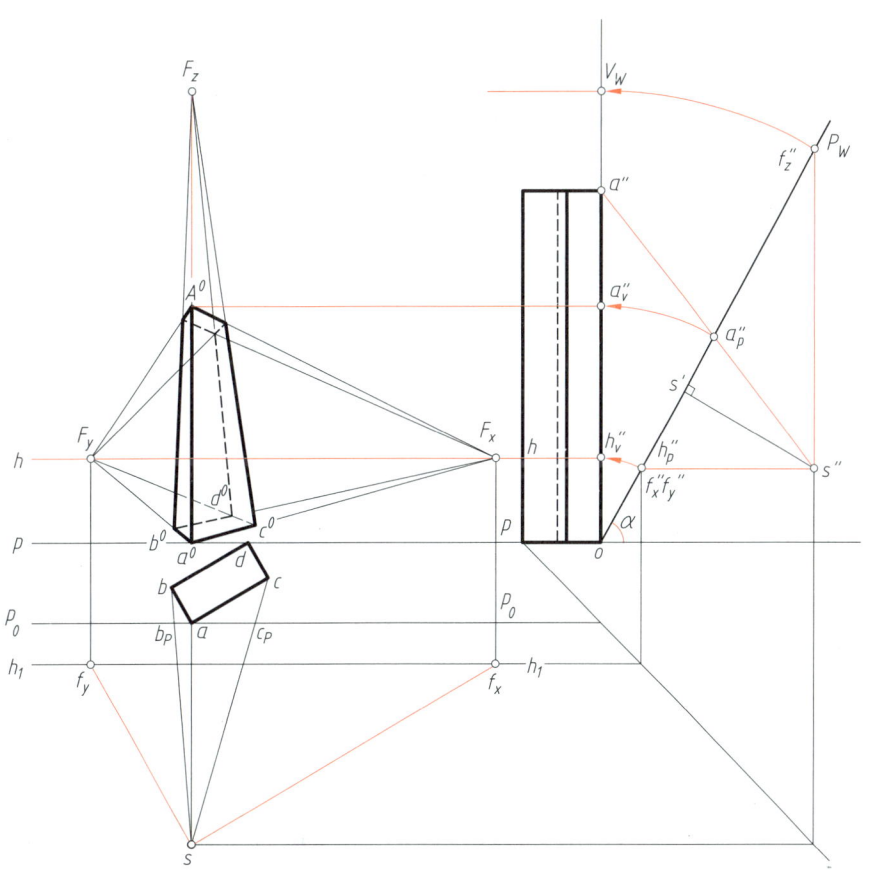

图 7.4.2 视线法作仰视斜透视

条与建筑物水平主向平行的视线,与视平线在基面上的投影 $h_1—h_1$ 交得 f_x 和 f_y,再把它们向上投到画面中的视平线 $h—h$ 上,即得所求两灭点 F_x、F_y。

(3) 求建筑物的透视。为简化作图,用前述求垂直画面透视的视线法求得建筑物的基透视 $a^0c^0d^0b^0$(实际上在倾斜画面透视中,基透视 b^0、c^0、d^0 与垂直画面稍有区别,但对透视图形影响极小),将灭点 F_z 与 a^0、c^0、d^0、b^0 各点相连,构成建筑物上各棱线的全透视。在侧面图中,连接 s''、a'',与 P_W 相交于点 a_p'';再以 o 为圆心、oa_p'' 为半径,旋转到与 V_W 重合,得 a_v'';过 a_v'' 作水平线与 $F_z a^0$ 相交,交点即为建筑物上点 A 的透视 A^0。最后,利用直线的消失特性,完成所求的透视图。

7.4.2 倾斜画面俯视透视图的绘制

图 7.4.3 所示为俯视倾斜画面透视的作图,其透视体系、作图方法与图 7.4.2 所示倾斜画面仰视透视相同。必须指出的是:其透视 a^0、b^0、c^0、d^0 是通过视线迹点法求得(图 7.4.2 中是以垂直画面简化作图求得)。其作法是:连接 s、a 交 p_0—p_0 于点 a_{p0},向上引铅垂线与 p—p 交于 a_p。连 a_p、F_z 并延长,求取点 A 的透视高度得 a^0。连接 s、b 交 p_0—p_0 于点 b_{p0},向上引铅垂线与 p—p 交于 b_p。连接 F_z、b_p 并延长交 $F_y a^0$ 于 b^0,即为棱柱体 Bb 棱线的基透视,实际上是视点 S 及包含 Bb 棱线的视平面与画面的交线,故点 b_p、b^0、B^0、F_z 必在同一直线上。基透视 c^0、d^0 作法相同,不做重复。

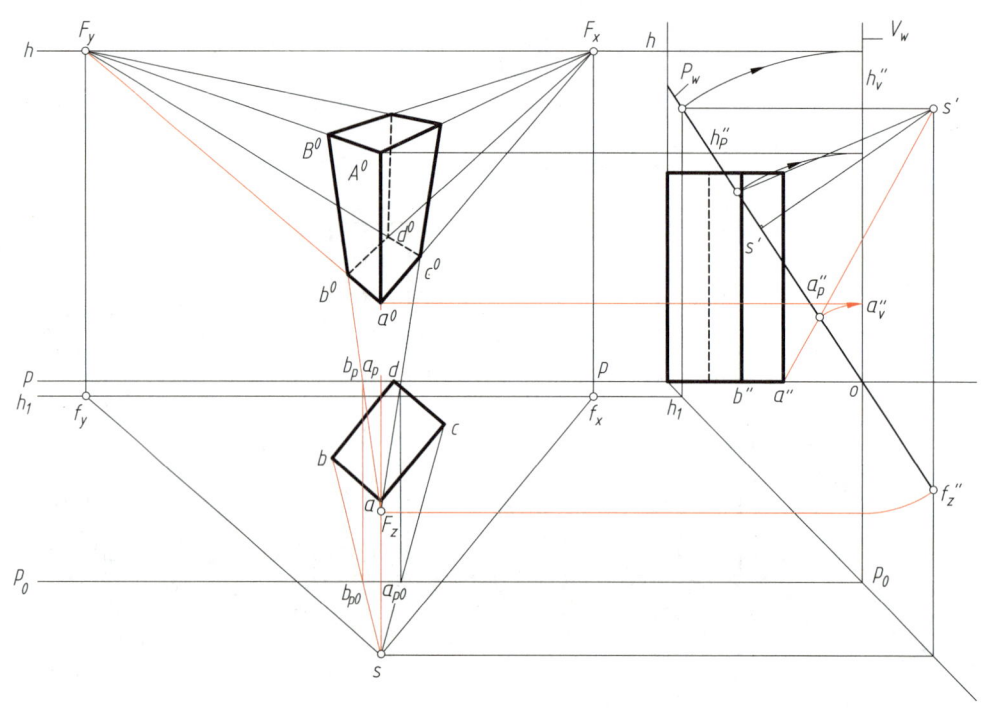

图 7.4.3 视线法作俯视斜透视

7.5 交点法绘制倾斜画面透视图

用视线法、量点法等方法作透视图,都因灭点远离画面中心而使作图过程烦琐、费时。作倾斜画面透视时,三个方向的灭点及物体真实高度透视的求取等就更加复杂。交点法可避免上述问题,适用于倾斜画面(三点透视)的透视作图。

7.5.1 交点法作倾斜画面透视图原理

如图 7.5.1 所示,以基面垂直线段 AA_1 的透视作图为例,说明交点法作倾斜画面透视图的原理及其作图过程。图 7.5.1 所示为铅垂线段的三面投影 aa_1、$a'a_1'$、$a''a_1''$,画面、站点、视平线、辅助灭点 F_{60} 等。由 a'、a_1'(或 a''、a_1'')引水平辅助线与倾斜画面 P_W 交于点 a_s''(a_F'')和 a_{1s}''(a_{1F}'')。以 h—h 为轴将倾斜画面 P_W 作逆时针旋转至正面投影 V 的位置,则得到 A、A_1 在画面 P 上透视真高线顶、底端线 H_1' 和 H_2' 及其水平投影 H_1 和 H_2。由 $a(a_1)$ 引 60°辅助线(以虚线表示)交 H_2 于点 a_{1F}、交 H_1 于点 a_F。再由 a_{1F} 和 a_F 引铅垂线分别交 H_2' 于点 a_{1F}',交 H_1' 于点 a_F',连接 F_{60}、a_F' 和 F_{60}、

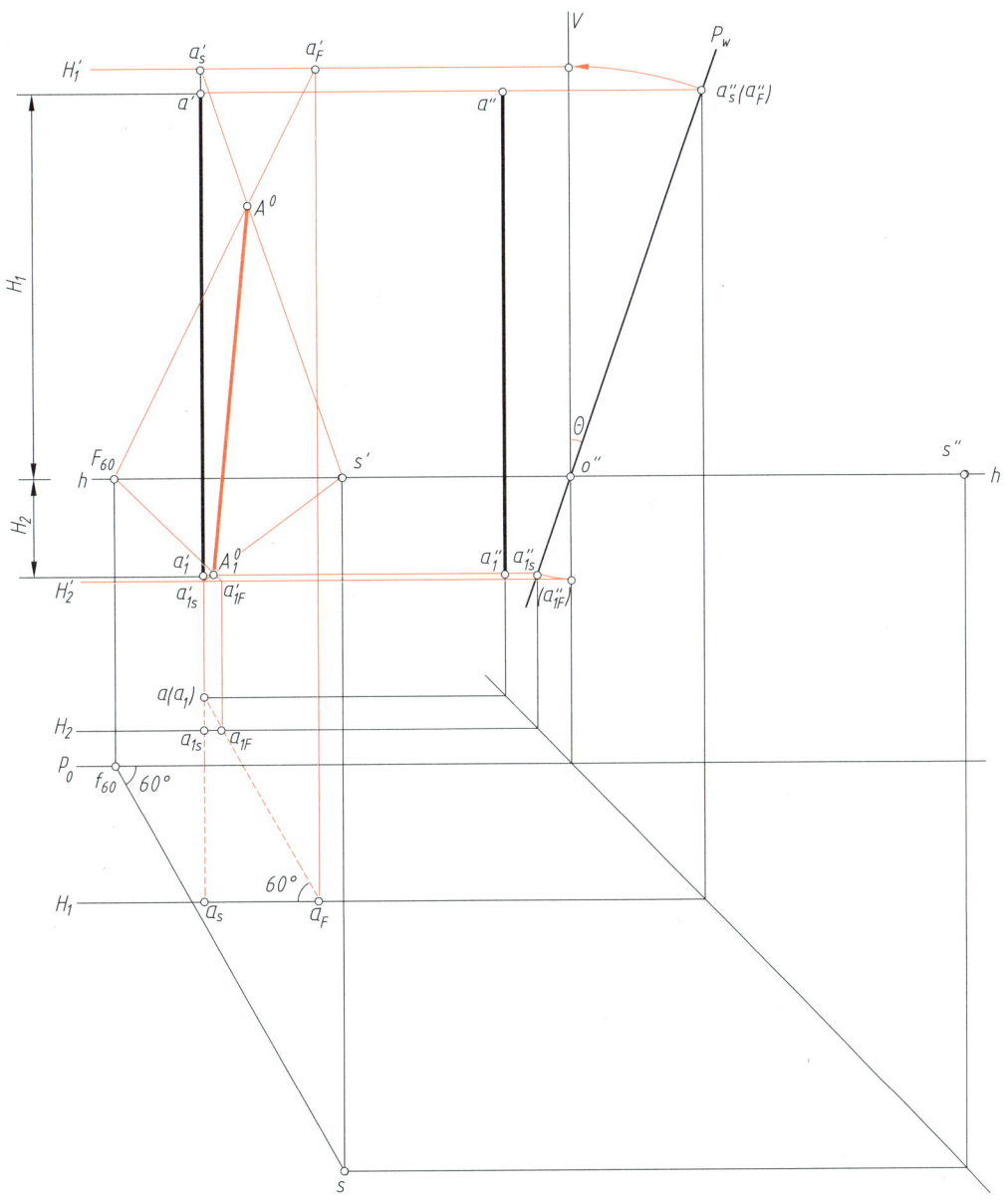

图 7.5.1 交点法作倾斜画面透视原理

a'_{1F}(即为过端点 A 与 A_1F_{60} 方向辅助线的全透视)。同样由 $a(a_1)$ 引与主视线平行的辅助线交 H_2 于点 a_{1s},交 H_1 于点 a_s,并由 a_{1s}、a_s 引铅垂线分别交 H'_2 于点 a'_{1s},交 H'_1 于点 a'_s,连接 s'、a'_{1s} 和 s'、a'_s(即为过端点 A 与 A_1 主视线方向辅助线的全透视),分别交 $F_{60}a'_F$ 于点 A^0,交 $F_{60}a'_{1F}$ 于点 A_1^0,则 $A^0A_1^0$ 即为 AA_1 线段在倾斜画面上的透视投影。

从以上作图过程可以知道,当物体与位置、画面、站点、视平线、辅助灭点等设定后,从而作出 H'_1 和 H'_2(透视真高线的顶、底端线)及其水平投影 H_1 和 H_2,就可以按交点法的原理与作图过程作倾斜画面的透视。

7.5.2 交点法作倾斜画面透视图

图 7.5.2 所示为一高层建筑物,求作倾斜画面透视图。作图步骤如下:

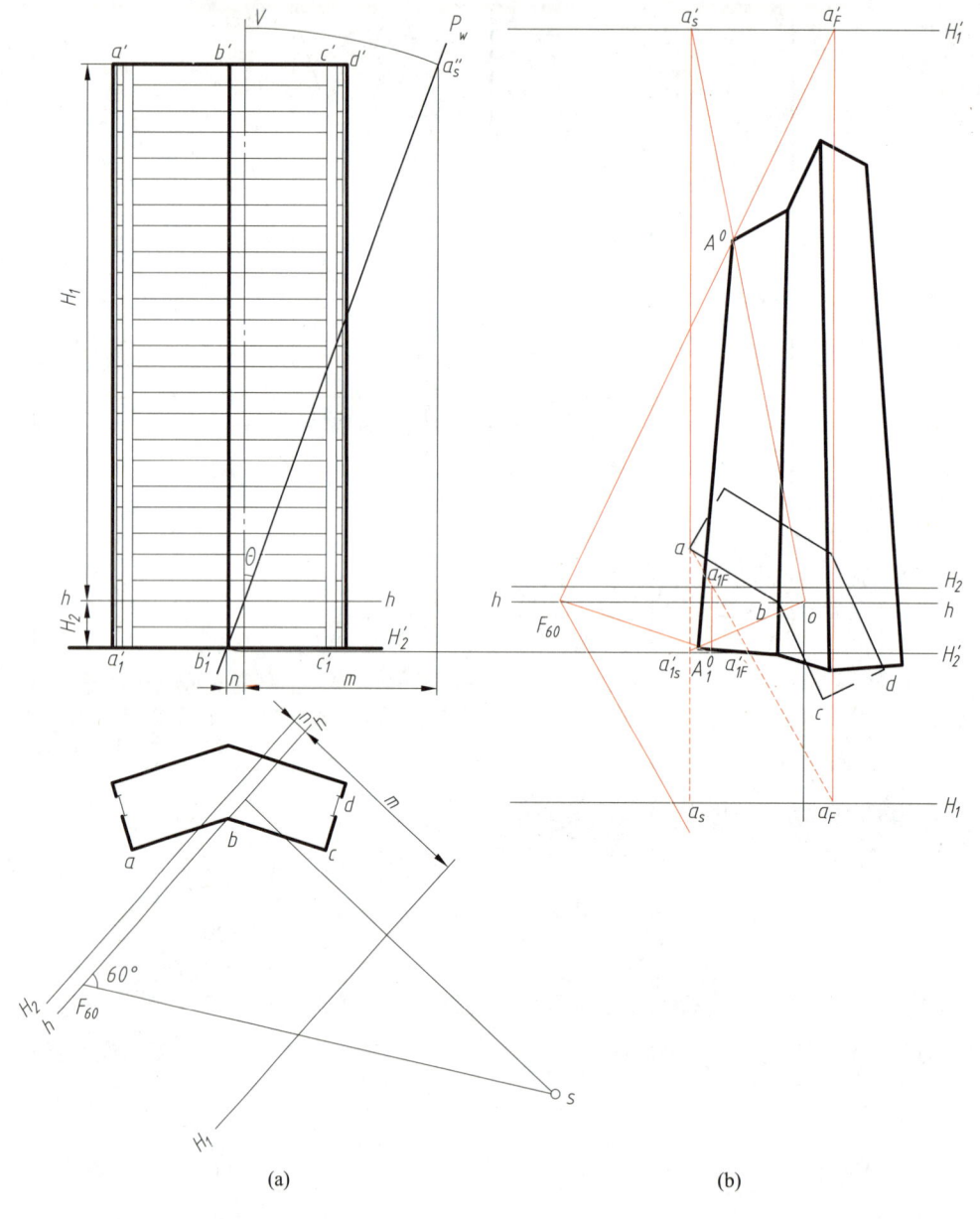

(a)　　　　　　　　　　　　　　(b)

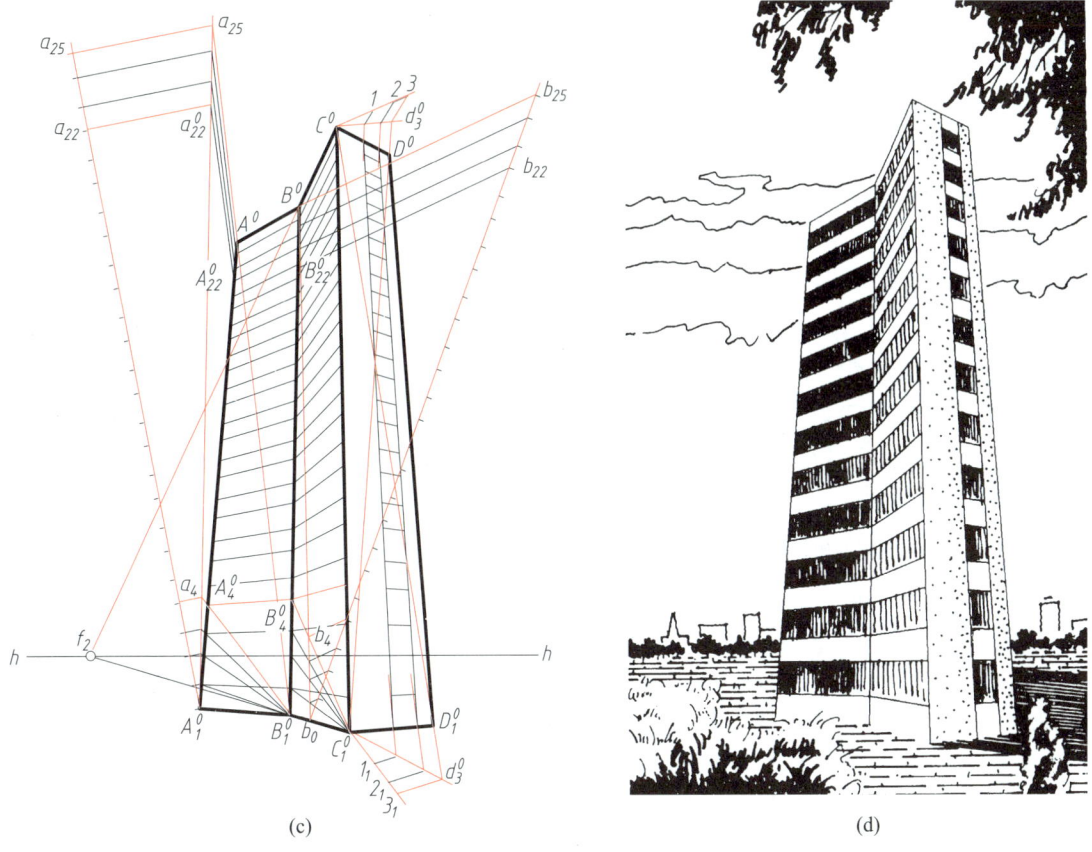

图 7.5.2 倾斜画面透视图

(1) 根据透视图所要表达的意愿,设定视点、倾斜画面、视平线、辅助灭点 F_{60} 等。为了方便作图,将倾斜画面的积聚性投影与建筑物正面投影重叠,如图 7.5.2a 所示。

(2) 求作建筑物可见棱线 A、B、C、D(同高)的透视真高的顶、底端线 H'_1 与 H'_2 及其水平投影 H_1 与 H_2,H'_1 与 H'_2 距视平线 h—h 的水平距离分别为 n、m。为了作图方便、清晰,将水平投影图形移至与正面投影关系相应的作图区域(图 7.5.2b)。

(3) 顺序作各棱线段 AA_1、BB_1、CC_1、DD_1 的透视。如作棱线段 AA_1 的透视,首先由点 a 引辅助线(为了区别于其他图形线,作图线以虚线表示)交 H_1 于点 a_F,交 H_2 于点 a_{1F}。再由 a_F、a_{1F} 分别引铅垂线交 H'_1 于点 a'_F,交 H'_2 于点 a'_{1F}。连接 $F_{60}a'_F$ 和 $F_{60}a'_{1F}$,即为过棱线端点 A、A_1 的 F_{60} 方向辅助线的全透视。再由点 a 引与主视线平行的辅助线,分别交 H'_1 于点 a'_s,交 H'_2 于点 a'_{1s},连接 oa'_s 和 oa'_{1s},即为过棱线端点 A、A_1 主视线方向辅助线的全透视。这两组辅助线全透视的交点为 A^0、A^0_1,连接 A^0、A^0_1 即为建筑物 AA_1 棱线的透视。同理,可作出 BB_1、CC_1、DD_1 各棱线段的透视,连接相关点即得该高层建筑物可见轮廓的透视(图7.5.2b)。

(4) 为了作图清晰,将所得的轮廓图形移至适当的作图区域(图 7.5.2c),作建筑物的细部划分。对倾斜画面透视的细部简捷作图方法分述如下:

① 正面水平带窗的划分。首先对面 $B^0C^0C^0_1B^0_1$ 作水平带窗划分。由点 B^0 作线 B^0b_0 平行于线 $C^0C^0_1$,并对 B^0b_0 作水平带窗的同比划分:由点 b_0 作任意辅助线,并截取 b_0b_{25} 为建筑物立面真

高 BB_1 及其水平带窗各分点(共 25 格)。连接 B^0、b_{25},由各分点作 B^0b_{25} 的平行线交 B^0b_0 于诸点 b_1、b_2、b_3、b_4、…(为避免线、字重叠,仅标注 b_4 点)。由 C_1^0 连接各点 b_1、b_2、b_3、b_4、…,并延伸交棱线 $B^0B_1^0$ 于点 B_1^0、B_2^0、B_3^0、B_4^0、…,即为水平带窗同比划分的各透视点。该各个点与灭点 f_2 连接即得 $B^0C^0C_1^0B_1^0$ 面水平带窗的透视划分。

$A^0B^0B_1^0A_1^0$ 面与 $B^0C^0C_1^0B_1^0$ 面完全相同,但水平线 A^0B^0 与 $A_1^0B_1^0$ 的灭点在图面外,不方便利用。则可对棱线 $A^0A_1^0$ 作与棱线 $B^0B_1^0$ 相同的划分。由点 A_1^0 作 $B^0B_1^0$ 的平行线,连接 B_1^0、A^0 并延长交于 a_{25}^0。对 $A_1^0a_{25}$ 辅助线作水平带窗同比划分:由点 A_1^0 作任意辅助线,并截取 $A_1^0a_{25}$ 点为建筑物主立面真高 AA_1 及其水平带窗各分点。连接 a_{25}、a_{25}^0,并由各分点 a_{24}、a_{23}、a_{22}、…分别作 $a_{25}a_{25}^0$ 的平行线交 $A_1^0a_{25}^0$ 于点 a_{24}^0、a_{23}^0、a_{22}^0、…。由点 B_1^0 分别与各点 a_{24}^0、a_{23}^0、a_{22}^0、…连接交 $A^0A_1^0$ 于各点 A_{24}^0、A_{23}^0、A_{22}^0、…,即为棱线 $A^0A_1^0$ 水平带窗同比划分的各透视点。与棱线 $B^0B_1^0$ 上同一水平(同编号)点相连,即得到 $A^0B^0B_1^0A_1^0$ 面上与 $B^0C^0C_1^0B_1^0$ 面相应的水平带窗的透视划分线。

② 侧面竖向窗划分。对棱线 C^0D^0(和 $C_1^0D_1^0$)作竖向窗宽度的同比划分,由点 C^0 作辅助线平行于 $C_1^0D_1^0$,连接 C_1^0、D^0 并延长交辅助线于 d_3^0。对 $C^0d_3^0$ 作竖向窗与墙的同比划分:由点 C^0 作任意辅助线,并从建筑物水平投影图上截取窗、墙的宽度尺寸,得点 1、2、3。连接 $3d_3^0$,并由点 1、2 作 $3d_3^0$ 的平行线得同比点 d_1^0、d_2^0(未标注,见作图线)。由点 C_1^0 连接 d_1^0、d_2^0 交 C^0D^0 于点 D_1^0、D_2^0(未标注,见作图线)。点 D_1^0、D_2^0 即为窗、墙宽度的同比透视划分点。同理,可得棱线 $C_1^0D^0$ 的同比透视划分点。连接对应点,即得窗宽透视。竖向窗的高度与正面水平带窗的高度相同,可利用 C^0D^0 的灭点 f_3 或对 $D^0D_1^0$ 作如棱线 $A^0A_1^0$ 的划分,从而得到竖向窗高度的透视。

(5) 加绘建筑物的背景(图 7.5.2d)。

第 8 章

透视图的阴影及倒影和虚像

在空间形体透视图中加绘阴影、倒影和虚像,可使所画的空间形体更具有真实感,增强了所示空间形体的艺术效果。透视图中加绘阴影、倒影和虚像指的是在已有的空间形体透视图上,按选定的光线方向直接作出同一透视下空间形体的阴影、倒影和虚像(为叙述简洁下面只提阴影)。

在已有的透视图中加绘阴影,本质上是将空间的形体和该形体在落影面上的阴影同时绘制在同一个透视画面上,即在已有的透视图上加绘形体阴影的透视图。

绘制形体透视图中阴影的基础,是点在画面上的落影透视点的绘制。

标识约定(图 8.1.1):点在落影面上的落影,就是通过该点的光线与落影面的交点。如果按照本书前面的约定,空间有一点 A,它落于地面(H 面)上的落影就记为 A_h,点 A 在画面 P 上的透视就记为 A^0。那么点 A_h 在 P 面上的透视应标为 A_h^0,即为点 A 落影的透视。为了简化表述,在透视的阴影中,凡是不会混淆的地方,将 A_h^0 改标记为 A_0,即点 A 加注下角标 0 表示(落影的脚注不与落影面的字母相同,下角标均为"0"),亦不在右上角加注角标"0",需要绘制的落影透视 A_0、B_0、C_0 等也直接称为落影(或影),不加"透视"两字。

8.1 平行透视与成角透视中的阴影

绘制透视图中的阴影一般采用平行光线(如太阳光)。光线方向按与画面的相对位置分为两种:一种是平行于画面的平行光线,称为画面平行光线;一种是与画面相交的平行光线,称为画面相交光线,光线的透视应符合直线的透视规律。

8.1.1 光线平行于画面时的透视阴影

1. 光线平行于画面的透视特征

空间情况:如图 8.1.1 所示,光线 L 平行于画面 P,光线的基投影 l 平行于基线 $p—p$。

透视特征:由于光线 L 平行于画面 P,故无灭点和基灭点;光线的透视 L^0 与光线 L 平行;光线的基透视 l^0 与视平线 $h—h$ 平行;L^0 与基线 $p—p$ 的夹角 α 反映光线对基面的真实倾角。

光线的照射方向,可以为从右上方射向左下方,也可以为从左上方射向右下方。倾角 α 的大小可根据需要选定。

2. 点的落影

点在一个落影面上的落影仍为一点。求该点的落影,就是求通过该点的光线与落影面的交点。在落影面上的点,其落影与本身重合。在透视图中求点的落影,其实质是求点的落影的透视。

在透视图上作点的落影的透视时,由于光线的透视和落影面的透视均是位于画面上的图形,不能像在空间那样能够由光线与落影面上的投影直接求出落影来。于是应用画法几何中的方法,设想在空间中过光线作一辅助平面,辅助平面与落影面交得一条交线,交线与光线交得影子。于是在透视图上,画出辅助平面的透视;作出辅助平面与落影面的交线的透视,该交线的透视与光线的透视交得落影的透视(图 8.1.1)。

上述关系可解释为(图 8.1.1):因为光线的透视 L^0 通过点 A^0 和点 A_0,故光线的基透视 l_0 通过 a^0 和 A_0,所以 A_0 既位于 L^0 上,又位于 l_0 上,而为它们的交点。

具体作图:只要经过点的基透视作与基线 $p—p$ 平行的直线,该直线与引自透视点的光线透视相交就可得出所求的落影的透视。

如图 8.1.2 所示,已知空间点 A 的透视 A^0 及基透视 a^0,求点 A^0 在基面上的落影 A_0。

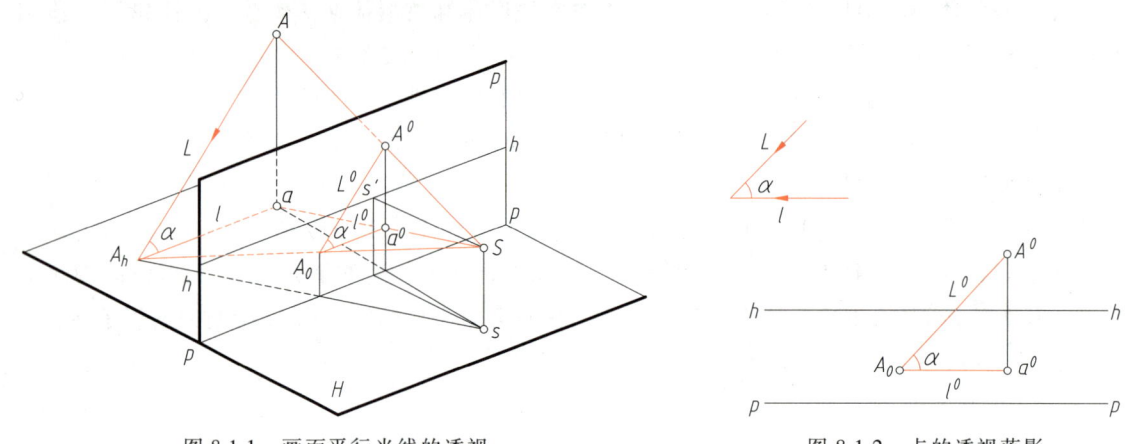

图 8.1.1　画面平行光线的透视　　　图 8.1.2　点的透视落影

过 A^0 作光线 L 的透视 L^0,过基透视 a^0 作光线的基透视 l^0,两线的交点即为点 A^0 的落影 A_0。

图 8.1.3 是以竖直的墙面 $A^0 a^0 b^0 B^0$ 作为落影面,点 C^0 在墙上的落影为 C_0,作图是通过点 c^0 作光线的基透视 l^0,与 $a^0 b^0$ 交于点 c_0,由 c_0 向上作垂线,与过点 C^0 的光线的透视 L^0 交于点 C_0。或理解成,通过 $C^0 c^0$ 的光平面与地面的交线为 $c^0 c_0$,与墙面的交线为 $c_0 C_0$,$c_0 C_0$ 与过点 C^0 的光线的透视 L^0 的交点即为所求的落影点 C_0。

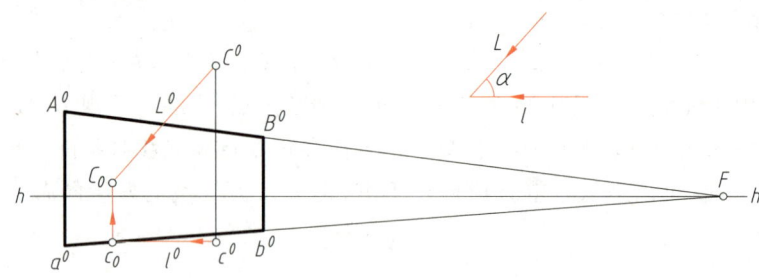

图 8.1.3　点在墙面上的透视落影

3. 线的落影

线(直线或曲线)在落影面(平面或曲面)上的落影,是通过该线的光平面与落影面的交线。若落影面为平面,则直线落在该面上的影子为一条直线。作图时,只要求出直线上两端点的落影,然后相连即为所求。如图 8.1.4 所示,直线 A^0B^0 在地面上的落影 A_0B_0,为通过 A^0B^0 的光平面与地面的交线。现根据光线的方向,按求点在落影面上的落影方法求出 A_0、B_0,将 A_0、B_0 连成直线即为所求。

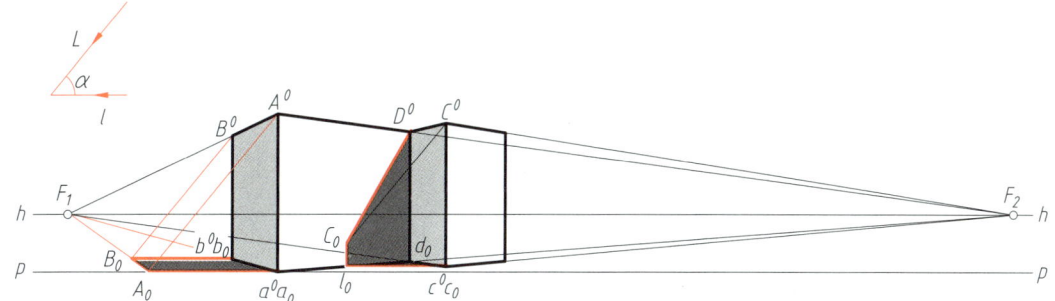

图 8.1.4　画面平行线下形体的透视阴影

线的落影具有下列性质:

(1) 线落影的相交性质

线(直线或曲线)与落影面(平面或曲面)相交时,线的落影通过交点。如图 8.1.4 所示,直线 A^0a^0 与地面交于点 a^0,其落影 A_0a_0 通过交点 a^0。

一直线在两个相交落影面上的两段落影的折点必位于两落影面的交线上。如图 8.1.4 所示,C^0c^0 落于地面和墙面上的影子 c_0l_0 和 l_0C_0,相交于墙角线 a^0d^0 上的点 l_0。

两相交直线在同一落影面上的落影必然相交,落影的交点为两直线交点的落影。如图 8.1.4 所示,A^0a^0 与 A^0B^0 的交点 A^0 的落影为 A_0,为 A_0a_0 和 A_0B_0 的交点。

直线与落影面垂直时,直线在该面上的落影方向与光线在这个平面上的正投影方向相同。如图 8.2.4 所示,A^0a^0 垂直于地面,则落影 $A_0a_0 /\!/ l$,为水平方向。

(2) 线透视落影的平行性质

一直线平行于画面时,其落影与直线的透视互相平行。如图 8.1.4 所示,直线 C^0c^0 平行于画面(墙面)$ADda$,故落影 $C_0l_0 /\!/ C^0c^0$。

一组平行直线在画面平行面上的落影仍是一组平行直线。

与落影面平行的画面相交线的落影与其透视共灭点。如图 8.1.4 所示,AB 平行于地面,A^0B^0 与 A_0B_0 不平行,而是相交于同一灭点 F_1。

一组互相平行的画面相交线,在与画面相交的落影面上的落影是属于灭点的线束。

4. 平面的透视落影

平面多边形在一个落影面上的透视落影,在一般情况下为类似形。

① 当平面多边形与光平面平行时,落影为直线。

② 一平面多边形的透视落影,若各角点标注顺序旋转方向相同时,此平面为阳面,反之为阴面。在图 8.1.4 中,立体侧面透视为 $a^0A^0B^0b^0$,其落影点 $a_0A_0B_0b_0$ 与平面的透视旋转方向相反。

所以,可判定立体侧面 $aABb$ 为阴面。

5. 平面立体的透视阴影

已知立体的透视和光线,求作阴影,主要是求阴线的影和判别阴面。

求透视图阴影的方法,一般采用光线迹点法、光截面法、返回光线法和扩大平面法等方法。

图 8.1.5 为立方体的透视图阴影。光线从左上方照射,根据立方体的位置,其顶面、前面和左侧面为阳面,其他面为阴面(面 1、2、3)。立方体的阴线是 a^0A^0、A^0B^0、B^0C^0、C^0c^0,落影面为基面(地面)。作图时,只要求出上述阴线的落影,即得立方体的透视图阴影。根据直线落影的性质,直线段 A^0a^0 和 C^0c^0 垂直于基面,其落影为水平线段,和光线的基透视 l 平行;直线段 A^0B^0 和 B^0C^0 为基面平行线,且与画面相交,落影与其相应的透视共灭点。

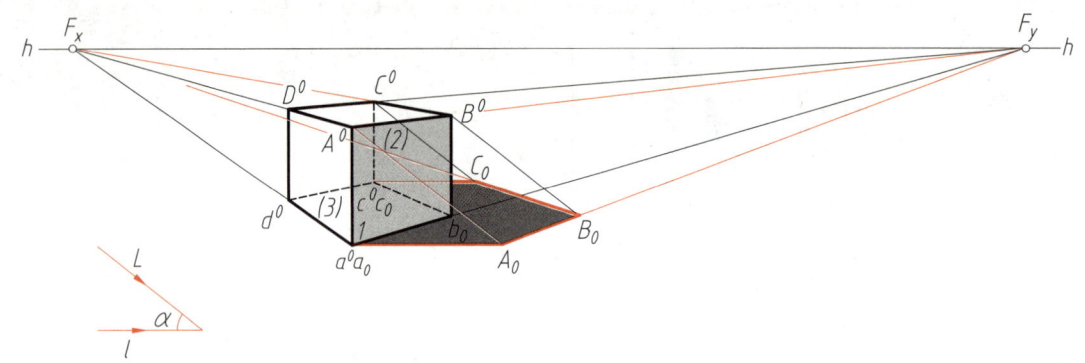

图 8.1.5　立方体的透视图阴影

作图步骤如下:

① 用光线迹点法作图。过透视点 A^0、B^0 作光线 L 的平行线,过 a^0、b^0 作光线的基投影 l 的平行线(水平线),两组线相交得落影点 A_0、B_0,点 a^0 的落影 a_0 与 a^0 自身重合。A_0a_0 为铅垂线 A^0a^0 在基面上的落影,则 $A_0a_0 \parallel l$。连线 A_0B_0 与其透视 A^0B^0 共灭点 F_y。

② B_0F_x 与过点 C^0 的光线 L 的平行线相交得点 C_0,连水平线 C_0、c^0,完成立方体在基面上的阴影作图。

图 8.1.6 所示为一带斜面的立体及一铅垂标杆 A^0a^0 的透视阴影。

光线从右上方照射,立体透视的阴线为 c^0C^0、C^0D^0 和 D^0E^0,后立面和左侧立面为阴面,落影面为基面(地面)。标杆 A^0a^0 的落影面为基面(地面)、直立面 I 和斜面 II。

透视图阴影作图步骤如下:

① 用光线迹点法求立体透视图阴影。过基透视 c^0、d^0 分别引光线的基投影 l 的平行线,过透视 C^0、D^0 分别引光线 L 的平行线,两线相交得落影点 C_0、D_0。因直线段 CD 是画面相交线,其落影 C_0D_0 的灭点为 F,是底面灭线与包含 C^0D^0 的光平面灭线的交点。在画面平行光线下,光平面的灭线 FF_3 与光线 L 平行。阴线 DE 与基面平行,故其落影灭点为 F_2。过点 E^0 作光线 L 的平行线与 D_0F_2 交于点 E_0,$c_0C_0D_0E_0e_0$ 为立体的透视图阴影。

② 求透视标杆在各落影面上的落影。其在基面上的落影为一水平线段 $a_0 1_0$,1_0 为折影点,通过点 1_0,落影到面 I 上,$1_0 2_0$ 仍为铅垂线。其落影自点 2_0 转折到斜面 II 上。点 A 在面 II 上的落影 A_0 可用光截面法求出,即过 A^0a^0 作光平面,与落影面的交线即为所求。此交线 $2_0 3_0$ 是通过延

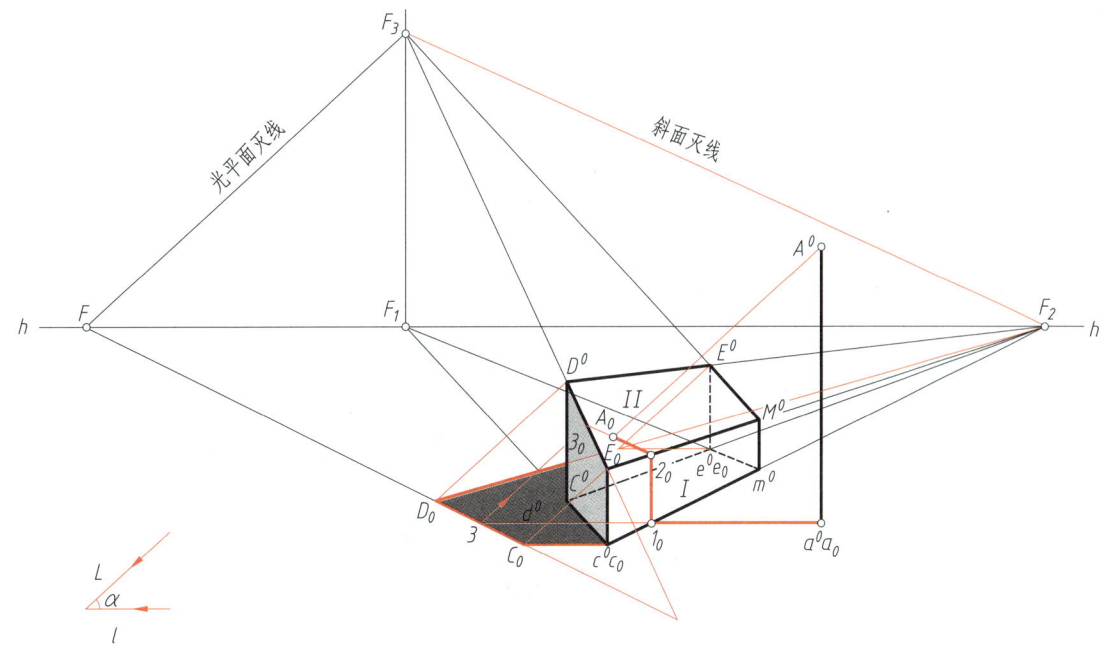

图 8.1.6 立体与铅垂线段的透视图阴影

长光线的基透视 a^0 与 C_0D_0 相交于点 3,过点 3 用返回光线与 C^0D^0 相交得点 3_0,再过点 A^0 作光线 L 的平行线与 2_03_0 交于点 A_0。在画面平行光线下,影线 2_0A_0 位于过 A^0a^0 的光平面内,所以,2_0A_0 与落影面 II 的灭线 F_2F_3 平行,且 2_0A_0 没有灭点。

图 8.1.7 所示是台阶透视的阴影。光线从左上方照射,左侧挡墙的阴线为 a^0A^0、A^0B^0、B^0C^0、C^0D^0,相对应的落影面是地面、台阶的踢面、踏面、墙面。右侧挡墙的阴线为 e^0E^0、E^0M^0、M^0N^0、N^0Q^0,落影面为地面、墙面。

作图步骤如下:

1) 求左侧挡墙阴线在地面、踢面、踏面和墙面上的落影。

① 求阴线 a^0A^0 在地面上的落影,根据已知的光线方向,求出点 A^0 在地面上的落影 A_0,连 a_0A_0 即为所求。

② 求阴线 A^0B^0 在地面和踢面 I 上的落影,利用直线透视的消失特性作图,连 A_0、F 与踢面 I 交于点 1_0,A_01_0 为 A^0B^0 上的 A^01^0 在地面上的落影。设想使面 I 扩大,与 A^0B^0 延长线交于点 1,连线 11_0,再过点 B^0 作光线 L 的平行线与 11_0 交于点 B_0,B_01_0 就是 A^0B^0 在 I 面上的落影。

③ 求阴线 B^0C^0 落在 I、II、III、IV 面上的影,先将 II 面扩大,使与 B^0C^0 的延长线交于点 2,再利用点 C^0 在面 II 上的透视 c_2,求出点 C^0 在面 II 上的虚影 C_0,连接点 2、C_0,在面 II 范围内的一段 2_03_0,就是阴线 B^0C^0 在面 II 上的落影,连 2_0、B_0 即为阴线 B^0C^0 在面 I 上的一段落影。

阴线 B^0C^0 及 C^0D^0 在其他各落影面上的落影,均按此法分析作图。

2) 求右侧挡墙阴线在地面、墙面上的落影。

按前述方法分别求出阴线 e^0E^0、E^0M^0 在地面上的落影 e_0E_0、E_0M_0。然后求阴线 N^0Q^0 在地

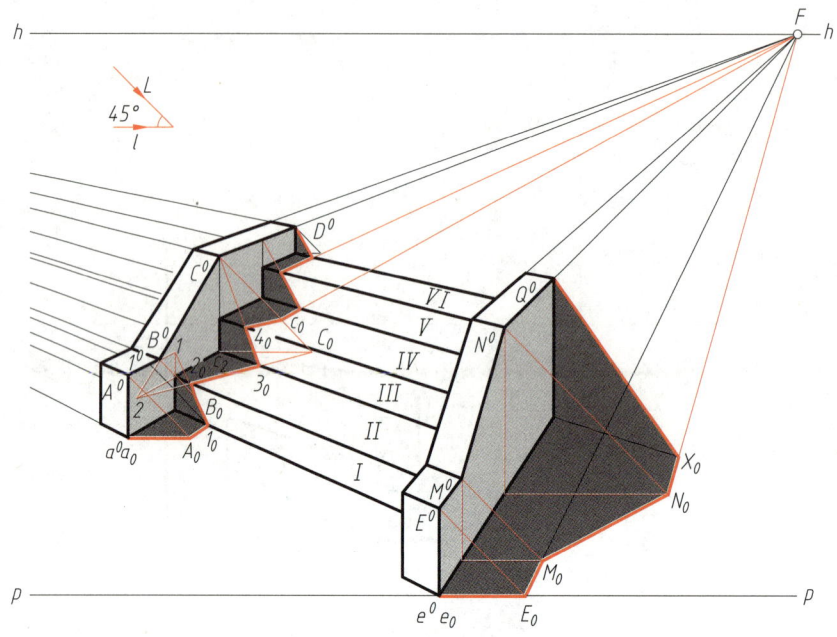

图 8.1.7 台阶透视的阴影

面上的落影,先求点 N^0 在地面上的落影 N_0,连 N_0、M_0 得阴线 N^0M^0 在地面上的落影,连 N_0、F,与墙角线交于 X_0,N_0X_0 为 N^0Q^0 在地面上的一段落影,连 Q^0、X_0 即为 N^0Q^0 在墙面上的落影。

8.1.2 光线与画面相交时的透视阴影

1. 光线的方向及其落影透视的特征

如图 8.1.8a 所示,光线从画面前上方射向画面的正面,光线灭点 F_L 位于视平线 $h—h$ 以下,在立体的两个主方向灭点 F_x、F_y 之间,立体的两个可见立面都受光,为阳面,俗称顺光面。

图 8.1.8b 中,光线从画面后上方射向画面。光线的灭点在视平线 $h—h$ 上方,这种受光情况称为逆光。

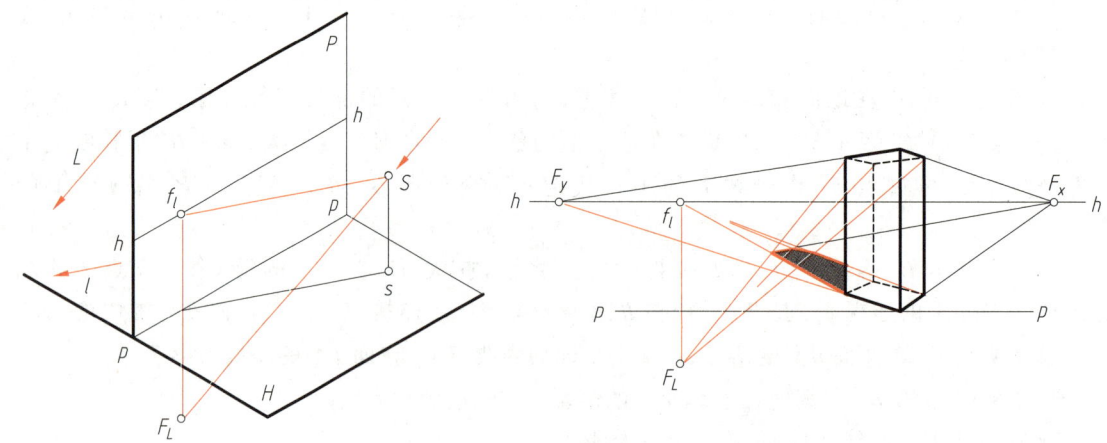

(a) 由画面前射向画面(物体顺光)

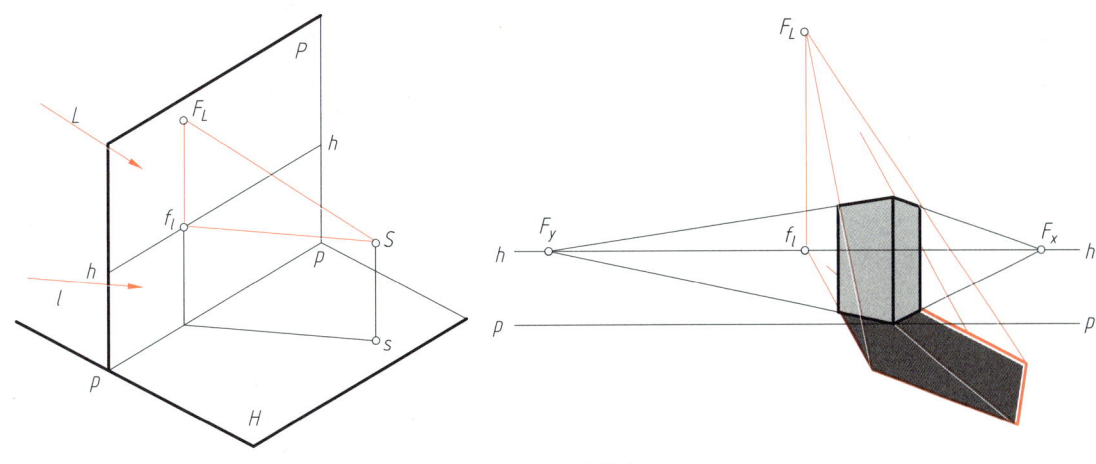

(b) 由画面后射向画面(物体背光)

图 8.1.8 画面相交光线

2. 点的透视落影

图 8.1.9 中,已知点 A 的透视 A^0 和基透视 a^0 及光线灭点 F_L 和基灭点 f_l,求点 A^0 的落影。

画面相交光线下影的透视作图方法与画面平行光线下的透视阴影作图方法相同,点在落影面上的落影是过该点的光线与落影面的交点。

将点 A^0 与灭点 F_L 相连,连线 $A^0 F_L$ 为过点 A^0 的光线的透视;a^0 与基灭点 f_l 相连,其连线 $a^0 f_l$ 为过点 A^0 光线的基透视。$A^0 F_L$ 与 $a^0 f_l$ 的交点 A_0,即为点 A^0 的落影。

3. 直线的透视落影

(1) 迹点法求落影

图 8.1.10 中,已知矩形线框的透视和光线的灭点 F_L 及基灭点 f_l,求基面上线框的落影。

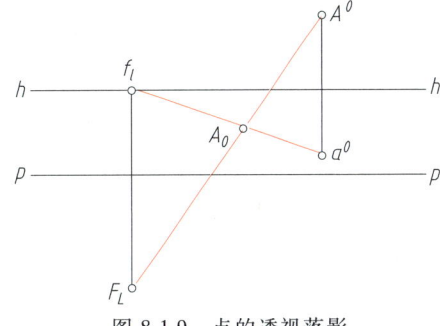

图 8.1.9 点的透视落影

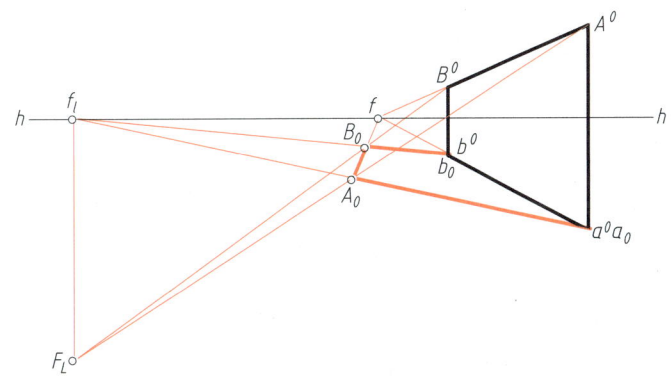

图 8.1.10 矩形线框的透视落影

根据线面迹点法求出各阴点的落影,作图方法见图 8.1.10。利用直线透视的消失特性完成阴影作图。因直线 A^0a^0、B^0b^0 为铅垂线,所以,在基面上的落影与光线的基透视共灭点 f_l。直线 A^0B^0 为基面平行线,在基面上的落影与该直线共灭点 f。所以,自 A_0 向 f 引直线,与过点 B^0 的光线交于 B_0,A_0B_0 即为 A^0B^0 的落影。

(2) 直线落影的灭点

直线落影的灭点就是通过该直线的光平面和落影平面的灭线的交点。下面通过图 8.1.11 着重说明直线落影的灭点。

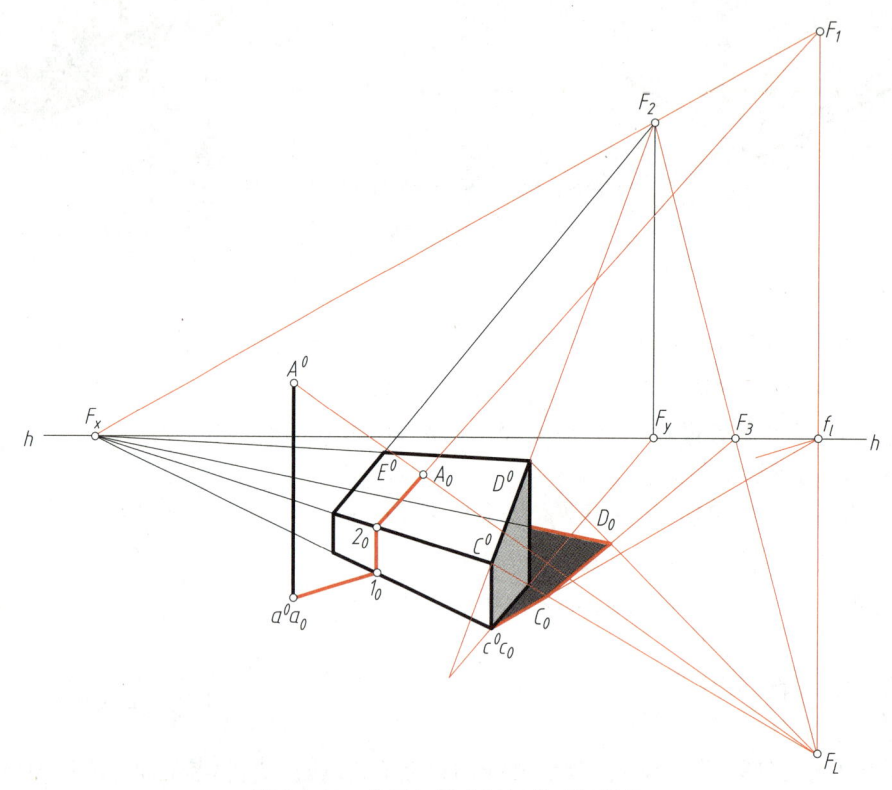

图 8.1.11 房屋与铅垂标杆的透视阴影

图 8.1.11 中,已知房屋和一铅垂标杆的透视及光线灭点 F_L 和基灭点 f_l,求透视阴影。

求铅垂线段 A^0a^0 的落影。铅垂线在基面(地面)上的落影的灭点为光线的基透视的灭点 f_l。A^0a^0 的下端点 a^0 位于基面上,其落影 a_0 与 a^0 自身重合。连接 $a^0 f_l$ 与墙角线交于点 1_0,$a_0 1_0$ 为阴线 A^0a^0 落在地面上的影,1_0 为折影点。由于 A^0a^0 平行于墙面,所以,落影 $1_0 2_0$ 与 A^0a^0 平行。从 2_0 开始,A^0a^0 的影子落到斜屋面上,斜屋面的灭线为 F_xF_2,包括铅垂线 A^0a^0 的光平面是铅面,其灭线为铅垂线 f_lF_L,两灭线的交点 F,就是 A^0a^0 在斜屋面上落影 2_0A_0 的灭点。

求房屋在地面上的透视落影。先按上述方法求出阴线 C^0c^0 的落影 c_0C_0。然后求山墙斜线 C^0D^0 的落影。包含 C^0D^0 的光平面灭线,就是 C^0D^0 的灭点 F_2 与光线灭点的连线 F_2F_L。它与基面灭线(视平线)的交点 F_3,就是 C^0D^0 在基面上的落影 C_0D_0 的灭点,连接 C_0、F_3 与过 D^0 点的光线的透视 D^0F_L 交于点 D_0,C_0D_0 即为 C^0D^0 在地面上的落影(点 D^0 的落影 D_0 也可按求 C_0 的方法求得)。阴线 D^0E^0 在地面上的落影 D_0E_0(E_0 在图中未标出)与 D^0E^0 共灭点,故过 D^0 向 F_x 引线完成作图。

4. 平面立体的透视阴影

图 8.1.12 是房屋轮廓的透视图。已知光线的灭点 F_L 和基灭点 f_l,求作透视图阴影的步骤如下:

(1) 确定阴线和落影面

坡屋面上的阴线为 E^0A^0、A^0B^0、B^0C^0、C^0D^0、D^0K^0(K^0 在图中未标出),墙面和地面为落影面;墙面上的阴线为墙角线 M^0m^0,落影面为地面。

(2) 求屋面斜线落影的灭点

斜线 B^0C^0 和 C^0D^0 的灭点分别是 F_1 和 F_2,过 F_1 和 F_2 分别和光线灭点 F_L 相连,与视平线 h—h 分别交于点 F_3 和 F_4,点 F_3、F_4 就是 B^0C^0、C^0D^0 落影的灭点。

(3) 求透视阴影

阴线 A^0B^0 在地面上的落影,要通过该线的基透视 a^0 确定。自 A^0、B^0 分别向 F_L 作光线的透视,与过 a^0 所作光线的基透视 a^0f_l 相交于点 A_0、B_0,A_0B_0 即 A^0B^0 在地面上的落影。斜线 B^0C^0、C^0D^0 的落影要指向各自的灭点,连线 B_0F_3 与过 C^0F_L 的光线透视交于点 C_0,再将 C_0、F_4 相连与过 D^0F_L 的光线交于点 D_0,D_0K_0(K_0 在图中未标注)的灭点为 F_x。墙角阴线 M^0m^0 为铅垂线段,在地面上的落影与光线基透视方向一致,即指向 f_l。自 m^0 向 f_l 引线,与过 A_0f_x 的直线相交于点 1_0,1_0m_0 是铅垂线段 M^0m^0 落在地面上的一段影子。沿着 F_L1_0 作返回光线与 M^0m^0 交于点 1^0,连接 1^0、F_x,得阴线 A^0E^0 在墙面上的落影。其余作图不再赘述。

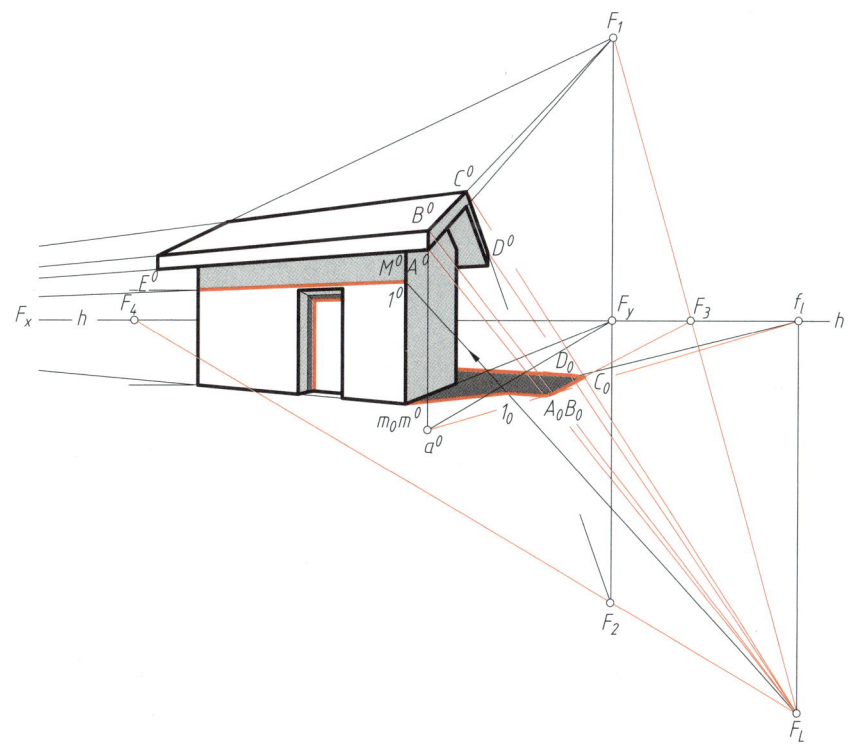

图 8.1.12 房屋轮廓的透视阴影

图 8.1.13 所示为屋顶挑檐在墙面上的透视阴影的作图。已知点 A^0 的落影 A_0，光线从右后方射向画面，墙两边受光。

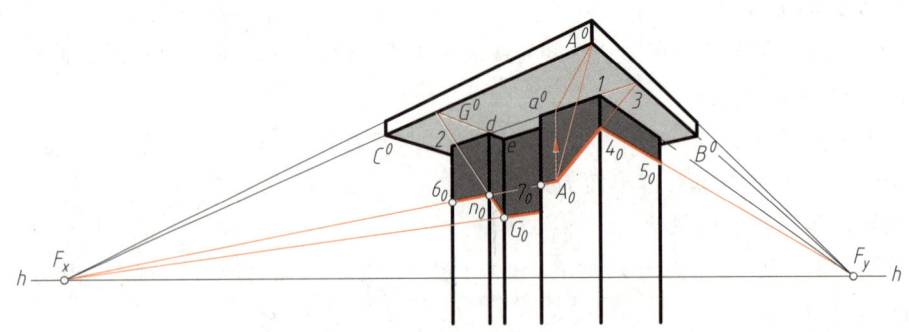

图 8.1.13　檐口在墙面上的透视阴影

此例主要应用扩大平面法作挑檐在墙身上的透视阴影。

檐口上的阴线为 A^0B^0、A^0C^0，A^0A_0 为光线 L 的方向。过 A_0 作铅垂线与墙顶棱线 12 交于点 a^0，a^0 是 A^0 在挑檐底面的基(次)透视(当没有绘出基面时，可将平行基面的顶板面当作基面)。延长棱边 12，将右墙面扩大，与 A^0B^0 交于点 3，连接 A_0、3 与墙角过点 1 的铅垂棱线交于点 4_0，连 4_0、F_y，得阴线 A^0B^0 在右侧墙面上的落影 4_05_0。

作阴线 A^0C^0 在墙面上的落影时，通过连接 A_0、F_x，得 A^0C^0 在墙面上的落影 A_06_0。将凹槽线 de 延长与 A^0C^0 交于点 G^0，连接 G^0、n_0 并延长与过点 e 的铅垂线交于 G_0，连接 G_0、F_x 得凹入墙面上部分的落影。

8.2　倾斜画面透视图中的阴影

8.2.1　倾斜画面透视中的光线与阴影

在倾斜画面透视中作阴影，原理和方法与垂直画面透视中的透视图阴影完全相同。但由于画面与基面倾斜，故光线方向的确定，有以下三种情况：

1. 光线及光线的基投影均与画面相交

空间情况：如图 8.2.1a 所示，L 与 l 均不与画面 P 垂直。

透视特征：光线 L 的灭点 F_L 及其基灭点 f_l 的连线通过灭点 F_z，该线相当于过 L、l 的垂直于基面的光平面的灭线，其与视平线 $h-h$ 的交点 f_l 即为光线的基灭点。

透视阴影作图：如图 8.2.1b 所示，已知立方体的透视，求作透视阴影。

首先设定光线的灭点位置，在视平线 $h-h$ 的左下方，任取一点 F_L 作为光线的灭点，F_L 和 F_z 相连，与视平线 $h-h$ 的交点 f_l 即为光线的基灭点 f_l。

然后应用光线迹点法作图。立方体的阴线为 a^0A^0、A^0C^0、C^0D^0、D^0d^0，立方体的底面位于基面上，落影为其自身。阴线 A^0a^0 的落影指向 f_l，连线 A^0F_L 与 a^0f_l 交于点 A_0，A_0a_0 即为阴线 A^0a^0 在基面上的落影。阴线 A^0C^0 的落影 A_0C_0 在空间中平行于 A^0C^0，所以，过落影点 A_0 向灭点 F_y 引线，与光线的透视 C^0F_L 的交点即为所求的影点 C_0。最后，连接 C_0、F_x 与 D^0F_L 交于点 D_0，D_0d_0 指向 f_l。

8.2 倾斜画面透视图中的阴影　147

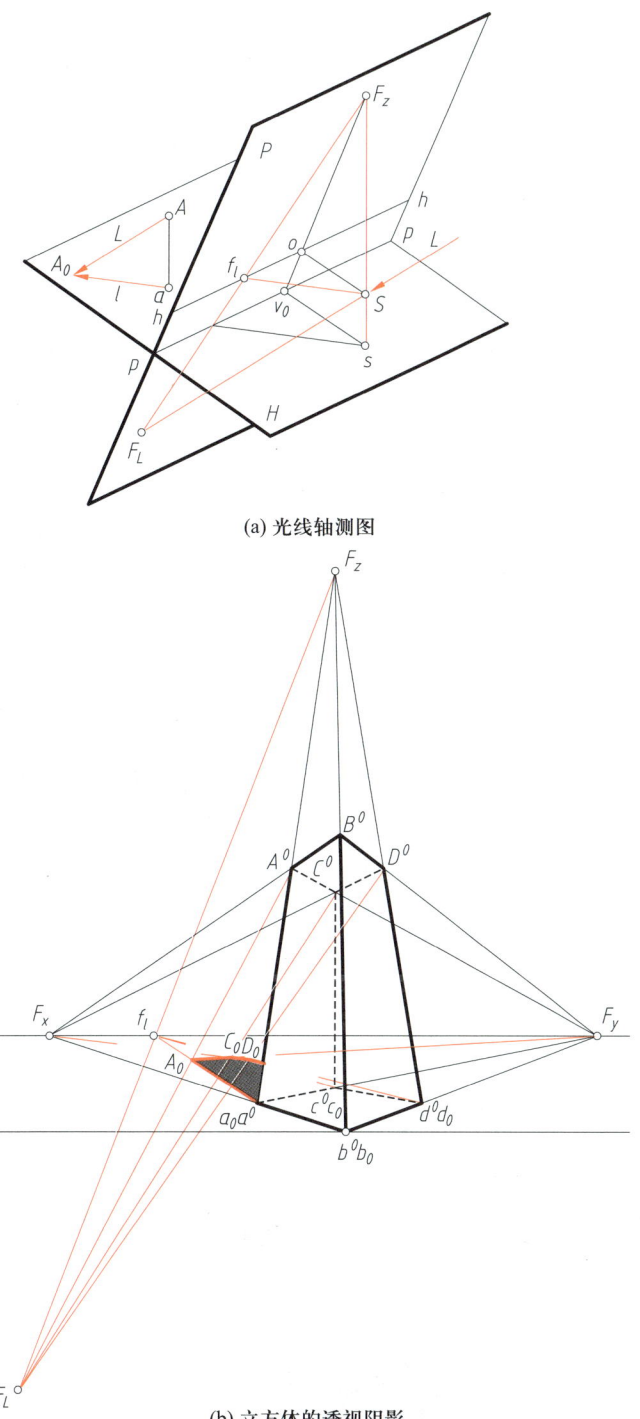

(a) 光线轴测图

(b) 立方体的透视阴影

图 8.2.1　光线及其基投影均与画面相交

2. 光线与画面相交,光线的基投影与画面平行

空间情况: 如图 8.2.2a 所示,l 平行于画面 P 与视平线 $h—h$。

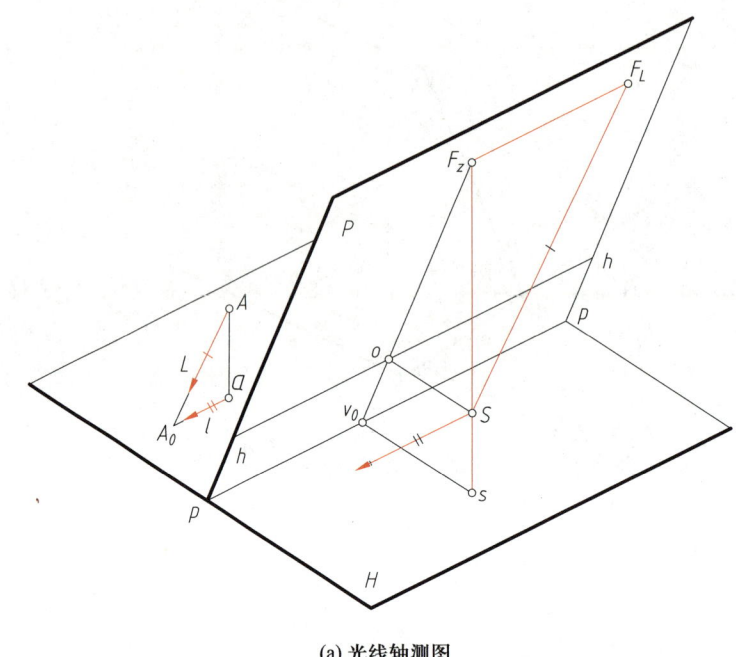

(a) 光线轴测图

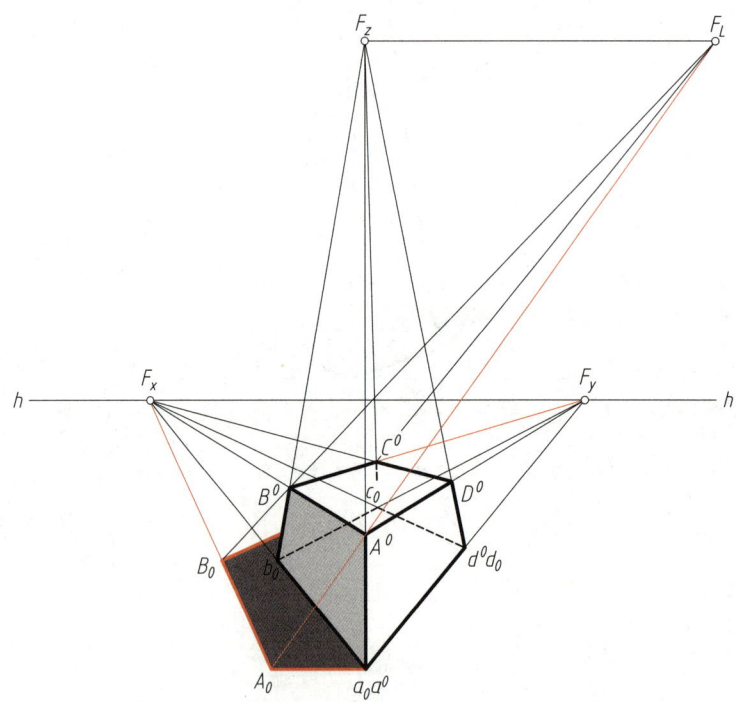

(b) 立方体的透视阴影

图 8.2.2 光线与画面相交,而基投影与画面平行

透视特征：光线 L 有灭点，光线的基投影 l 没有基灭点。光线的灭点 F_L 落在通过铅垂线的光平面的灭线上，光平面的灭线是一条通过灭点 F_z 且平行于视平线 $h—h$ 的直线 F_zF_L。

透视图阴影作图：图 8.2.2b 所示为光线与画面相交，光线的基投影平行画面时立方体的透视图阴影。阴线 A^0a^0 在基面上的落影成水平方向，过点 a^0 作视平线 $h—h$ 的平行线，与光线的透视 A^0F_L 交得点 A_0，影线 A_0B_0、B_0C_0 分别指向 F_x、F_y。立体侧面 $a^0A^0B^0b^0$ 为可见的阴面。

3. 光线平行于画面，光线的基投影与画面不平行

空间情况：如图 8.2.3 所示，光线 L 平行于画面 P。

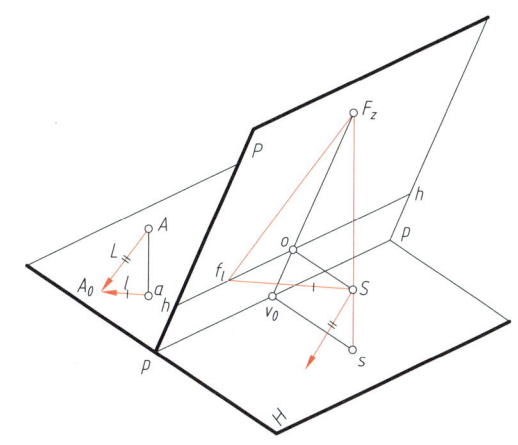

(a) 光线轴测图

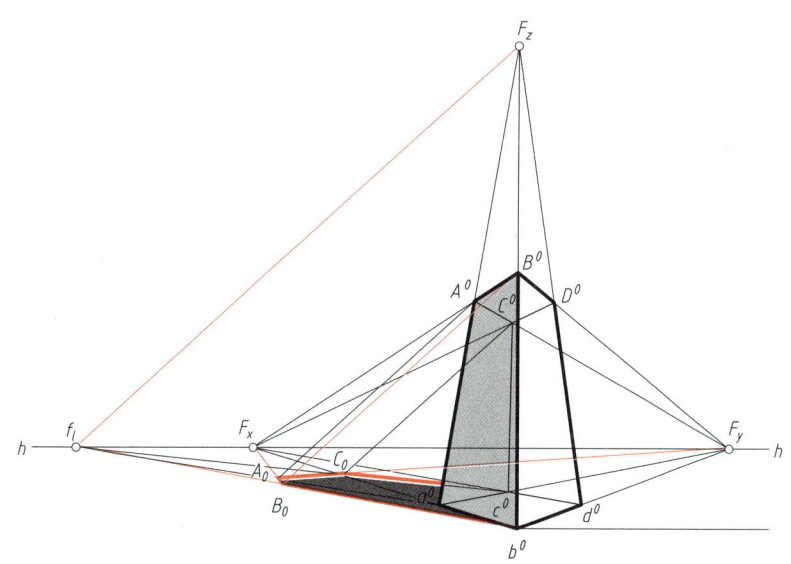

(b) 立体的透视阴影

图 8.2.3 光线平行于画面

透视特征：光线 L 在画面上没有灭点，光线的基投影 l 在画面上有基灭点，且位于视平线 $h-h$ 上。

透视图阴影作图：图 8.4.3b 所示为立方体的透视图阴影。因光线平行于画面，故无灭点。过阴点的光线平行于过铅垂线的光平面的灭线 F_xf_l。作图时，在视平线 $h-h$ 上选取一点 f_l，f_lF_z 为光线的透视方向。阴线 B^0b^0 的落影 b_0B_0 指向 f_l，光线 B^0B_0 平行于 F_xf_l，影线 B_0A_0 和 A_0C_0 分别指向 F_x、F_y。

8.2.2 倾斜画面透视阴影的作图

图 8.2.4 为建筑物轮廓的仰视斜透视图，加绘其透视图阴影。

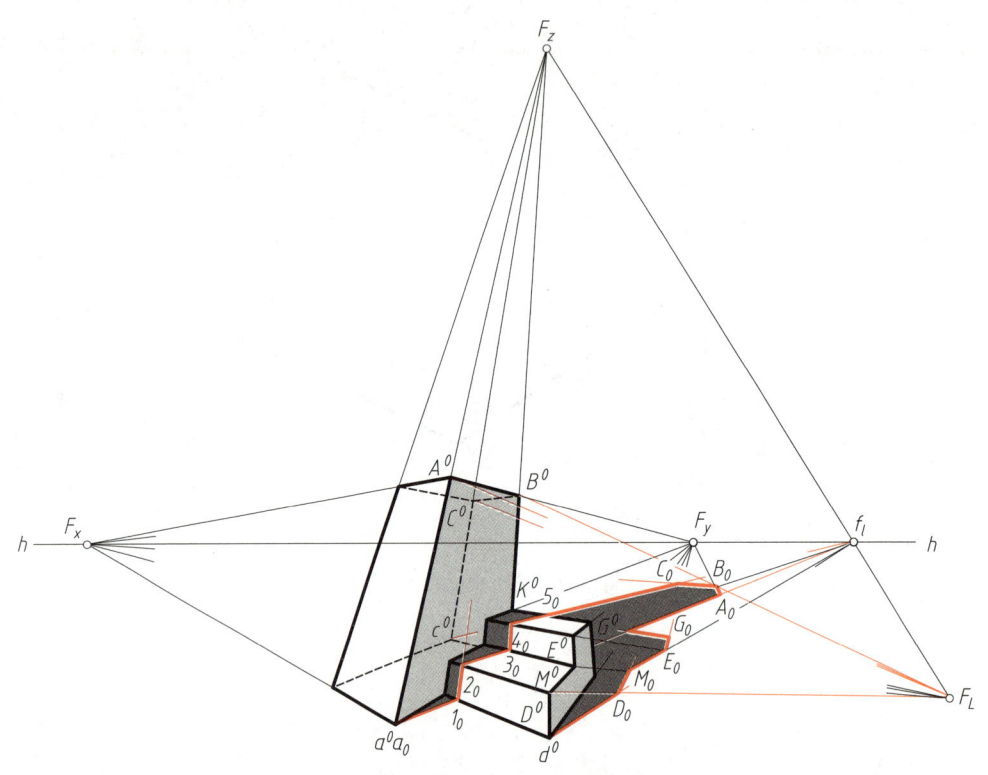

图 8.2.4 建筑物轮廓的透视图阴影

光线设定：按所希望的落影长短、方位，选取点 A^0 的落影点 A_0，连接 a^0、A_0 并延长交 $h-h$ 于 f_l；连接 A^0、A_0 并延长交 F_zf_l 连接线于点 F_L。F_L 与 f_l 即为所设定光线方向的灭点及其基灭点。

透视图阴影作图：

① 建筑物上点 B^0、C^0 的透视落影的作图如同 A^0 透视落影的逆序作图，见图 8.2.4 中作图线。

② 求左侧建筑物在台阶上的透视阴影。如图 8.2.4 所示，落在台阶上的阴线只有 A^0a^0，影线分别为 a_01_0、1_02_0、2_03_0、3_04_0 和 4_05_0，其中 1_02_0 和 3_04_0 指向 F_z，2_03_0 和 4_05_0 指向 f_l。

图 8.2.5 所示为建筑物轮廓的俯瞰斜透视，加绘其透视图阴影。

光线设定：设光线的灭点为 F_L，让 F_L 位于通过建筑物铅垂线的灭点 F_z 的水平线上，故光线的基投影平行于画面,透视成水平方向。

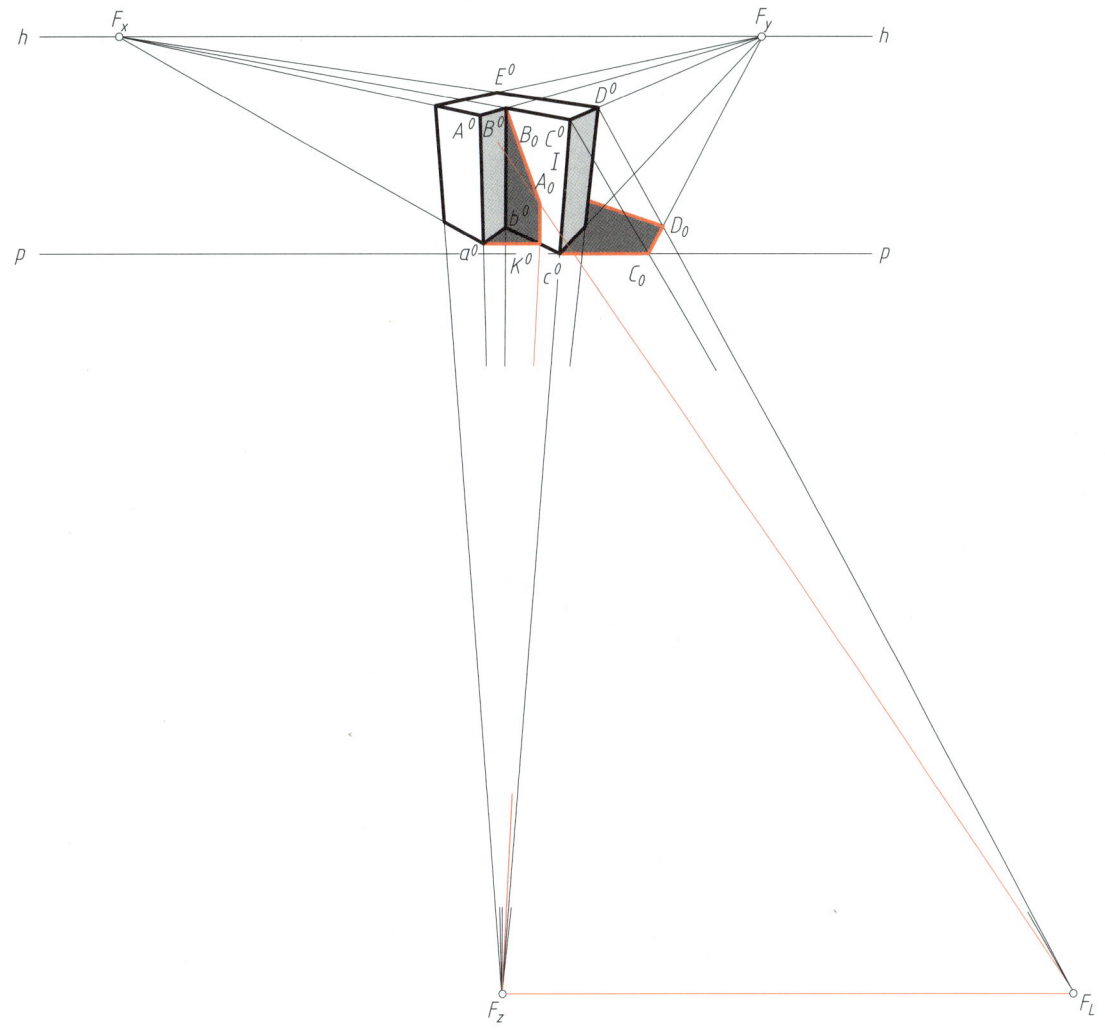

图 8.2.5　建筑物轮廓的透视图阴影

透视图阴影作图:阴线 A^0a^0 分别落在基面(地面)和面 I 上,在面 I 上落影的求法是:过 a^0 作水平线与 b^0c^0 交于点 K_0,连接 K_0、F_z 与光线的透视 A^0F_L 交于点 A_0,K_0A_0 为阴线 A^0a^0 在 I 面上的落影。阴线 A^0B^0 也落在面 I 上,点 B^0 在面 I 上的落影为其自身,A_0B_0 相连即为所求。其他作图如图 8.2.5 中作图线所示。

8.3　透视图中的倒影

在平静的水面或光滑的平(地)面上,可以映出周围景物的倒影。若建筑物依水而建,在水中则形成建筑物的倒影。在透视图中绘出建筑物的倒影,可以使画面生动活泼,增加艺术感染力。

8.3.1 倒影的形成原理

倒影的成像原理与物理学上光的平面成像原理相同。当以平面镜面为对称面时,物体在平面镜中的像和物体的大小相等,与镜面相互对称。

如图 8.3.1 所示,河岸左边立有一灯杆 Aa,人站在对岸看这根灯杆,同时能看到灯杆在水中的倒影 A_0a_0。现在把视点 S 与倒影 A_0 相连,SA_0 与水面交于点 B,过点 B 作水面的垂直线,即为水面的法线。AB 与法线的夹角称为入射角 α_1,SB 为反射线,SB 与法线的夹角为反射角 α_2。由物理学可知,入射角 α_1 等于反射角 α_2,所以,直角三角形 $\triangle Aa_1B$ 与 $\triangle A_0a_1B$ 为对称图形。如 Aa_1 和 A_0a_1 同时垂直于水面(对称面),而且,点 A 到水面的距离等于倒影 A_0 到水面的距离。由此可知,在透视图中作物体的倒影,实际上就是画出该物体以水面(或地面)为对称面的对称图形的透视。

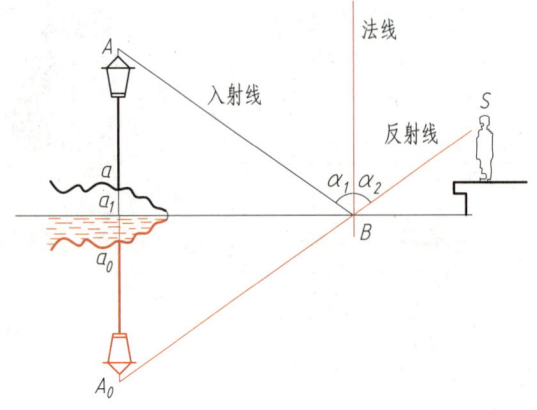

图 8.3.1 水中倒影的形成

8.3.2 倒影的作法

图 8.3.2 所示为一坡屋顶房屋的成角透视,求房屋在水中的倒影。

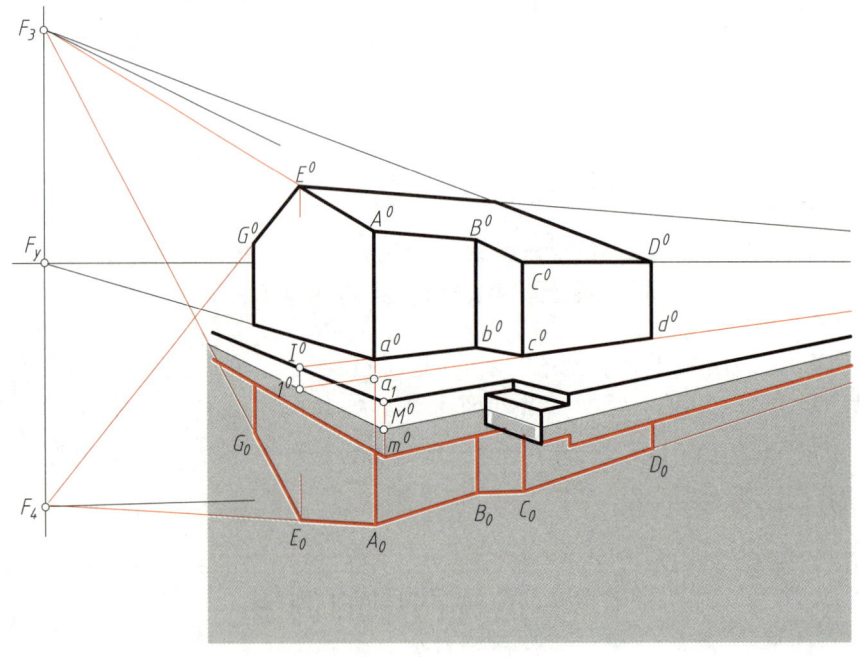

图 8.3.2 房屋在水中的倒影

求墙角线 A^0a^0 与水面的交点 a_1,延长 a^0b^0 与 F_yM^0 交于点 I^0,过点 I^0 作铅垂线与 F_ym^0 交

于点 1^0,连接 1^0、F_x(图外)与 A^0a^0 延长线交于点 a_1,点 a_1 即为水平面上的对称中点。

将 A^0a_1 延长,在延长线上截取 A^0a_1 等于 A_0a_1。由于倒影与房屋的透视以水面为对称图形,所以,它们有共同的灭点。过点 E^0 作铅垂线与 A_0F_4 交于点 E_0,A_0E_0 即为山墙线 A^0E^0 在水中的倒影。过 A_0 与 F_x 相连,过 B^0 引铅垂线与 A_0F_x 交于点 B_0,A_0B_0 即为屋檐线 A^0B^0 的倒影。其他作图过程如图 8.3.2 所示。

8.4 透视图镜中虚像

根据平面镜面与画面的相对关系不同,本节讨论透视图镜中虚像中的以下几种情况:镜面垂直于画面(又分为镜面垂直于基面和倾斜于基面两种)、镜面平行于画面和镜面倾斜于画面而垂直于基面。

8.4.1 镜面垂直于画面

1. 镜面既垂直于画面又垂直于基面

图 8.4.1 所示为室内平行透视,镜面 R^0 垂直于 P、H 面。欲求图中点 A^0 在镜面 R^0 中的虚像 A_0,可根据光的镜面成像原理,首先过基透视点 a^0 作平行于画面的直线(平行于视平线 $h—h$),与镜面 R 和基面 H 的交线交于点 a_1。过点 a_1 向上作铅垂线,即为镜面上的对称轴线。然后在 a^0a_1 的延长线上截取 $a_0a_1=a_1a^0$,再过 a_0 向上作铅垂线,截取 $A_0a_0=A_1a_1=A^0a^0$,则 $A_0A_1=A_1A^0$。A_0 即为 A^0 在镜面 R 中的虚像。

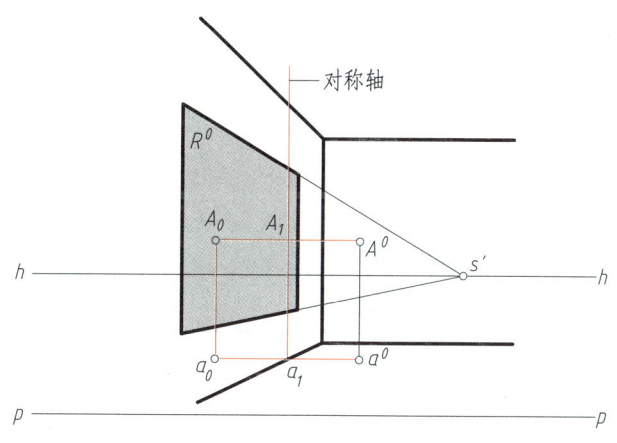

图 8.4.1 镜面既垂直于画面又垂直于基面

2. 镜面垂直于画面而倾斜于基面

图 8.4.2 所示为室内平行透视,镜面 R^0 垂直于 P 面而倾斜于 H 面,对墙面的倾角为 α,求图中镜前点 A^0 在镜面 R^0 中的虚像。

先过图中点 a^0 作平行于画面的直线(平行于视平线 $h—h$),交墙面与基面的交线于点 c。由点 c 引铅垂线交镜面底边于点 d,再由点 d 作镜面侧边平行线(与墙面的夹角为 α),即为镜面上的对称轴,与 A^0a^0 的延长线交于点 B。然后,分别过 A^0 和 a^0 向对称轴 dB 作垂线,得垂足 A_1 和

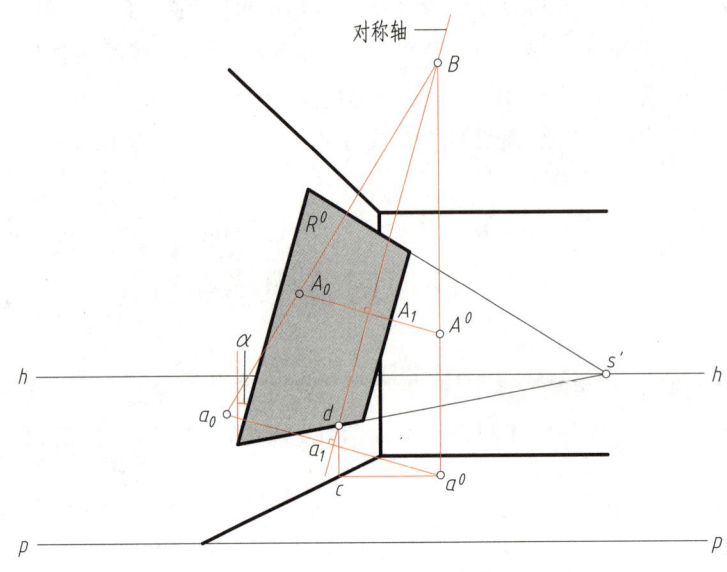

图 8.4.2 镜面垂直于画面而倾斜于基面

a_1,再在所作垂线上截取 $a^0a_1=a_1a_0$ 和 $A^0A_1=A_1A_0$,点 A_0 即为所求的虚像。

8.4.2 镜面平行于画面

图 8.4.3 所示为室内平行透视,镜面 R^0 平行于 P 面且垂直于 H 面,求作图中镜前点 A^0 的虚像 A_0。

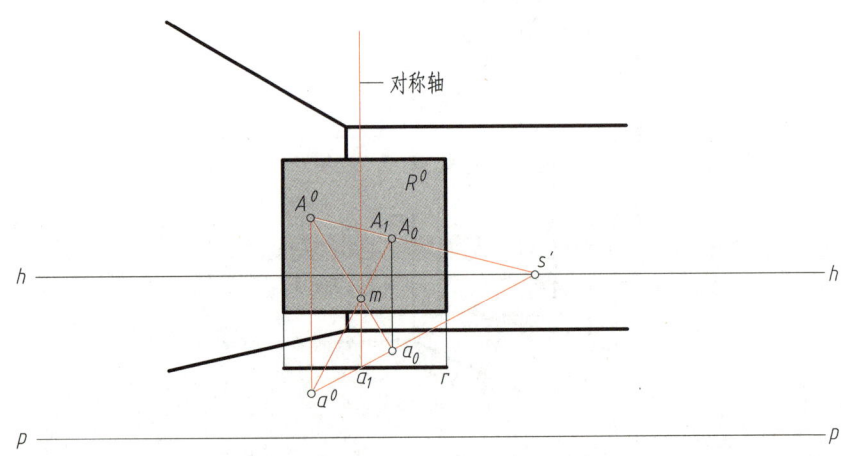

图 8.4.3 镜面平行于画面而垂直于基面

分别过 A^0 和 a^0 作透视线交于点 s',在镜面上得对称轴 A_1a_1,取 A_1a_1 的中点 m(即 $A_1m=ma_1$)。作对角线 a^0m,与 A^0s' 相交得点 A_0,即为所求的虚像。

8.4.3 镜面倾斜于画面而垂直于基面

图 8.4.4 所示为室内平行透视,镜面 R^0 为铅垂面,垂直于 H 面,对画面倾斜。求作镜前点 A^0 的虚像。分别过 A^0、a^0 作透视线交于点 s',作图方法同图 8.4.3。

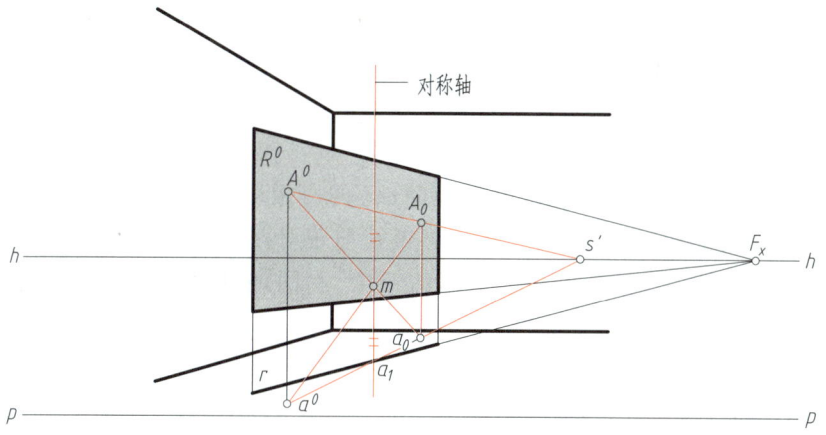

图 8.4.4 镜面倾斜于画面而垂直于基面

【例 8.4.1】 图 8.4.5a 所示为室内平行透视,端墙面上设置镜面 R^0,求作门、窗地面等在镜面 R^0 中的虚像。

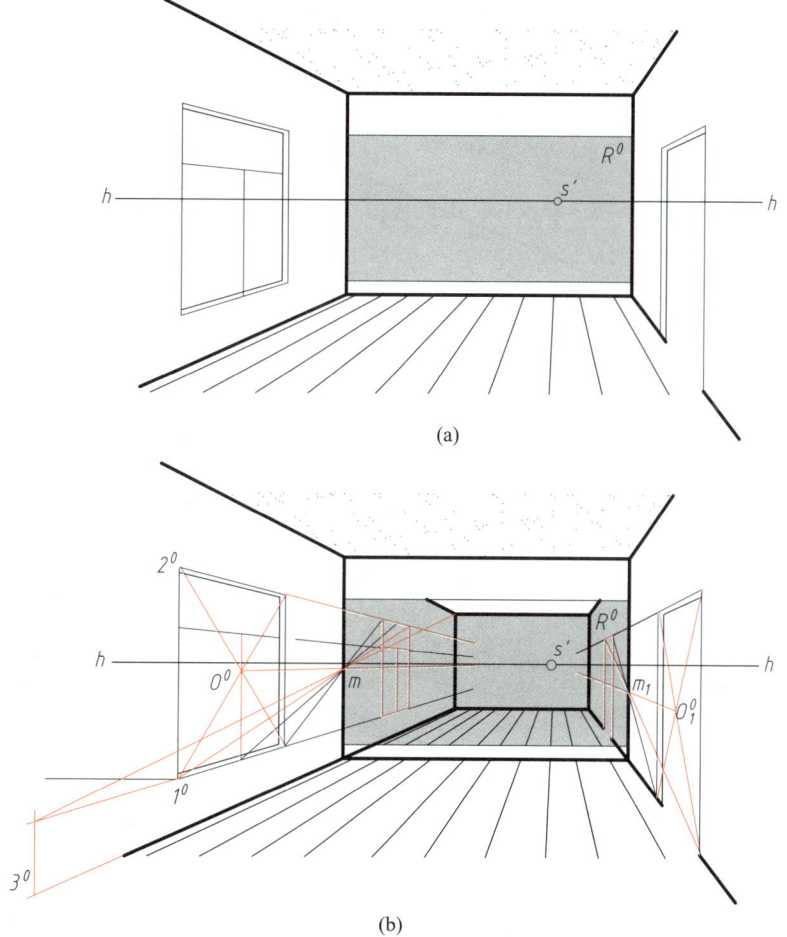

图 8.4.5 作室内平行透视中的镜面虚像

解 步骤如下:该图为室内平行透视图,设于端墙上的镜面 R^0 平行于画面 P,并垂直于基面 H。在平行透视中,镜面里的虚像与侧墙上的窗、门和地面、天棚等的棱线有同一个灭点(即主点 s'),其镜面的成像情况同图 8.4.3。作窗口对角线的交点 O^0,连接 O^0、s' 交对称轴于中心点 m。图 8.4.5 中窗口的点 1^0、2^0 与主点 s' 构成 $s'1^02^0$ 窗口(以及窗间墙)的全透视。这就可以利用"5.5 建筑物的局部简捷画法"作出窗口(及窗间墙)的虚像(见图 8.4.5b 中作图线)。图中点 3^0 到端墙面的距离为房间的进深,同一作法可得镜前正对面的端墙面的虚像(这就是室内装修使用镜面的主要意图——给人以扩大空间的感觉)。同理可以作出右侧门的虚像,结果如图 8.4.5b 所示。

【例 8.4.2】 图 8.4.6a 所示为室内成角透视,左侧墙面上设置镜面 R^0,R^0 垂直于基面 H,倾斜于画面 P,求作镜面里的室内虚像。

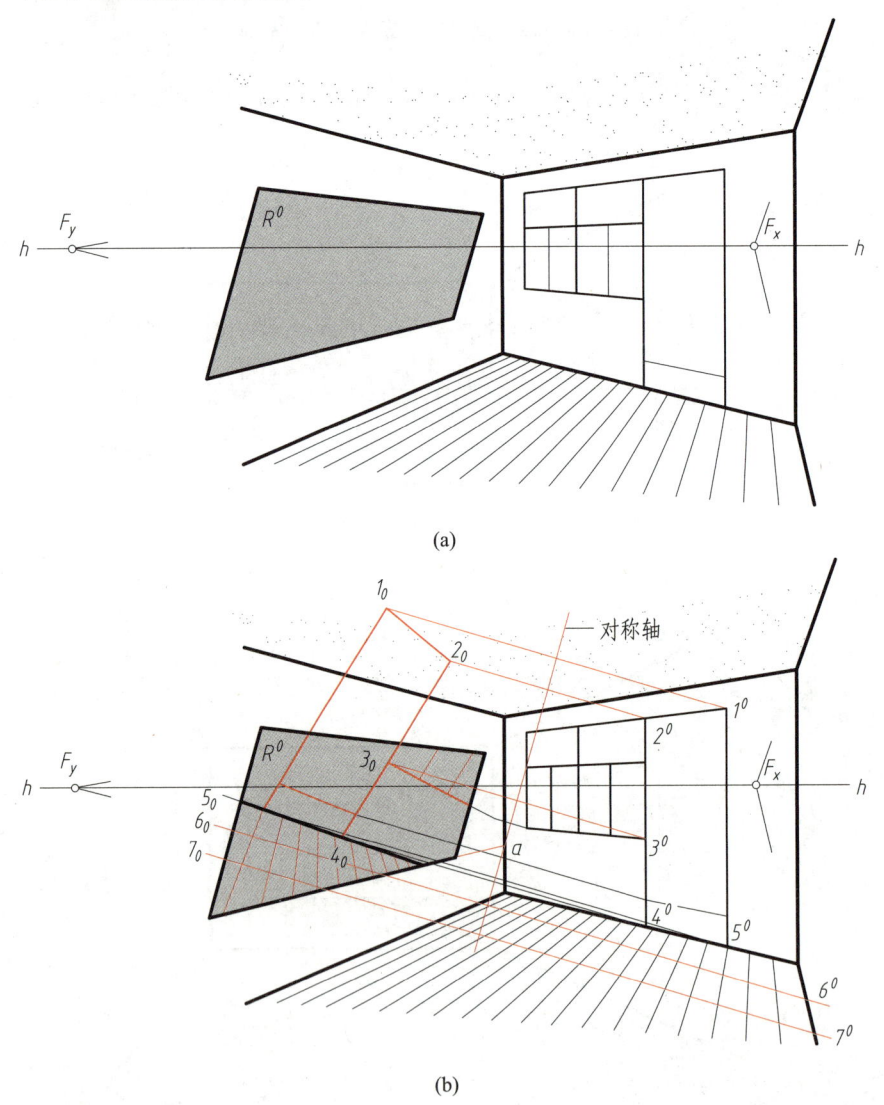

图 8.4.6 作室内平行透视中的镜面虚像

解 步骤如下:在图 8.4.6b 中,延长镜面底边线交墙角线于点 a,并过点 a 作镜侧边线的平行线,即为镜面 R^0 成像的对称轴线。由门、窗的相关点 1^0、2^0、3^0、4^0、5^0、6^0 和 7^0 引对称轴线的垂线,并在各垂线上分别量取对称点的虚像点 1_0、2_0、3_0、4_0、5_0、6_0 和 7_0(图 8.4.6b 中作图线)。图中 $1_0 1^0$、$2_0 2^0$ 线上的门框上角两个点在镜外。将 $3_0 3^0$、$4_0 4^0$、$5_0 5^0$ 线上相关点相连接,即得到门下部在镜面里的虚像。窗扇上各点也均在 $3_0 3^0$ 线上量取。地面条纹的虚像可在 $6_0 6^0$、$7_0 7^0$ 垂线上相应地量取(点 6_0、7_0 在镜外),分别得到条纹上相应的两组点,两两相连即得地面条纹在镜面里的虚像。

第 9 章

几 何 变 换

前面介绍的正投影阴影图、轴测阴影图和透视阴影图都是基于手工绘制方法,都是在正投影、轴测投影和透视投影等各种投影的基础上制作的。正投影、轴测投影和透视投影的绘制基于几何变换的计算化,投影是在合适的几何变换之后的最后一步。

所有的变换均基于点的变换。例如,一条线段的变换只要考虑其两个端点的变换就行了。

几何变换依赖于坐标系,坐标系的改变导致几何描述改变,例如坐标、方程等。

从变换对象看,几何变换包括两种类型。一种是对几何体本身的变换,例如旋转变换、平移变换等,这造成一个几何体在同一坐标系下表述(例如坐标)的改变。另一种是对坐标系的变换,虽然几何是不变的,但同一几何体在不同的坐标系下表述是不一样的。一个合适的坐标系往往可以使几何表述与计算简化,例如,将球心放在坐标原点上,就可以简化球的描述及与球的计算。因此,将几何体变换到一个合适的"计算坐标系"下往往会起到事半功倍的作用。

从变换空间看,几何变换又可分成同维变换和降维变换两种。同维变换是指在二维平面内或三维空间内的变换,几何体的表述在变换前后是同空间的,例如旋转变换、平移变换、仿射变换等。三维形体经过变换后还是三维的,二维图形经过变换后还是二维图形。降维变换指三维形体经"变换后"降维成二维图形。在画法几何中经常用到投影方法就是一种降维变换,如果投影面是坐标平面的话,这种降维处理就会简单一些。本章会介绍一种任意坐标系的建立方法,它可将空间的任意投影面作为一个坐标平面,简化投影计算。

为了保持空间形体的正确计算,在变换中(即使是那些降维的投影)也希望保持第三维坐标,所以在投影变换矩阵中将第三维变换参数置为 0,得到所谓的投影变换是不可取的。

本章讲述几何变换,重点在于透视变换和透视投影,另外旋转、平移、投影等内容也是重点。需特别注意计算坐标系的引入以及如何将任意面(如想将其作为投影面)作为坐标平面来构建坐标系的方法,这些在几何计算中很有用。

9.1 几何变换基础

9.1.1 齐次坐标

为了能用矩阵的形式统一描述几何变换,在计算机图形学中常采用齐次坐标的形式来描述空间的点。齐次表示的产生作为一个几何工具用于证明投影几何理论。在 n 维空间中的一个问题,在 $n+1$ 维空间中相应地也有一个问题,而在 $n+1$ 维空间中却常常比在 n 维空间中较易获得结果。例如,在三维空间中处理一个"无穷远点"是困难的,但是可以很容易地借用四维齐次空间的解析点来做到这一点,例如可以用如下向量表示轴向无穷远点和坐标原点。

(１　０　０　０)表示 x 轴方向无穷远点；

(０　１　０　０)表示 y 轴方向无穷远点；

(０　０　１　０)表示 z 轴方向无穷远点；

(０　０　０　１)表示坐标原点。

而实际上这就是用于三维空间处理的四维齐次单位矩阵：

$$E = \begin{pmatrix} 1 & 0 & 0 & 0 \\ 0 & 1 & 0 & 0 \\ 0 & 0 & 1 & 0 \\ 0 & 0 & 0 & 1 \end{pmatrix}$$

一个形体在 n 维空间的齐次表示是一个在 $n+1$ 维空间中的形体。在 n 维空间中的一个坐标称为原坐标，而在 $n+1$ 维空间中的坐标称为齐次坐标。n 维空间到 $n+1$ 维空间的映射是一对多映射，而从 $n+1$ 维空间到 n 维空间的"投射"是多对一的映射。例如，二维点 (x,y) 的齐次表示是 (hx,hy,h)，这里 h 是任何一个非零因子。(hx,hy,h) 投射到二维就是把它投射到 $h=1$ 的平面上，得 (x,y)。

采用齐次坐标的优点还在于：它提供了一个三维空间中包括平移、旋转、透视、投影、反射、错切和比例等变换在内的统一表达式，使得形体的变换可在统一的矩阵形式下进行。

9.1.2 齐次变换矩阵

一般的几何变换采用以下的齐次变换矩阵

$$A = \begin{pmatrix} r_{11} & r_{12} & r_{13} & p_x \\ r_{21} & r_{22} & r_{23} & p_y \\ r_{31} & r_{32} & r_{33} & p_z \\ t_x & t_y & t_z & s \end{pmatrix} \xRightarrow{\text{记为}} \begin{pmatrix} R & P \\ T & S \end{pmatrix}$$

给出。其中，左上角 3×3 子阵 R 起旋转、比例、剪切、反射等作用；左下角 1×3 子阵 T 起平移变换的作用；右上角 3×1 子阵 P 可对形体作透视变换作用，灭点个数与子阵 P 中不为零的个数相同；当 P 全为 0 时，右下角 1×1 子阵 S 起总比例变换的作用。

它提供了一个三维空间中包括平移、旋转、透视、投影、反射、错切和比例等变换在内的统一表达式，使得形体的变换可在统一的矩阵形式下进行。

9.1.3 空间几何变换的一般形式

设坐标 (x,y,z) 与 (x^*,y^*,z^*) 相互变换的齐次变换矩阵分别为 $T_{xyz\_x^*y^*z^*}$ 和 $T_{x^*y^*z^*\_xyz}$，那么它们间相互变换的一般形式是：

$$(X^*,Y^*,Z^*,H^*) = (x,y,z,1) T_{xyz\_x^*y^*z^*} \tag{9.1.1}$$

$$(X,Y,Z,H) = (x^*,y^*,z^*,1) T_{x^*y^*z^*\_xyz} \tag{9.1.2}$$

且分别有

$$x^* = X^*/H^*, y^* = Y^*/H^*, z^* = Z^*/H^* \tag{9.1.3}$$

$$x = X/H, y = Y/H, z = Z/H \tag{9.1.4}$$

9.2 计算坐标系

在笛卡儿实现几何代数化以后,空间几何的表示均依赖于一个坐标系,工程上一般采用 z 轴向上的右手坐标系。适当的坐标系可以简化几何体的描述。例如,对于一个空间球希望坐标系的原点为其球心,对于一个圆柱、圆锥或棱柱,希望其中的一个坐标轴为它们的轴线,而坐标原点为它们的底面中心,这种合适的坐标系可以称为计算坐标系。为了方便地建立一个计算坐标系,便于几何体的描述,也便于投影计算,本节介绍两种计算坐标系的建立和转换方法。

9.2.1 以空间一向量为坐标轴建立坐标系

常用的几何体例如球、圆柱、圆锥、视锥体等,描述它们时都有一个所谓的"定义坐标系",在这个坐标系下它们的描述会变得比较简单,与其他几何体间的相交计算也会变得容易,所以,这个坐标系又可以称为"计算坐标系"。

计算坐标系建立的关键是以空间一向量为坐标轴建立一个新的坐标系。

设原 xyz 坐标系下有一点 $P_0(x_0,y_0,z_0)$ 和单位向量 $\boldsymbol{n}(a,b,c)$,以点 P_0 为坐标原点,以向量 $\boldsymbol{n}$ 为新的坐标轴(x^* 或 y^* 或 z^*)按下列方法构筑新的坐标系 $x^*y^*z^*$(图9.2.1)。

将向量 $\boldsymbol{n}(a,b,c)$ 设为向量 $\boldsymbol{n}_1(a_1,b_1,c_1)$,即 $a_1=a,b_1=b,c_1=c$;取与 $\boldsymbol{n}_1$ 垂直的单位向量 $\boldsymbol{n}_2(a_2,b_2,c_2)$,有 $a_2=-b_1/\sqrt{a_1^2+b_1^2}$,$b_2=a_1/\sqrt{a_1^2+b_1^2}$,$c_2=0$;作与 $\boldsymbol{n}_1$ 和 $\boldsymbol{n}_2$ 垂直且三者构成右手系统的第三个单位向量 $\boldsymbol{n}_3(a_3,b_3,c_3)$,即

$$\boldsymbol{n}_3=\boldsymbol{n}_1\times\boldsymbol{n}_2=(a_1,b_1,c_1)\times(a_2,b_2,c_2)=\left(\begin{vmatrix}b_1 & c_1 \\ b_2 & 0\end{vmatrix},\begin{vmatrix}c_1 & a_1 \\ 0 & a_2\end{vmatrix},\begin{vmatrix}a_1 & b_1 \\ a_2 & b_2\end{vmatrix}\right)=(-b_2c_1,a_2c_1,\sqrt{a_1^2+b_1^2})$$

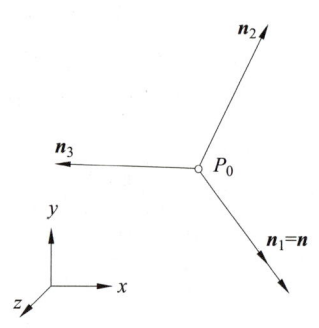

图 9.2.1 以点与向量构筑坐标系

从点 $P_0(x_0,y_0,z_0)$ 出发的3条互相垂直的单位向量 $\boldsymbol{n}_1$、$\boldsymbol{n}_2$ 和 $\boldsymbol{n}_3$ 就构成以 P_0 为坐标系原点,以 $\boldsymbol{n}_1$ 为 x^* 轴,分别以 $\boldsymbol{n}_2$ 和 $\boldsymbol{n}_3$ 为 y^* 和 z^* 轴的新坐标系 $x^*y^*z^*$(图9.2.2)。

构筑以下两个矩阵:

$$\boldsymbol{T}_{xyz\_x^*y^*z^*}=\begin{pmatrix}a_1 & a_2 & a_3 & 0 \\ b_1 & b_2 & b_3 & 0 \\ c_1 & c_2 & c_3 & 0 \\ d_1 & d_2 & d_3 & 1\end{pmatrix},\quad \boldsymbol{T}_{x^*y^*z^*\_xyz}=\boldsymbol{T}_{xyz\_x^*y^*z^*}^{-1}=\begin{pmatrix}a_1 & b_1 & c_1 & 0 \\ a_2 & b_2 & c_2 & 0 \\ a_3 & b_3 & c_3 & 0 \\ D_1 & D_2 & D_3 & 1\end{pmatrix}$$

其中

$$\begin{cases}d_1=-(a_1x_0+b_1y_0+c_1z_0) \\ d_2=-(a_2x_0+b_2y_0+0\cdot z_0) \\ d_3=-(a_3x_0+b_3y_0+c_3z_0)\end{cases},\quad \begin{cases}D_1=-(a_1d_1+a_2d_2+a_3d_3) \\ D_2=-(b_1d_1+b_2d_2+b_3d_3) \\ D_3=-(c_1d_1+0\cdot d_2+c_3d_3)\end{cases}$$

那么，$T_{xyz\_x^*y^*z^*}$ 与 $T_{x^*y^*z^*\_xyz}$ 就是平面上任意点在两坐标系间的坐标变换矩阵，变换形式按式 (9.1.1)、式 (9.1.2) 实行。

只要轮换三个向量的位置就可求得以 n 为 y^* 轴或以 n 为 z^* 轴的坐标系（图 9.2.2）。

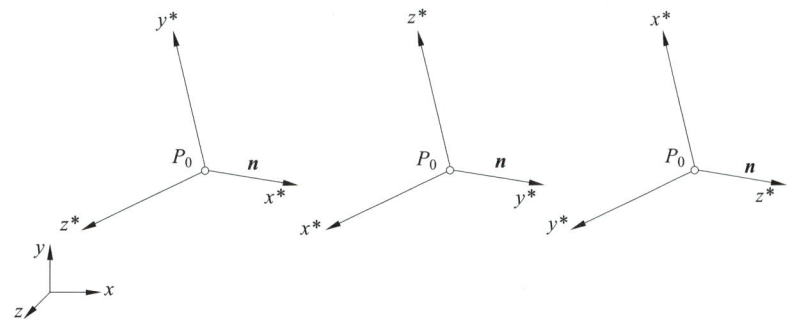

图 9.2.2 坐标轴的选择

算法 9.2.1 为求取以空间一点 P_0 作为新原点，以单位向量 n 作为新坐标轴建立新旧坐标系的相互变换矩阵。

算法 9.2.1 以空间一点作为新原点，以一单位方向向量作为 新的坐标轴构建新坐标系，得到新旧坐标系之间的变换矩阵		
输入：x0,y0,z0	float	决定新坐标系的原点坐标
DNx,DNy,DNz	float	决定新坐标轴的单位方向向量
k	int	新坐标轴的类型：1—x，2—y，3—z
输出：Txyz_uvw[4][4]	float	旧坐标系到新坐标系的坐标变换矩阵
Tuvw_xyz[4][4]	float	新坐标系到旧坐标系的坐标变换矩阵
返回值：1——OK!；0——所给单位方向向量为零向量，返回矩阵无效		

```
int AxisPointUnitVector( float x0, float y0, float z0, float DNx, float DNy, float DNz, float Txyz_uvw[4][4], float Tuvw
    _xyz[4][4], int k )
{
    int i,j;
    float a1,b1,c1,a2,b2,c2,a3,b3,c3,d1,d2,d3,D;
    D = fabs( DNx) +fabs( DNy) ;
    if( D+fabs( DNz) <Eps) return 0;          //所给单位方向向量为零向量,新的坐标系无效
    a1 = DNx;      b1 = DNy;      c1 = DNz;    //计算新坐标系面的方向系数
    if( D>Eps)     {D = sqrt( a1 * a1+b1 * b1 ) ; a2 =-b1/D;b2 = a1/D;c2 = 0;}   //正常两点
    else           {a2 = 1.0, b2 = 0.0, c2 = 0.0;}                              //所给两点平行于 z 轴
    a3 = b1 * c2-b2 * c1;   b3 = c1 * a2-c2 * a1;   c3 = a1 * b2-a2 * b1;    //第三维向量由叉积得到
    d1 =-( a1 * x0+b1 * y0+c1 * z0) ;  d2 =-( a2 * x0+b2 * y0+c2 * z0) ;  d3 =-( a3 * x0+b3 * y0+c3 * z0) ;
                                    //平移系数
    unit_matrix4X4( Txyz_uvw) ;       //旧坐标系到新坐标系的坐标变换 $T_{xyz\_uvw}$ 矩阵置初值
    if( k = = 1)  {                   //以新的 $x^*$ 轴为基准
```

续表

```
    Txyz_uvw[0][0]=a1;    Txyz_uvw[0][1]=a2;    Txyz_uvw[0][2]=a3;
    Txyz_uvw[1][0]=b1;    Txyz_uvw[1][1]=b2;    Txyz_uvw[1][2]=b3;
    Txyz_uvw[2][0]=c1;    Txyz_uvw[2][1]=c2;    Txyz_uvw[2][2]=c3;
    Txyz_uvw[3][0]=d1;    Txyz_uvw[3][1]=d2;    Txyz_uvw[3][2]=d3;
}
else if(k==2){                    //以新的 $y^*$ 轴为基准
    Txyz_uvw[0][0]=a3;    Txyz_uvw[0][1]=a1;    Txyz_uvw[0][2]=a2;
    Txyz_uvw[1][0]=b3;    Txyz_uvw[1][1]=b1;    Txyz_uvw[1][2]=b2;
    Txyz_uvw[2][0]=c3;    Txyz_uvw[2][1]=c1;    Txyz_uvw[2][2]=c2;
    Txyz_uvw[3][0]=d3;    Txyz_uvw[3][1]=d1;    Txyz_uvw[3][2]=d2;
}
else{                             //以新的 $z^*$ 轴为基准
    Txyz_uvw[0][0]=a2;    Txyz_uvw[0][1]=a3;    Txyz_uvw[0][2]=a1;
    Txyz_uvw[1][0]=b2;    Txyz_uvw[1][1]=b3;    Txyz_uvw[1][2]=b1;
    Txyz_uvw[2][0]=c2;    Txyz_uvw[2][1]=c3;    Txyz_uvw[2][2]=c1;
    Txyz_uvw[3][0]=d2;    Txyz_uvw[3][1]=d3;    Txyz_uvw[3][2]=d1;
}
                                  //求取 $T_{xyz\_uvw}$ 矩阵结束
//新坐标系到旧坐标系的坐标变换矩阵 Tuvw_xyz 是矩阵 $T_{xyz\_uvw}$ 的逆矩阵
unit_matrix4X4(Tuvw_xyz);         //新坐标系到旧坐标系的坐标变换矩阵 $T_{xyz\_uvw}$ 置初值
for (i=0; i<3; i++)               //逆矩阵 3×3 变换参数
    for (j=0; j<3; j++) Tuvw_xyz[i][j]=Txyz_uvw[j][i];
for (i=0; i<3; i++)               //逆矩阵平移系数求取
    for (j=0; j<3; j++)Tuvw_xyz[3][i]=Tuvw_xyz[3][i]-Txyz_uvw[3][j]*Tuvw_xyz[j][i];
return 1;                         //正常返回
}
```

9.2.2 构建以任意平面为坐标平面的坐标系

如果投影平面是坐标平面,那么投影就变成正投影了,只要取相对于该坐标平面的两个坐标即可。例如,点 $P(x,y,z)$ 在 xy 平面上的投影只要取 (x,y) 坐标即可[投影点的空间坐标为 $(x,y,0)$],但空间点仍记为 $P(x,y,z)$,z 坐标可作为深度判断使用,例如消隐计算。因此,在正投影情况下问题很简单。

根据正投影的思路,如果要向任一平面 $\varPi$ 投影,只要构建一个新的坐标系,将 $\varPi$ 作为新坐标系的一个坐标平面,那么在这个新坐标系下向平面 $\varPi$ 上的投影就变成正投影了。所做的工作只是先将形体的坐标变换到这个以 $\varPi$ 为坐标平面的新坐标系下,然后简单地向 $\varPi$ 所在坐标平面作正投影(取其中 2 个坐标),最后变换到原坐标系下。工作过程更改为如下四步:

(1) 构建以任意平面 $\varPi$ 为坐标平面的新坐标系 $x^*y^*z^*$,方法是将 $\varPi$ 的单位法向量作为这个新坐标系的一个坐标轴(基准轴),例如设定 $\varPi$ 的单位法向量为 z^*(基准)轴,$\varPi$ 就在 x^*y^* 平面上。

(2) 将原坐标系的点变换到新坐标系下,即将 $P(x,y,z)$ 变换为 $P^*(x^*,y^*,z^*)$。

(3) $P'(x^*,y^*,0)$ 就是 P 在 Π 上的投影,只是它是用新坐标系 $x^*y^*z^*$ 表示的。

(4) 将 $P'(x^*,y^*,0)$ 逆变换回原始坐标下得到 $P_t(x_t,y_t,z_t)$,P_t 就是点 P 在 Π 上的投影,而它是在原始坐标系下表示的。

设投影面 Π 按如下方式给出:根据点 P_0、面的单位法向量 $\boldsymbol{n}$ 建立新坐标系,此时平面 Π 在某一坐标平面上(图9.2.3),空间点向任意平面 Π 的投影就变为向坐标平面作正投影,投影后再变换到原始坐标系。

根据对 $\boldsymbol{n}$ 的不同选择,可将 Π 定义为不同坐标平面。若 $\boldsymbol{n}$ 作为 x^*(基准)轴,Π 为 $x^*=0$ 的平面(图9.2.4a);若 $\boldsymbol{n}$ 作为 y^* (基准)轴,则 Π 为 $y^*=0$ 的平面(图9.2.4b);若 $\boldsymbol{n}$ 为 z^*(基准)轴,则 Π 为 $z^*=0$ 的平面(图9.2.4c)。

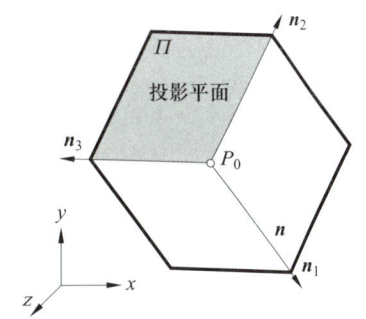

图 9.2.3 以投影平面构筑计算坐标系

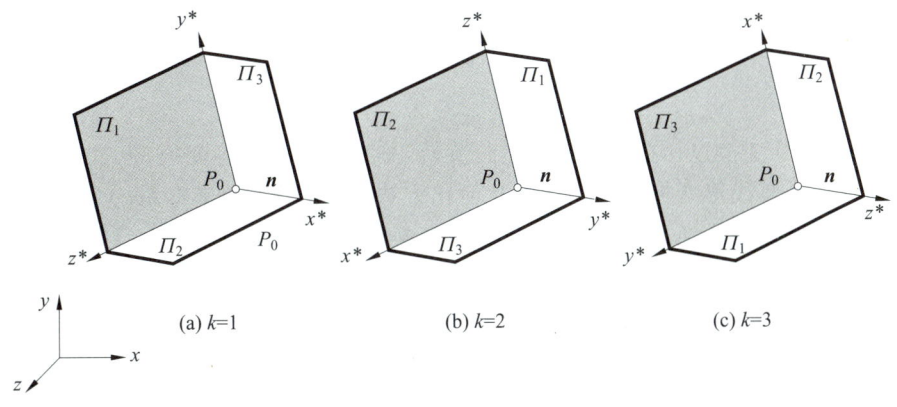

图 9.2.4 主投影平面的选择

为了应用的方便,下面的算法 9.2.2 中假定任意投影平面 Π 由"通过点 P_1,法向为 $\overrightarrow{P_1P_2}$"的方式给出,以 $\overrightarrow{P_1P_2}$ 为新的投影基准轴($x/y/z$,基准轴由参数 k 选择)构建新坐标系。算法返回空间任一点在两个坐标系下的坐标变换矩阵 $\boldsymbol{T}_{xyz\_x^*y^*z^*}$ 与 $\boldsymbol{T}_{x^*y^*z^*\_xyz}$。变换形式按式(9.1.1)、式(9.1.2)执行。

算法 9.2.2 构建以任意平面为坐标平面的新坐标系(坐标变换矩阵的求取)			
输入:x1,y1,z1		float	决定新基准轴的一点坐标
x2,y2,z2		float	决定新基准轴的另一点坐标
k		int	新基准轴的类型:1—x,2—y,3—z
输出:Txyz_uvw[4][4]		float	旧坐标系到新坐标系的坐标变换矩阵
Tuvw_xyz[4][4]		float	新坐标系到旧坐标系的坐标变换矩阵
返回值:1——OK!;0——决定新基准轴的两点相同,返回矩阵无效			

续表

```
int Axis2P3D( float x1, float y1, float z1, float x2, float y2, float z2, float Txyz_uvw[4][4], float Tuvw_xyz[4][4], int k)
{
    float dx, dy, dz, D;
    dx = x2-x1;      dy = y2-y1;      dz = z2-z1;      D = sqrt( dx * dx+dy * dy+dz * dz);
    if( D<Eps) return 0;     //两点相同,新的坐标系无效
    dx = dx/D;       dy = dy/D;       dz = dz/D;
    return( AxisPointUnitVector( x1, y1, z1, dx, dy, dz, Txyz_uvw, Tuvw_xyz, k));    //参见算法 9.2.1
}
```

9.3 三维一般变换

本节介绍的三维变换包括在三维空间进行旋转、平移以及透视等变换,也包括三维向二维进行的轴测、透视以及正投影变换。利用变换几何化方法,介绍了各种坐标系的建立,使变换更直观,例如绕任意轴的旋转变换、向任意平面的投影变换等。

9.3.1 三维基本旋转变换

三维空间的旋转变换较二维旋转变换复杂一些,先须确定是对应于哪个坐标轴旋转。如关于 z 坐标轴旋转一个角的变换,设计量旋转角度时,当从 +z 轴上的一个点向原点看时是逆时针方向为正,顺时针方向为负(图 9.3.1)。

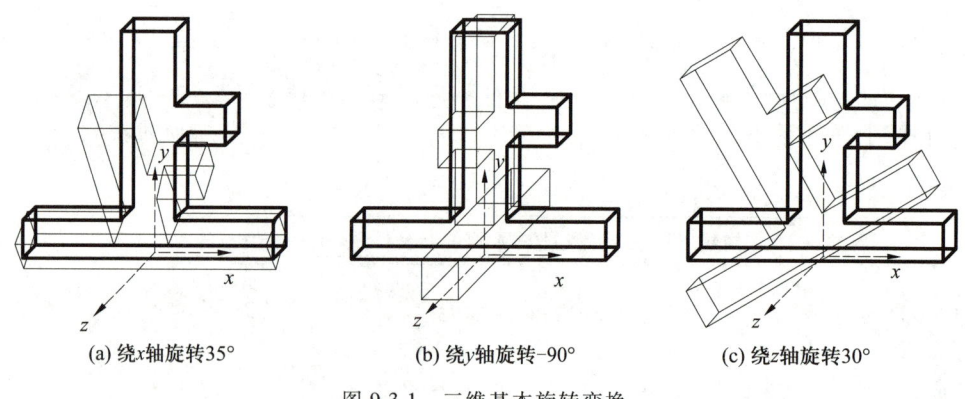

(a) 绕 x 轴旋转 35° (b) 绕 y 轴旋转 -90° (c) 绕 z 轴旋转 30°

图 9.3.1 三维基本旋转变换

表 9.3.1 标出了绕 $x/y/z$ 坐标轴分别旋转 $\alpha_x/\alpha_y/\alpha_z$ 角的变换矩阵 $\boldsymbol{R}_x$、$\boldsymbol{R}_y$、$\boldsymbol{R}_z$。变换矩阵呈三个轴的循环排列: $x \to y \to z \to x$。

表 9.3.1　绕坐标轴旋转的三维基本旋转变换矩阵

绕 x 坐标轴旋转的旋转变换矩阵 $\boldsymbol{R}_x$	绕 y 坐标轴旋转的旋转变换矩阵 $\boldsymbol{R}_y$	绕 z 坐标轴旋转的旋转变换矩阵 $\boldsymbol{R}_z$
$\begin{pmatrix} 1 & 0 & 0 & 0 \\ 0 & \cos\alpha_x & \sin\alpha_x & 0 \\ 0 & -\sin\alpha_x & \cos\alpha_x & 0 \\ 0 & 0 & 0 & 1 \end{pmatrix}$	$\begin{pmatrix} \cos\alpha_y & 0 & -\sin\alpha_y & 0 \\ 0 & 1 & 0 & 0 \\ \sin\alpha_y & 0 & \cos\alpha_y & 0 \\ 0 & 0 & 0 & 1 \end{pmatrix}$	$\begin{pmatrix} \cos\alpha_z & \sin\alpha_z & 0 & 0 \\ -\sin\alpha_z & \cos\alpha_z & 0 & 0 \\ 0 & 0 & 1 & 0 \\ 0 & 0 & 0 & 1 \end{pmatrix}$

如果旋转中心在 $P_c(x_c, y_c, z_c)$，那么绕平行于坐标轴的直线作旋转变换的变换矩阵见表 9.3.2。

表 9.3.2　绕平行于坐标轴的直线旋转的三维旋转变换矩阵

绕平行于 x 轴的直线旋转的旋转变换矩阵 $\boldsymbol{R}_x$	绕平行于 y 轴的直线旋转的旋转变换矩阵 $\boldsymbol{R}_y$	绕平行于 z 轴的直线旋转的旋转变换矩阵 $\boldsymbol{R}_z$
$\begin{pmatrix} 1 & 0 & 0 & 0 \\ 0 & \cos\alpha_x & \sin\alpha_x & 0 \\ 0 & -\sin\alpha_x & \cos\alpha_x & 0 \\ 0 & (-y_c\cos\alpha_x + z_c\sin\alpha_x + y_c) & (-y_c\sin\alpha_x - z_c\cos\alpha_x + z_c) & 1 \end{pmatrix}$	$\begin{pmatrix} \cos\alpha_y & 0 & -\sin\alpha_y & 0 \\ 0 & 1 & 0 & 0 \\ \sin\alpha_y & 0 & \cos\alpha_y & 0 \\ (-x_c\cos\alpha_y - z_c\sin\alpha_y + x_c) & 0 & (x_c\sin\alpha_y - z_c\cos\alpha_y + z_c) & 1 \end{pmatrix}$	$\begin{pmatrix} \cos\alpha_z & \sin\alpha_z & 0 & 0 \\ -\sin\alpha_z & \cos\alpha_z & 0 & 0 \\ 0 & 0 & 1 & 0 \\ (-x_c\cos\alpha_z + y_c\sin\alpha_z + x_c) & (-x_c\sin\alpha_z - y_c\cos\alpha_z + y_c) & 0 & 1 \end{pmatrix}$

变换形式统一为：$(U, V, W, H) = (x, y, z, 1)\boldsymbol{R}$，$u = U/H, v = V/H, w = W/H$。

9.3.2　绕空间任意轴的旋转变换

三维空间中绕任意轴的旋转变换如图 9.3.2 所示，本书采用先建立以任意轴为某一坐标轴的新坐标系，在新坐标系下执行表 9.3.1 的绕坐标轴旋转的标准变换，最后将旋转变换得到的结果经过 3 次逆变换得到初始坐标轴下的变换结果。

下面导出绕任意轴进行旋转变换的矩阵形式。

将通过点 $P_1(x_1, y_1, z_1)$ 和 $P_2(x_2, y_2, z_2)$ 的直线作为形体的旋转中心轴，求绕此轴旋转 α 角的坐标变换公式。

若 $x_1 = x_2$，且 $y_1 = y_2$，则旋转轴即为与轴 z 平行的直线，从而可采用平移的办法构建新坐标系。绕此轴进行旋转的变换矩阵为

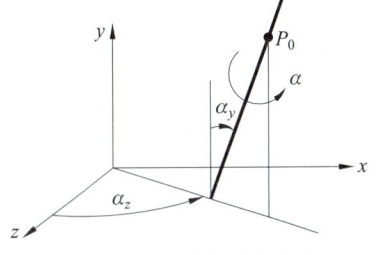

图 9.3.2　任意旋转轴位置

$$\boldsymbol{R} = \begin{pmatrix} 1 & 0 & 0 & 0 \\ 0 & 1 & 0 & 0 \\ 0 & 0 & 1 & 0 \\ -x_1 & -y_1 & -z_1 & 1 \end{pmatrix} \begin{pmatrix} \cos\alpha & \sin\alpha & 0 & 0 \\ -\sin\alpha & \cos\alpha & 0 & 0 \\ 0 & 0 & 1 & 0 \\ 0 & 0 & 0 & 1 \end{pmatrix} \begin{pmatrix} 1 & 0 & 0 & 0 \\ 0 & 1 & 0 & 0 \\ 0 & 0 & 1 & 0 \\ x_1 & y_1 & z_1 & 1 \end{pmatrix}$$

$$= \begin{pmatrix} \cos\alpha & \sin\alpha & 0 & 0 \\ -\sin\alpha & \cos\alpha & 0 & 0 \\ 0 & 0 & 1 & 0 \\ -x_1\cos\alpha+y_1\sin\alpha+x_1 & -x_1\sin\alpha-y_1\cos\alpha+y_1 & 0 & 1 \end{pmatrix}$$

否则，可以用"算法9.2.1"建立以旋转轴为新坐标轴（如 z^* 轴）的新坐标系，再绕此轴旋转，最后变换到原始坐标系，整个过程由三个矩阵相乘得到。

$$R = T_{xyz\_x^*y^*} \cdot R_z T_{x^*y^*z^*\_xy} = \begin{pmatrix} a_1 & a_2 & a_3 & 0 \\ b_1 & b_2 & b_3 & 0 \\ c_1 & c_2 & c_3 & 0 \\ d_1 & d_2 & d_3 & 1 \end{pmatrix} \begin{pmatrix} \cos\alpha_z & \sin\alpha_z & 0 & 0 \\ -\sin\alpha_z & \cos\alpha_z & 0 & 0 \\ 0 & 0 & 1 & 0 \\ 0 & 0 & 0 & 1 \end{pmatrix} \begin{pmatrix} a_1 & b_1 & c_1 & 0 \\ a_2 & b_2 & c_2 & 0 \\ a_3 & b_3 & c_3 & 0 \\ D_1 & D_2 & D_3 & 1 \end{pmatrix} \quad (9.3.1)$$

式(9.3.1)中的第一个矩阵是将点变换到新坐标系下，第二个矩阵是绕 z 轴的标准旋转矩阵，最后一个矩阵是将旋转后的点变换回原坐标系下。图9.3.3给出一个绕任意轴旋转的示例，图中粗直线段为旋转轴。

可以看出，式(9.3.1)的推导并未用到旋转变换的性质。因此，若式中的 R_z 改作其他的线性变换也是适用的。

算法9.3.1用于求取绕由空间两点定义的任意轴旋转 α 角的变换矩阵 R。当所给的两点满足 $x_1=x_2$ 且 $y_1=y_2$ 时，算法返回绕平行于 z 轴的轴旋转的变换矩阵 R_z。

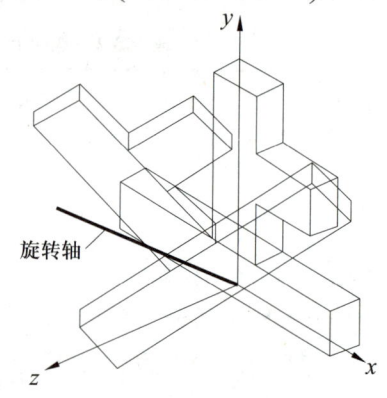

图9.3.3 绕任意轴的旋转

算法9.3.1 绕空间任意轴旋转的变换矩阵
输入：旋转对称轴 $P_1(x1,y1,z1)P_2(x2,y2,z2)$，旋转角度 α(alpha)
输出：绕空间任意轴 P_1P_2 旋转的变换矩阵 R[4][4]
返回值：1——正常；2——绕 z 轴旋转；0——返回的 R[4][4]无效
| ```
int RotArbitry2P(float x1,float y1,float z1,float x2,float y2,float z2,float alpha,float R[4][4])
{
    float sa,ca,D,D1,D2,D3;
    float a1,b1,c1,a2,b2,c2,a3,b3,c3,d1,d2,d3;
    float dx,dy,dz;
    float Lt[4][4],Rt[4][4],Rm[4][4];
    if (dpp(x1,y1,x2,y2)<Eps) {          //dpp()为求取平面上两点的距离函数
        rotz(x1,y1,z1,alpha,R);          //按 R_z 作旋转变换
        return 2;
    }                                     //End of 所给两点平行于 z 轴
    dx=x2-x1;  dy=y2-y1;  dz=z2-z1;  D=sqrt(dx*dx+dy*dy+dz*dz);
    if (D<Eps) return 0;                 //两点相同，新的坐标系无效
``` |
```

续表

```
dx = dx/D;    dy = dy/D;    dz = dz/D;
AxisPointUnitVector(x1,y1,z1,dx,dy,dz,Lt,Rt,3);        //旋转轴作为新 z 轴
rotz(0.,0.,0.,alpha,R);                                //绕 z 轴变换阵
mult_4X4(Lt,R,Rm);                                     //三矩阵相乘
mult_4X4(Rm,Rt,R);                                     //三矩阵相乘
return 1;
}
```

9.4 正 投 影

向坐标平面投射的正投影本质上只要取该坐标平面所在的二维坐标即可。

9.4.1 向坐标平面投射的正投影

画法几何采用投影的办法在平面上表示三维形体,引入"视图"概念,通常是三视图。

下面给出六个视图(图 9.4.1)的变换矩阵,经过变换后均只需取 x^* 和 y^* 坐标即可得到相应的视图。注意要正确分布视图还需要加上相应的平移量,这个平移量一般依赖于各视图左下角点的定位值。

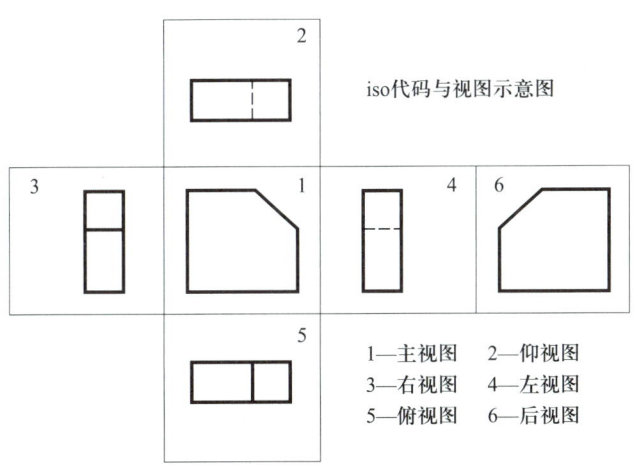

图 9.4.1　六个视图的意义

向坐标平面投射得到"投影"并不需要什么变换矩阵,只需取其中的两个坐标即可,保留第三维坐标供三维处理之用。这里仍用矩阵形式更多的考虑是为了记忆与表达的统一,且矩阵的行列式值仍是 1。

1—主视图	2—俯视图	3—右视图	4—左视图	5—仰视图	6—后视图
$\begin{pmatrix} 1 & 0 & 0 \\ 0 & 1 & 0 \\ 0 & 0 & 1 \end{pmatrix}$	$\begin{pmatrix} 1 & 0 & 0 \\ 0 & 0 & 1 \\ 0 & -1 & 0 \end{pmatrix}$	$\begin{pmatrix} 0 & 0 & 1 \\ 0 & 1 & 0 \\ -1 & 0 & 0 \end{pmatrix}$	$\begin{pmatrix} 0 & 0 & -1 \\ 0 & 1 & 0 \\ 1 & 0 & 0 \end{pmatrix}$	$\begin{pmatrix} 1 & 0 & 0 \\ 0 & 0 & -1 \\ 0 & 1 & 0 \end{pmatrix}$	$\begin{pmatrix} 0 & 0 & 1 \\ 0 & 1 & 0 \\ -1 & 0 & 0 \end{pmatrix}$

算法 9.4.1 用于求取形成六视图的变换矩阵。

算法 9.4.1　六视图变换矩阵生成

输入：iso　　　　　int　　生成的六个视图的变换矩阵由 iso 选择，iso 的意义参见图 9.4.1。
输出：T[4][4]　　　float　　正投影变换矩阵
返回值：1——正确返回；0——T[4][4] 无效

```
int orthogonal( int iso, float T[4][4] )
{
    unit_matrix4X4(T);       //生成单位矩阵
    switch (iso) {
      case 1:                // iso = 1
        break;
      case 2:                // iso = 2
        T[1][1] = 0.;  T[2][2] = 0.;  T[2][1] = -1.0;  T[1][2] = 1.0;
        break;
      case 3:                // iso = 3
        T[0][0] = 0.;  T[2][2] = 0.;  T[2][0] = 1.0;  T[0][2] = -1.0;
        break;
      case 4:                // iso = 4
        T[0][0] = 0.;  T[2][2] = 0.;  T[2][0] = -1.0;  T[0][2] = 1.0;
        break;
      case 5:                // iso = 5
        T[0][0] = -1.0;  T[2][2] = -1.0;
        break;
      case 6:                // iso = 6
        T[1][1] = 0.;  T[2][2] = 0.;  T[1][2] = -1.0;  T[2][1] = 1.0;
        break;
      default:
        return(0);
    }                        // end of switch iso
    return 1;
}
```

9.4.2 向任意面投射的正投影

画法几何是用作图法求取点在平面上的投影,求取点在任意平面上的正投影就较为困难。设 n_S 为平面 S 的法向量,Q_S 为平面 S 上的一点,求空间点 P 在平面 S 上的投影点 P_S。

（1）一般几何解法

$$OP_S = OP - [(OP - OQ_S) \cdot n_S] \cdot n_S。$$

（2）以任意面作为坐标平面的解法

根据"算法 9.2.2 构建以任意平面为坐标平面的新坐标系(坐标变换矩阵的求取)",先构建一个新的坐标系,将 S 作为新坐标系的 $z^* = 0$ 坐标平面,在这个新坐标系 $O^* x^* y^* z^*$ 下向平面 S 投射所得的投影就变成向 $z^* = 0$ 坐标平面投射所得的正投影了。预做的工作只是先将点 $P(x, y, z)$ 的坐标变换到这个以 S 为坐标平面的新坐标系下,为 $P^*(x^*, y^*, z^*)$;于是 $P_S^*(x^*, y^*, 0)$ 就是在新坐标系 $O^* x^* y^* z^*$ 下点 P 在 S 上的投影。再将 $P_S^*(x^*, y^*, 0)$ 逆变换回原始坐标系下得到 $P_S(x_S, y_S, z_S)$,即 P_S 就是点 P 在 S 上的投影。

9.5 轴 测 变 换

9.5.1 轴测变换原理

将形体和连同确定它的空间直角坐标系,用平行投影法一齐投射到选定的(轴测)投影面 Π 上,这种方法称为轴测投影法。轴测变换及轴测投影法在画法几何与机械制图中经常用到。在该 Π 面上得到的投影称为轴测投影,简称轴测投影图。按照投影方向与 Π 面的关系轴测投影可分为:

（1）正轴测投影:投射方向垂直于投影面 Π（图 9.5.1a）。
（2）斜轴测投影:投射方向倾斜于投影面 Π（图 9.5.1b）。

图 9.5.1a 所示为正轴测投影,图 9.5.1b 所示为斜轴测投影。其中空间坐标系 $oxyz$ 在轴测投影面上的投影 $o_1 x_1$、$o_1 y_1$、$o_1 z_1$ 称为轴测轴,相邻两轴测轴间的夹角称为轴间角;空间坐标系的单位长度去除它在投影面上的投影长度所得值 η_x、η_y、η_z,称为轴向伸缩系数。画法几何中按照轴向伸缩系数间的关系又可分为如下三类轴测投影:

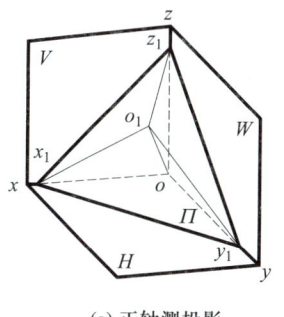
(a) 正轴测投影

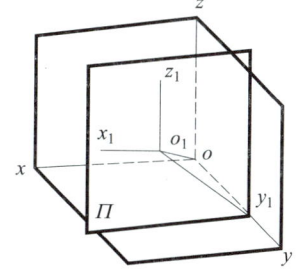
(b) 斜轴测投影

图 9.5.1 轴测投影

(1) 正等测 若轴向伸缩系数 $\eta_x = \eta_y = \eta_z$,则为正等测。

(2) 正二测或斜二测 若轴向伸缩系数 $\eta_x = \eta_y \neq \eta_z$(或 $\eta_y = \eta_z \neq \eta_x$ 或 $\eta_z = \eta_x \neq \eta_y$),则为正二测或斜二测。

(3) 正三测或斜三测 若轴向伸缩系数 $\eta_x \neq \eta_y \neq \eta_z$,则为正三测或斜三测。

常见的轴测投影有正等测、正二测和斜二测三种(图 9.5.2)。

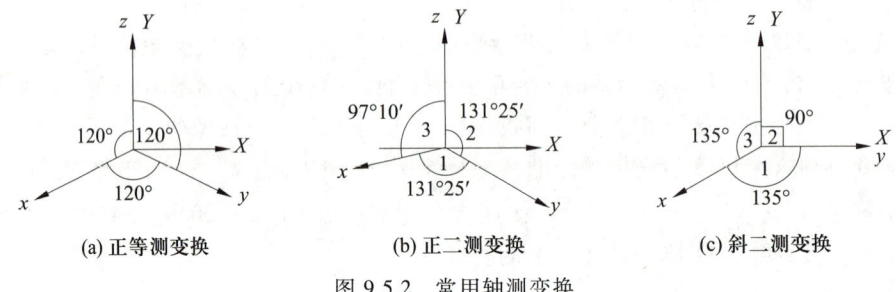

(a) 正等测变换　　　　(b) 正二测变换　　　　(c) 斜二测变换

图 9.5.2　常用轴测变换

9.5.2　轴测变换的一般公式

当求得轴测投影的轴间角及轴向伸缩系数后,即可求得在轴向伸缩系数下的轴测变换矩阵通式:

$$\begin{pmatrix} X \\ Y \end{pmatrix} = \begin{pmatrix} \eta_x \cos \alpha_x & \eta_y \cos \alpha_y & \eta_z \cos \alpha_z \\ \eta_x \sin \alpha_x & \eta_y \sin \alpha_y & \eta_z \sin \alpha_z \end{pmatrix} \begin{pmatrix} x \\ y \\ z \end{pmatrix} \tag{9.5.1}$$

为了应用轴间角来代替上述公式,可使三维坐标系中的 z 轴和二维坐标系中的 Y 轴一致(工程制图常用,图 9.5.3)或使三维坐标系中的 y 轴与二维坐标系中的 Y 轴一致(计算机图形学常用,图 9.5.4),分列如下:

三维坐标系中的 z 轴和二维坐标系中的 Y 轴一致	三维坐标系中的 y 与二维坐标系中的 Y 轴一致
$\angle 1 = \alpha_y - \alpha_x$, $\angle 2 = \alpha_z - \alpha_y + 360°$, $\angle 3 = \alpha_x - \alpha_z$, $\alpha_z = 90°$	$\angle 1 = \alpha_y - \alpha_x + 360°$, $\angle 2 = \alpha_z - \alpha_y$, $\angle 3 = \alpha_x - \alpha_z$, $\alpha_y = 90°$
$\sin \alpha_y = \cos \angle 2$, $\sin \alpha_x = \cos \angle 3$, $\sin \alpha_z = 1$, $\cos \alpha_y = \sin \angle 2$, $\cos \alpha_x = -\sin \angle 3$, $\cos \alpha_z = 0$	$\sin \alpha_x = \cos \angle 1$, $\sin \alpha_z = \cos \angle 2$, $\sin \alpha_y = 1$, $\cos \alpha_x = \sin \angle 1$, $\cos \alpha_z = -\sin \angle 2$, $\cos \alpha_y = 0$
$\begin{pmatrix} X \\ Y \end{pmatrix} = \begin{pmatrix} -\eta_x \sin \angle 3 & \eta_y \sin \angle 2 & 0 \\ \eta_x \cos \angle 3 & \eta_y \cos \angle 2 & \eta_z \end{pmatrix} \begin{pmatrix} x \\ y \\ z \end{pmatrix}$	$\begin{pmatrix} X \\ Y \end{pmatrix} = \begin{pmatrix} \eta_x \sin \angle 1 & 0 & -\eta_z \sin \angle 2 \\ \eta_x \cos \angle 1 & \eta_y & \eta_z \cos \angle 2 \end{pmatrix} \begin{pmatrix} x \\ y \\ z \end{pmatrix}$

续表

三维坐标系中的 z 轴和二维坐标系中的 Y 轴一致	三维坐标系中的 y 与二维坐标系中的 Y 轴一致
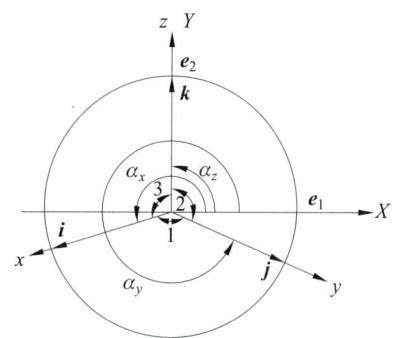 图 9.5.3 机械制图中常用的三维轴测坐标系	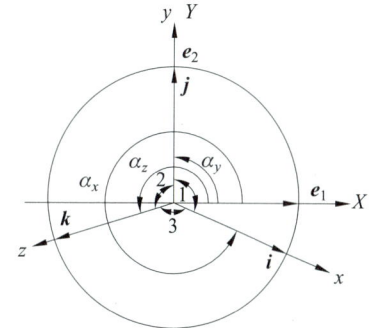 图 9.5.4 计算机图形学中常用的三维轴测坐标系

常用轴测投影的轴向伸缩系数为：

(1) 正等测轴向伸缩系数　　$\eta_x = \eta_y = \eta_z = \sqrt{6}/3$。

(2) 正二测轴向伸缩系数　　$\eta_x = \sqrt{2}/3$，$\eta_y = \eta_z = 2\sqrt{2}/3$。

(3) 斜二测轴向伸缩系数　　$\eta_x = \eta_y = 1$，$\eta_z = 0.5$。

9.5.3 轴测变换矩阵的生成

下面列出常用的轴测变换矩阵的算法，三种常见的轴测图见图 9.5.5。图 9.5.6 示出由轴向伸缩系数与轴间角形成的轴测图。

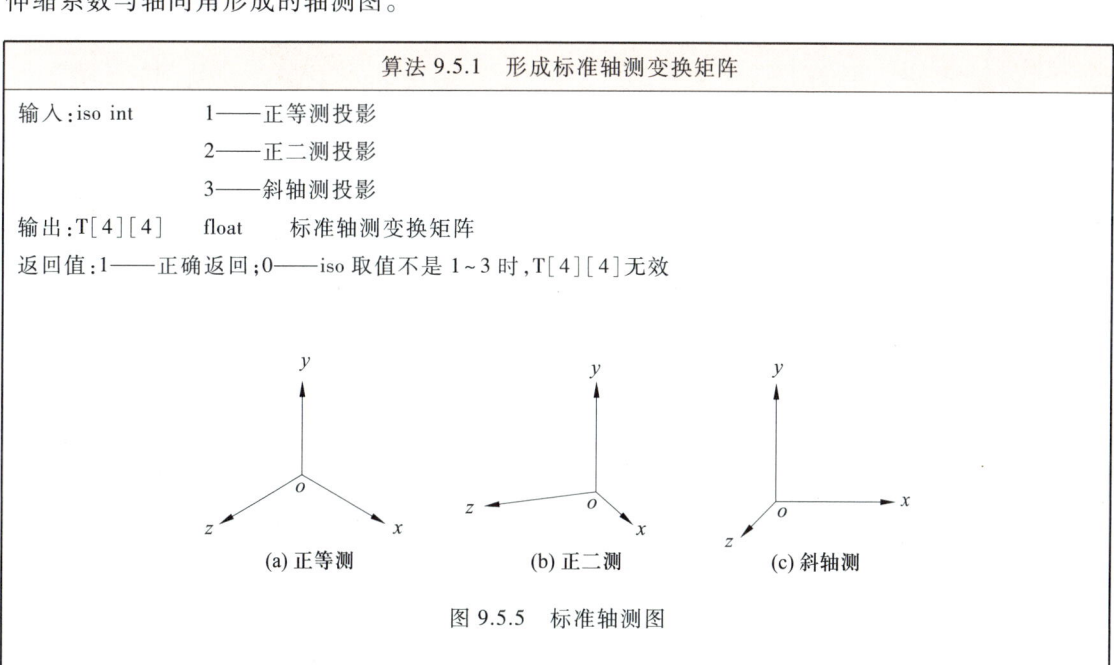

算法 9.5.1　形成标准轴测变换矩阵

输入：iso　int　　1——正等测投影
　　　　　　　　2——正二测投影
　　　　　　　　3——斜轴测投影

输出：T[4][4]　float　标准轴测变换矩阵

返回值：1——正确返回；0——iso 取值不是 1~3 时，T[4][4]无效

图 9.5.5 标准轴测图

续表

```
int axonometric( int iso, float T[4][4] )
{
    float thetaX, thetaY, thetaZ, angle1, angle2;
    unit_matrix4X4(T);        // T 被置为单位矩阵
    switch ( iso ) {
      case 1:                 // 正等测
        thetaX = sqrt(6.0)/3.0;   thetaY = thetaX;   thetaZ = thetaX;
        angle1 = 120 * DEGREE;    angle2 = angle1;
        break;
      case 2:                 // 正二测
        thetaX = sqrt(2.)/3.0;    thetaY = thetaX+thetaX;   thetaZ = thetaY;
        angle1 = 131.4166667 * DEGREE;   angle2 = 99.16666667 * DEGREE;
        break;
      case 3:                 // 斜二测
        thetaX = 1.0;    thetaY = 1.0;    thetaZ = 0.5;
        angle1 = 90. * DEGREE;    angle2 = 135. * DEGREE;
        break;
      default:
        return(0);
    }                         // end of switch iso
    T[0][0] = thetaX * sin(angle1);   T[0][1] = thetaX * cos(angle1);
    T[2][0] = -thetaZ * sin(angle2);  T[2][1] = thetaZ * cos(angle2);   T[1][1] = thetaY;
    return 1;
}
```

算法 9.5.2 由轴向伸缩系数与轴间角形成任意轴测图

输入：etax, etay, etaz   float   三个轴向伸缩系数 η_x、η_y、η_z
　　　angle1, angle2   float   轴间角，以度计，均取正值
输出：T[4][4]   float   变换矩阵

正等测：$\eta_x = \eta_y = \eta_z = \sqrt{6}/3$，$\angle 1 = \angle 2 = 120°$

正二测：$\eta_x = \eta_y = \sqrt{2}/3$，$\eta_z = 2\sqrt{2}/3$，$\angle 1 = 131°25'$，$\angle 2 = 97°10'$

斜二测：$\eta_x = \eta_y = 1$，$\eta_z = 0.5$，$\angle 1 = 90°$，$\angle 2 = 135°$

$$T = \begin{pmatrix} +\eta_x\sin\angle 1 & \eta_x\cos\angle 1 & 0 & 0 \\ 0 & \eta_y & 0 & 0 \\ -\eta_z\sin\angle 2 & \eta_z\cos\angle 2 & 1 & 0 \\ 0 & 0 & 0 & 1 \end{pmatrix}$$

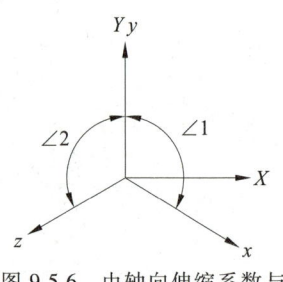

图 9.5.6 由轴向伸缩系数与轴间角形成任意轴测图

续表

```
int axonometry(float etax, float etay, float etaz, float angle1, float angle2, float T[4][4])
{
    float a1, a2;
    unit_matrix4X4(T);
    a1 = angle1 * DEGREE;    a2 = angle2 * DEGREE;
    T[0][0] = etax * sin(a1);   T[2][0] = etaz * sin(a2);   T[0][1] = etax * cos(a1);
    T[1][1] = etay;    T[2][1] = etaz * cos(a2);
    return 1;
}
```

9.6 透视变换

透视可形象地表现出形体之间的远近和层次关系，使观察者获得立体的、有深度的空间感觉。通过透视可以生成很美的画面，特别是在建筑师的手下。

透视投影是用中心投影法将形体投射到画面上，在画面上得到透视图，从而获得比较接近人眼观察的视觉效果，且具有近大远小特点的一种单面投影。所有形体的形状在画面上常会发生变形，因此，需要考虑视点、视角、画面等各种因素，以得到完美的透视图。图 9.6.1 展示的 2 张有透视效果的照片就显示出上述参数选择的不同对透视效果的影响。

图 9.6.1　通过照相机得到的透视图

这里介绍的透视画面是平面的，在此不讨论曲面画面。透视变换是以矩阵形式来表示的，通过齐次变换矩阵来描述透视变换的计算机实施过程。这些基本概念和原理与前面介绍的以手工制作透视图的理论是一致的，只是讲述的角度不同。手工制作透视图是经降维到平面后找到两条相关线，再求交得到视线与画面交点的投影，而这里是直接通过三维空间的线面关系得到透视点的。

9.6.1　透视的基本概念

"透视"是一个绘画理论术语，通过一块透明的平面去看景物，在平面上所见的景物的画面就是该景物的透视。将这个现象抽象，就是把视点固定为一点，观察者的视点与空间形体轮廓的各个点形成一系列视线,在平面上按照空间形体的构造关系,用视线与画面的交点所形成的线条来显示形体的空间位置、轮廓即为透视,透视可较好地显现出空间形体之间的远近和层次关系。

在透视体系中,需先设定一个画面 V 和一个视点 E,由视点 E 出发,与描述空间形体轮廓的各个定点连接形成一系列直线,将这些直线与画面 V 产生的交点遵照空间形体轮廓原来的连接次序连接起来,就构成了该空间形体在画面上的透视图。

如图 9.6.2 所示,形体底面所在的平面称为基面,常选取水平面或地平面(图 9.6.2 中的 H 面)作为基面。基面在透视投影系统中称为物面或地面,在建筑透视中对基面常有这样的表述:观察者所站立的水平地面或形体所在的水平面。

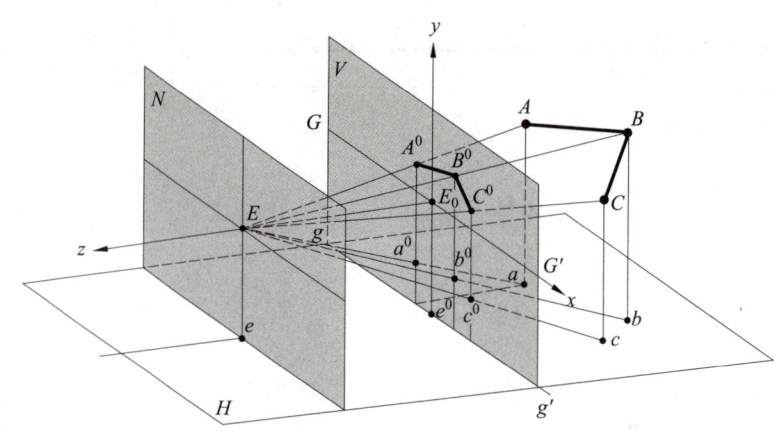

图 9.6.2 透视体系

为了用齐次矩阵描述一个透视变换,先要构筑一个参考坐标系 xyz。在计算机里表述时,一般将画面(V 面)设为 xy 坐标平面,基面(H 面)设为 $y=0$ 坐标平面,y 轴表示高度,视点在 z 轴正向,而形体放在 z 轴负向。

下面给出透视体系的一些术语[①]:

① 基面　　形体底面所在的平面称为基面。
② 画面　　垂直于基面 H 的平面 V 是投影面,又称为图画平面或画面。
③ 视点　　点 E 是投射中心,相当于观察者眼睛的位置,通常称为视点。
④ 站点　　视点 E 在基面上的投影 e 称为站点(在建筑透视中将站点定义为观察者站立的位置)。
⑤ 视高　　视点到基面的距离,即人眼到地面的高度。
⑥ 视心　　视点 E 在画面的投影点 E_0 称为视心,也称主点。
⑦ 视距　　线段 E_0E 表示视点至画面间的距离,称为视距。
⑧ 画面中线　在画面上通过视心 E_0 的铅垂线 E_0e^0 称为画面中线。
⑨ 基线　　画面与基面的交线 gg' 称为画面的基线。
⑩ 视线　　即投射线,视点与形体上任一点的连线。
⑪ 视平线　通过视点 E 的水平面(EGG')与画面 V 的交线 GG' 称为视平线。
⑫ 空间点　A、B、C 表示空间的点。

---

① 此章中术语所用字母同第 7 章中相同术语所用字母有所不同。

⑬ **点的透视**　通过任一点的视线与画面的交点,如 A^0、B^0、C^0。
⑭ **基点**　空间各点在基面 H 上的投影,如点 a、b、c 分别表示点 A、B、C 的基点。
⑮ **基透视**　形体的基面投影的透视,如 a^0、b^0、c^0。
⑯ **中立面**　过视点 E 的铅垂平面 N 称为中立面。
⑰ **中空间**　画面与中立面之间的空间称为中空间。
⑱ **物空间**　被绘物所在的空间(从视点角度看它在画面之后)称为物空间。
⑲ **虚空间**　在视点背后,即在中立面之后的空间,称为虚空间。
⑳ **透视图**　形体在画面上的中心投影,即形体上点透视的集合。
㉑ **主灭点**　直线上无穷远点的透视称为灭点,互相平行的直线具有同一个灭点,通常称与原形体坐标系坐标平面平行的直线的灭点为主灭点。

从后文将会看到,形体在中空间的部分将会放大,形体在物空间的部分将会缩小。为了使透视不产生变形,产生透视时,形体将全部放在画面之后的物空间。显然,透视不考虑在视点 E 背后,即在虚空间的形体。

9.6.2　透视的类型

透视的一个关键要素是"灭点"的概念,与画面不平行的空间直线的无限远点在画面上的透视点称为灭点,一组平行的直线有同一个灭点。空间形体主方向平行直线的灭点称为主灭点。根据灭点的个数,透视变换可以分成平行透视(一灭点)、成角透视(二灭点透视)和三灭点透视三种类型。三灭点透视又可分为由旋转方法产生和通过倾斜画面产生,产生方法将在后面详细叙述。建筑图常用倾斜画面产生三灭点透视。表 9.6.1 列出了一些透视的类型。

表 9.6.1　透视的类型

平行透视(一灭点)	成角透视(二灭点)	三灭点透视(旋转)	三灭点透视(倾斜画面)

9.6.3　透视参数的设定

一般认为,人眼的视域接近于椭圆,因此被绘形体、视点及画面三者之间的相对位置应使得形体在空间中整个地落在这样的一个椭圆锥体内。该椭圆锥体以视点为顶点,中心视线为轴线,轴线垂直于画面,视锥的顶角为视角,视锥与画面相交所包围的区域称为视域,视域为椭圆。椭圆的长轴是水平的,水平视角 α 为 120°~148°,垂直视角 β 约为 110°。但是,清晰的视域只是视域范围的一部分,水平视角 α 大约为 28°~37°,控制在 60°。

表 9.6.2 给出绘制建筑透视图时参数的经验值。

视野　指人眼向一点注视时所能看到的空间范围,视野近乎一个椭圆锥,水平方向宽,竖直方向窄。

水平视角　水平方向的两条极限视线间的夹角称为水平视角。

垂直视角　垂直方向的两条极限视线间的夹角称为垂直视角。

视圆锥 清晰视野下,将视野椭圆锥看作一个以视点为顶点,以主视线为轴线的圆锥。

表 9.6.2 绘制透视图时参数的经验值

类型	参数	说明
水平视角	140°~176°	一只眼睛时为 120°~148°
垂直视角	110°~125°	一只眼睛时为 110°~125°
清晰视野	28°~37°	清晰视野将视野看成圆锥体,圆锥顶角可达 90°,一般不超过 60°
圆锥顶角	60°	应使形体全部落在顶角为 60°的视圆锥内
视点选择		圆锥顶角约为 28°,一般取 30°。视点过近,失真;过远,透视不明显
站点		由站点引出的与建筑物相接触的两边缘视线间的夹角约为 30°
视点高度	1.5~1.8 m	视点高于建筑物,产生鸟瞰图;视点低于建筑物,产生仰视透视图
一点透视		使形体上两组主向直线(正平线和铅垂线)平行于画面
二点透视		使形体上一组铅垂主向直线平行于画面,另两组主向直线与画面相交
三点透视		当画面倾斜于地面时,三组主向直线均与画面不平行

9.6.4 透视变换矩阵

不失一般性,视点 E 选在 z 轴上,且取与此轴垂直的画面为 xy 坐标平面,视心 E_0 为坐标原点,构建透视计算坐标系(图 9.6.2),此时视点的坐标为 $E(0,0,z_e)$,透视画面为 $z=0$。设空间点为 $P(x_p,y_p,z_p)$,则视线 EP 的直线方程为:

$$\begin{cases} x=0+(x_p-0)t \\ y=0+(y_p-0)t \\ z=z_e+(z_p-z_e)t \end{cases} \tag{9.6.1}$$

此直线和画面 $z=0$ 相交时的参数为 $t=-z_e/(z_p-z_e)$。将此参数应用于式(9.6.1)中的三个坐标,且由于 P 是空间的任意一点,取消下角标"p",有:

$$\begin{cases} x'=x \cdot z_e/(z_e-z) \\ y'=y \cdot z_e/(z_e-z) \\ z'=z \cdot z_e/(z_e-z) \end{cases} \tag{9.6.2}$$

如果用齐次坐标矩阵形式,则式(9.6.2)变为:$(X,Y,Z,H)=(x,y,z,1)\begin{pmatrix} 1 & 0 & 0 & 0 \\ 0 & 1 & 0 & 0 \\ 0 & 0 & 1 & -1/z_e \\ 0 & 0 & 0 & 1 \end{pmatrix}$,

矩阵

$$P_z=\begin{pmatrix} 1 & 0 & 0 & 0 \\ 0 & 1 & 0 & 0 \\ 0 & 0 & 1 & -1/z_e \\ 0 & 0 & 0 & 1 \end{pmatrix} \tag{9.6.3}$$

P_z 称为视点在 z 轴上的透视变换矩阵。同理可得视点在 x 轴上和 y 轴上的变换阵分别为

$$P_x = \begin{pmatrix} 1 & 0 & 0 & -1/x_e \\ 0 & 1 & 0 & 0 \\ 0 & 0 & 1 & 0 \\ 0 & 0 & 0 & 1 \end{pmatrix} \quad \text{与} \quad P_y = \begin{pmatrix} 1 & 0 & 0 & 0 \\ 0 & 1 & 0 & -1/y_e \\ 0 & 0 & 1 & 0 \\ 0 & 0 & 0 & 1 \end{pmatrix}$$

9.6.5 透视画面位置与透视图的关系

下面给出透视画面位置与透视图关系的三个性质(图 9.6.3)。

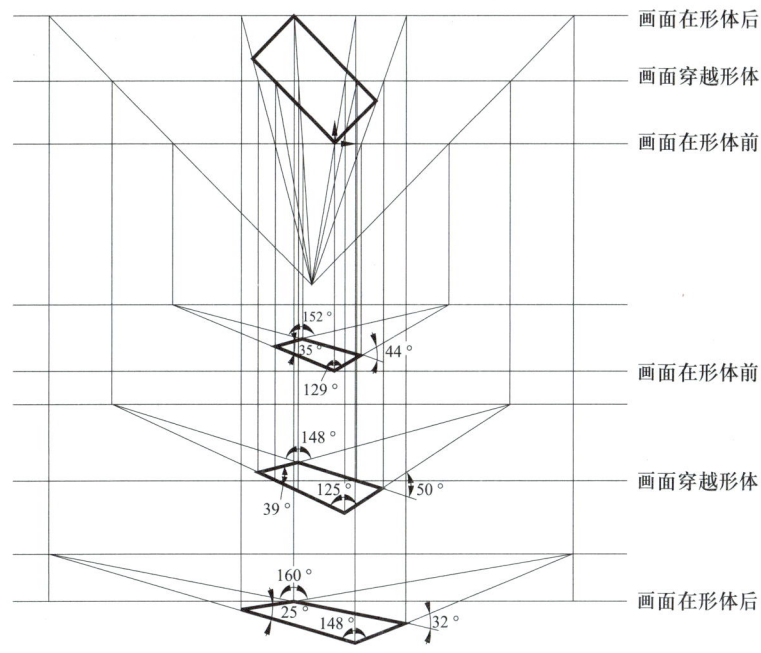

图 9.6.3 同一矩形在不同画面位置的透视情况

(四边形透视图的角度均不相同表示画面前后移动时所得透视不是相似的)

(1) 当形体在画面的后方时,画面上的透视比画面上的正投影小(变换是缩小的)。

证明(图 9.6.2) 根据透视变换公式(9.6.2),空间点 $P(x_p, y_p, z_p)$ 在透视画面 xy 上的坐标为:

$$\begin{cases} x = x_p z_e / (z_e - z_p) \\ y = y_p z_e / (z_e - z_p) \\ z = 0 \end{cases} \tag{9.6.4}$$

当 $z_p < 0$,即形体在画面的后方时,有 $z_e - z_p > z_e > 0$,所以有

$$z_e / (z_e - z_p) < 1$$

最后有

$$|x| < |x_p z_e / (z_e - z_p)|$$

同理有

$$|y| < |y_p z_e / (z_e - z_p)|$$

(2) 当形体在画面的前方时,画面上的透视比画面上的正投影大(变换是扩大的)。

证明 当 $z_p>0$,即形体在画面的前方时,有 $|z_e-z_p|<z_e$,所以有
$$z_e/|z_e-z_p|>1$$

最后有
$$|x|>|x_p z_e/(z_e-z_p)|$$

同理有
$$|y|>|y_p z_e/(z_e-z_p)|$$

(3) 靠前的形体比靠后的形体在画面上更大(透视形体从前到后是缩小的)。

证明 设有两空间点为 $P_1(x_p,y_p,z_{p1})$,$P_2(x_p,y_p,z_{p2})$,且 $z_{p1}<z_{p2}<z_e$。

$$x_1=x_p z_e/(z_e-z_{p1})$$
$$y_1=y_p z_e/(z_e-z_{p1})$$
$$x_2=x_p z_e/(z_e-z_{p2})$$
$$y_2=y_p z_e/(z_e-z_{p2})$$
$$x_2-x_1=x_p z_e/(z_e-z_{p2})-x_p z_e/(z_e-z_{p1})$$
$$=x_p z_e[1/(z_e-z_{p2})-1/(z_e-z_{p1})]$$

由于 $z_{p1}<z_{p2}<z_e$,所以有
$$1/(z_e-z_{p2})>1/(z_e-z_{p1})$$

即
$$1/(z_e-z_{p2})-1/(z_e-z_{p1})>0$$

最后,x_2-x_1 与 x_p 同号,则当 $x_p>0$ 时,$x_2>x_1$;当 $x_p<0$ 时,$x_2<x_1$ 即 $|x_2|>|x_1|$。同理有 $|y_2|>|y_1|$。

由上得到:

① 形体在画面的后(前)方时,在画面上的透视比它在画面上的正投影小(大),画面穿越形体时,形体透视在画面处被分割成两部分,画面前的部分被放大,画面后的部分被缩小。

② 画面前后移动时,形体的透视不只是大小发生变化,形状也发生改变,相互不是相似的。

9.6.6 透视投影转化为平行投影

为了进一步说明经透视变换[式(9.6.2)]后形体变化的情况,试考察对一直线的透视变换。设有一直线

$$\begin{cases} x=x_0+c_x t \\ y=y_0+c_y t \quad (-\infty<t<\infty) \\ z=z_0+c_z t \end{cases} \tag{9.6.5}$$

式中 (x_0,y_0,z_0) 为直线通过的点,c_x、c_y、c_z 为直线的方向(即为与坐标轴夹角的余弦值)。经式(9.6.2)变换后,式(9.6.2)变为:

$$\begin{cases} x'=(x_0+c_x t)z_e/[z_e-(z_0+c_z t)] \\ y'=(y_0+c_y t)z_e/[z_e-(z_0+c_z t)] \quad (-\infty<t<\infty) \\ z'=(z_0+c_z t)z_e/[z_e-(z_0+c_z t)] \end{cases} \tag{9.6.6}$$

当直线向无穷远处延伸时,有

$$\begin{cases} \lim\limits_{t \to \infty} x' = \dfrac{-c_x}{c_z} z_e \\ \lim\limits_{t \to \infty} y' = \dfrac{-c_y}{c_z} z_e \\ \lim\limits_{t \to \infty} z' = -z_e \end{cases} \quad (9.6.7)$$

由此可以观测透视变换的几何意义。如图 9.6.4 中与 z 轴平行的直线 AB,经 P_z 变换后变成 $A'B'$,处于通过 AB 的延长线和画面的交点 G 及一个消失点 $F(0,0,-z_e)$ 的直线上。

这是不难证明的。

首先,求取 AB 与画面的交点 G,此时有 $z=0$,由式(9.6.5)中的第 3 式,有

$$z_0 + c_z t = 0$$

代入式(9.6.6)中各式,并由式(9.6.5)得

$$z' = 0 \text{ 且 } x' = x, y' = y$$

这说明 AB 及 $A'B'$ 与画面共交于一点 G,由此得到:AB 在画面上的透视投影与 $A'B'$ 在画面上的正投影是一致的,均为 $A^0 B^0$。

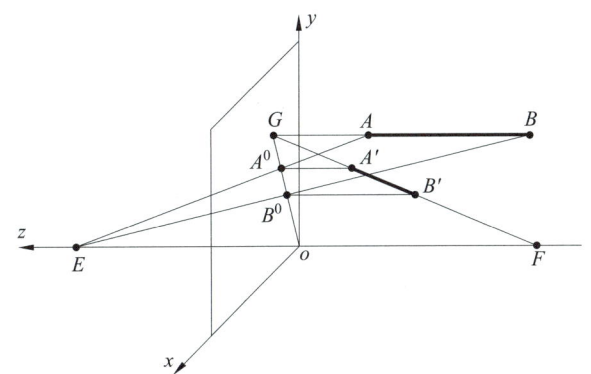

图 9.6.4　透视变换的几何意义及透视投影转化为平行投影的机理

对于 z 坐标(深度),由于

$$\frac{\mathrm{d}z'}{\mathrm{d}z} = \frac{z_e(z_e - z) + (z_e z)}{(z_e - z)^2} = \frac{z_e^2}{(z_e - z)^2} > 0$$

即直线 AB 与 $A'B'$ 相应的点与画面的远近关系是一致的,因此可得出如下结论:对一个空间形体,一定存在另一个空间形体,使前者在画面上的透视投影与后者的平行投影是一样的,且保留了深度方向的对应关系。

这个性质可使复杂的透视投影转化成简单的平行投影,使计算大为简化。

而当直线垂直于画面时有 $c_x = c_y = 0$,$c_z \neq 0$(1 或 -1),由式(9.6.7)得 $\lim x' = 0$,$\lim y' = 0$,$\lim z' = -z_e$,说明原来垂直于画面的直线将交于点 $F(0,0,-z_e)$,这种性质很像光学中的平行光经抛物面反射后聚于一焦点 F。

当 $c_z = 0$ 时,有 $\lim x' = \infty$,$\lim y' = \infty$,因此原平行于投影平面的直线经透视变换后仍平行于投影平面。可得结论:与画面成一角度的平行直线经透视变换后,它们在投影平面上交于一点,

此类点就被称为透视投影的灭点。

因此,一般可采用两种不同的方法使形体的主体与画面成一角度,从而获得透视图:一是保持画面铅垂而通过旋转形体使之与画面构成一个角度以达到透视变换效果;二是通过倾斜投影画面而达到透视变换效果。

9.6.7 通过旋转形体生成透视图

先介绍"保持画面铅垂而通过旋转形体使之与画面构成一个角度以达到透视变换效果"的方法。分别进行不同次数的旋转变换,再施以透视变换 P_z[式(9.6.3)]后,分别得到一灭点(不旋转)、二灭点(1次旋转)和三灭点(2次旋转)矩阵。

1. 平行透视(一灭点)

由于 $EP_z = P_z$,因此透视变换后的 x、y、z 无穷远点将变为 P_z 的前三行 $(1,0,0,0)$、$(0,1,0,0)$ 和 $(0,0,1,-1/z_e)$(它表示三个点)。这说明原来平行于 x 轴和 y 轴的向量仍互相平行,而平行于 z 轴的向量则交于一点 $(0,0)$。

2. 成角透视(二灭点)

如果把单位立方体绕 y 轴转 α_y 角,再施以透视变换 P_z,即得二灭点透视变换:

$$ER_yP_z = R_yP_z = \begin{pmatrix} \cos\alpha_y & 0 & -\sin\alpha_y & 0 \\ 0 & 1 & 0 & 0 \\ \sin\alpha_y & 0 & \cos\alpha_y & 0 \\ 0 & 0 & 0 & 1 \end{pmatrix} \begin{pmatrix} 1 & 0 & 0 & 0 \\ 0 & 1 & 0 & 0 \\ 0 & 0 & 1 & -1/z_e \\ 0 & 0 & 0 & 1 \end{pmatrix}$$

$$= \begin{pmatrix} \cos\alpha_y & 0 & -\sin\alpha_y & \sin\alpha_y/z_e \\ 0 & 1 & 0 & 0 \\ \sin\alpha_y & 0 & \cos\alpha_y & -\cos\alpha_y/z_e \\ 0 & 0 & 0 & 1 \end{pmatrix} \tag{9.6.8}$$

由矩阵第一行可知,原来平行于 x 轴的向量将在投影平面 xoy 上有灭点 $(z_e\cot\alpha_y, 0)$;由矩阵第三行可知,原来平行于 z 轴的向量将在投影平面 xoy 上汇集于灭点 $(z_e\text{-}\tan\alpha_y, 0)$。

3. 三灭点透视

将形体绕 x 轴旋转 α_x 角,再绕 y 轴旋转 α_y 角,最后施以透视变换 P_z 即得三灭点透视变换:

① $ER_xR_yP_z = R_xR_yP_z$

$$= \begin{pmatrix} 1 & 0 & 0 & 0 \\ 0 & \cos\alpha_x & \sin\alpha_x & 0 \\ 0 & -\sin\alpha_x & \cos\alpha_x & 0 \\ 0 & 0 & 0 & 1 \end{pmatrix} \begin{pmatrix} \cos\alpha_y & 0 & -\sin\alpha_y & 0 \\ 0 & 1 & 0 & 0 \\ \sin\alpha_y & 0 & \cos\alpha_y & 0 \\ 0 & 0 & 0 & 1 \end{pmatrix} \begin{pmatrix} 1 & 0 & 0 & 0 \\ 0 & 1 & 0 & 0 \\ 0 & 0 & 1 & -1/z_e \\ 0 & 0 & 0 & 1 \end{pmatrix}$$

$$= \begin{pmatrix} \cos\alpha_y & 0 & -\sin\alpha_y & \sin\alpha_y/z_e \\ \sin\alpha_x\sin\alpha_y & \cos\alpha_x & \sin\alpha_x\cos\alpha_y & -\sin\alpha_x\cos\alpha_y/z_e \\ \cos\alpha_x\sin\alpha_y & -\sin\alpha_x & \cos\alpha_x\cos\alpha_y & -\cos\alpha_x\cos\alpha_y/z_e \\ 0 & 0 & 0 & 1 \end{pmatrix} \tag{9.6.9}$$

规格化矩阵的前三行,即得原来分别平行于 x、y、z 轴的向量经变换后的投影分别交于三个灭点：$(z_e \cot \alpha_y, 0)$，$\left(z_e \tan \alpha_y, -\dfrac{\cot \alpha_x}{\cos \alpha_y} z_e\right)$ 和 $\left(z_e \tan \alpha_y, -\dfrac{\tan \alpha_x}{\cos \alpha_y} z_e\right)$

类似地，对形体绕不同的两个轴旋转，再施以透视变换得到其他三灭点透视变换矩阵：

② $ER_yR_xP_z = \begin{pmatrix} \cos \alpha_y & \sin \alpha_x \sin \alpha_y & -\sin \alpha_y \cos \alpha_x & \sin \alpha_y \cos \alpha_x / z_e \\ 0 & \cos \alpha_x & \sin \alpha_x & -\sin \alpha_x / z_e \\ \sin \alpha_y & -\sin \alpha_x \cos \alpha_y & \cos \alpha_x \cos \alpha_y & -\cos \alpha_x \cos \alpha_y / z_e \\ 0 & 0 & 0 & 1 \end{pmatrix}$

③ $ER_yR_zP_z = \begin{pmatrix} \cos \alpha_y \cos \alpha_z & \cos \alpha_y \sin \alpha_z & -\sin \alpha_y & \sin \alpha_y / z_e \\ -\sin \alpha_z & \cos \alpha_x & 0 & 0 \\ \sin \alpha_y \cos \alpha_z & \sin \alpha_y \sin \alpha_z & \cos \alpha_y & -\cos \alpha_y / z_e \\ 0 & 0 & 0 & 1 \end{pmatrix}$

④ $ER_zR_yP_z = \begin{pmatrix} \cos \alpha_z \cos \alpha_y & \sin \alpha_z & -\cos \alpha_z \sin \alpha_y & \cos \alpha_z \sin \alpha_y / z_e \\ -\sin \alpha_z \cos \alpha_y & \cos \alpha_x & \sin \alpha_z \sin \alpha_y & -\sin \alpha_z \sin \alpha_y / z_e \\ \sin \alpha_y & 0 & \cos \alpha_x & -\cos \alpha_y / z_e \\ 0 & 0 & 0 & 1 \end{pmatrix}$

⑤ $ER_zR_xP_z = \begin{pmatrix} \cos \alpha_z & \sin \alpha_z \cos \alpha_x & -\sin \alpha_z \sin \alpha_x & -\sin \alpha_z \sin \alpha_x / z_e \\ -\sin \alpha_z & \cos \alpha_z \cos \alpha_x & \cos \alpha_z \sin \alpha_x & -\cos \alpha_z \sin \alpha_x / z_e \\ 0 & -\sin \alpha_x & \cos \alpha_x & -\cos \alpha_x / z_e \\ 0 & 0 & 0 & 1 \end{pmatrix}$

⑥ $ER_xR_zP_z = \begin{pmatrix} \cos \alpha_z & \sin \alpha_z & 0 & 0 \\ -\cos \alpha_x \sin \alpha_z & \cos \alpha_x \cos \alpha_z & \sin \alpha_x & -\sin \alpha_x / z_e \\ \sin \alpha_x \sin \alpha_z & -\sin \alpha_x \cos \alpha_z & \cos \alpha_x & -\cos \alpha_x / z_e \\ 0 & 0 & 0 & 1 \end{pmatrix}$

表 9.6.3 列出了通过对形体进行不同的旋转并施以透视变换 P_z 后产生的一、二、三个灭点的情况。从表中可以看出，如果分别采用①、③和⑥三种旋转变换，它们可以保证经透视投影后形体不出现倾斜状态，是实际应用中（例如建筑透视）的三种较好的透视变换矩阵。

表 9.6.3 通过旋转变换产生的透视投影灭点的情况

序	旋转主轴及次序		与原坐标轴平行的直线簇在 xoy 平面上的灭点坐标			灭点数	备注
	①	②	X	Y	Z		
1	不旋转		//	//	(0,0)	1	1 个灭点在中心
2	x		//	$(0, z_e \text{-} \cot \alpha_x)$	$(0, z_e \tan \alpha_x)$	2	2 个灭点位于同一垂直方向

续表

序	旋转主轴及次序		与原坐标轴平行的直线簇在 xoy 平面上的灭点坐标			灭点数	备注
	①	②	X	Y	Z		
3	y		$(z_e \cot \alpha_y, 0)$	//	$(z_e \tan \alpha_y, 0)$	2	2个灭点位于同一水平方向
4	z		//	//	$(0,0)$	1	1个灭点在中心
5	x	y	$(z_e \cot \alpha_y, 0)$	$(z_e - \tan \alpha_y)$, $(-\cot \alpha_x / \cos \alpha_y \cdot z_e)$	$(z_e - \tan \alpha_y, \tan \alpha_x / \cos \alpha_y \cdot z_e)$	3	2个灭点位于同一垂直方向,1个灭点在水平轴上
6	y	x	$(\cot \alpha_y / \cos \alpha_x \cdot z_e, z_e \tan \alpha_x)$	$(0, z_e - \cot \alpha_y)$	$(-\tan \alpha_y / \cos \alpha_x \cdot z_e, z_e \tan \alpha_x)$	3	2个灭点位于同一水平方向,1个灭点在垂直轴上
7	y	z	$(\cot \alpha_y \cdot \cos \alpha_z \cdot z_e, \cot \alpha_y \cdot \sin \alpha_z \cdot z_e)$	//	$(-\tan \alpha_y \cdot \cos \alpha_z \cdot z_e, -\tan \alpha_y \cdot \sin \alpha_z \cdot z_e)$	2	3个灭点成歪斜状态
8	z	y	$(\cot \alpha_y \cdot z_e, \tan \alpha_z / \sin \alpha_y \cdot z_e)$	$(\cot \alpha_y \cdot z_e, -\cot \alpha_z / \sin \alpha_y \cdot z_e)$	$(-\tan \alpha_y \cdot z_e, 0)$	3	3个灭点成歪斜状态
9	z	x	$(-\cot \alpha_z / \sin \alpha_x \cdot z_e, -\cot \alpha_x \cdot z_e)$	$(\tan \alpha_z / \sin \alpha_x \cdot z_e, -\cot \alpha_x \cdot z_e)$	$(0, \tan \alpha_x \cdot z_e)$	3	2个灭点位于同一水平方向,1个灭点在垂直轴上
10	x	z	//	$(\cot \alpha_x \cdot \sin \alpha_z \cdot z_e, -\cot \alpha_x \cdot \cos \alpha_z \cdot z_e)$	$(-\tan \alpha_x \cdot \sin \alpha_z \cdot z_e, \tan \alpha_x \cdot \cos \alpha_z \cdot z_e)$	2	2个灭点成歪斜状态

根据表 9.6.3,如果选择下边给出的透视变换:视点在 z 轴上,投影平面为 xy 平面,经过平移→旋转→旋转→平移→透视,在有二灭点和三灭点的情况下,其中二灭点将同在一水平线上,表 9.6.4 列出了建议采用的产生较好透视图的方法、透视参数和灭点的坐标。

表 9.6.4　3种较好透视图的产生方法、透视参数和灭点坐标

灭点个数	视距	参数		灭点位置		
		绕 y 轴旋转角	绕 x 轴旋转角	平行于 x 轴直线	平行于 y 轴直线	平行于 z 轴直线
1	z_e	0	0	$-\infty$	$-\infty$	0
2		α_y	0	$(\cot \alpha_y z_e, 0)$	$-\infty$	$(-\tan \alpha_y z_e, 0)$
3		α_y	α_x	$\left(\dfrac{\cot \alpha_y}{\cos \alpha_x} z_e, \tan \alpha_x z_e\right)$	$(0, -\cot \alpha_x z_e)$	$\left(\dfrac{-\tan \alpha_y}{\cos \alpha_x} z_e, \tan \alpha_x z_e\right)$

主要公式为：

$$P = \begin{pmatrix} 1 & 0 & 0 & 0 \\ 0 & 1 & 0 & 0 \\ 0 & 0 & 1 & 0 \\ -x_0 & -y_0 & -z_0 & 1 \end{pmatrix} \begin{pmatrix} \cos \alpha_y & 0 & -\sin \alpha_y & 0 \\ 0 & 1 & 0 & 0 \\ \sin \alpha_y & 0 & \cos \alpha_y & 0 \\ 0 & 0 & 0 & 1 \end{pmatrix} \begin{pmatrix} 1 & 0 & 0 & 0 \\ 0 & \cos \alpha_x & \sin \alpha_x & 0 \\ 0 & -\sin \alpha_x & \cos \alpha_x & 0 \\ 0 & 0 & 0 & 1 \end{pmatrix}$$

$$\begin{pmatrix} 1 & 0 & 0 & 0 \\ 0 & 1 & 0 & 0 \\ 0 & 0 & 1 & 0 \\ x_0 & y_0 & z_0 & 1 \end{pmatrix} \begin{pmatrix} 1 & 0 & 0 & 0 \\ 0 & 1 & 0 & 0 \\ 0 & 0 & 1 & -1/z_e \\ 0 & 0 & 0 & 1 \end{pmatrix}$$

$$= \begin{pmatrix} \cos \alpha_y & \sin \alpha_y \sin \alpha_x & -\sin \alpha_y \cos \alpha_x & \sin \alpha_y \cos \alpha_x / z_e \\ 0 & \cos \alpha_x & \sin \alpha_x & -\sin \alpha_x / z_e \\ \sin \alpha_y & -\cos \alpha_y \sin \alpha_x & \cos \alpha_y \cos \alpha_x & -\cos \alpha_y \cos \alpha_x / z_e \\ P_{41} & P_{42} & P_{43} & -(P_{43}/z_e)+1 \end{pmatrix} \quad (9.6.10)$$

其中：$P_{41} = -\cos \alpha_y x_0 - \sin \alpha_y z_0 + x_0$，$P_{42} = -\sin \alpha_y \sin \alpha_x x_0 - \cos \alpha_x y_0 + \cos \alpha_y \sin \alpha_x z_0 + y_0$，$P_{43} = \sin \alpha_y \cos \alpha_x x_0 - \sin \alpha_x y_0 - \cos \alpha_y \cos \alpha_x z_0 + z_0$。

算法 9.6.1　由旋转产生一灭点、二灭点和三灭点的透视变换矩阵			
输入:(xc,yc,zc)	float	旋转中心	
ze	float	视矩	
alpha_y	float	绕 y 轴旋转的角度(度制)	
alpha_x	float	绕 x 轴旋转的角度(度制)	
输出:P[4][4]	float	生成的透视齐次变换矩阵	
返回值:1——正确返回,0——P[4][4]无效			

续表

```
int perspecaxive_rot (float xc, float yc, float zc, float alpha_y, float alpha_x, float ze, float P[4][4])
    float sax, cax, say, cay;                          P[1][2] = sax;
    if (fabs(ze)<Eps) return 0;    // |z_e|=0 非正常出口   P[1][3] =-sax/ze;

    say = sin(alpha_y * DEGREE);                       P[2][0] = say;
    cay = cos(alpha_y * DEGREE);                       P[2][1] =-cax * sax;
    sax = sin(alpha_x * DEGREE);                       P[2][2] = cay * cax;
    cax = cos(alpha_x * DEGREE);                       P[2][3] =-P[2][2]/ze;
    P[0][0] = cay;                                     P[3][0] = xc-cay * xc-say * zc;
    P[0][1] = say * sax;                               P[3][1] = yc-say * sax * xc-cax * yc+cay * sax * zc;
    P[0][2] =-say * cax;                               P[3][2] = zc+say * cax * xc-say * yc-cay * cax * zc;
    P[0][3] =-P[0][2]/ze;                              P[3][3] = 1.0-P[3][2]/ze;

    P[1][0] = 0.0;
    P[1][1] = sax;                                     return 1;    // 正常出口
                                                   }
```

在画面与基面保持垂直的情况下，可以通过旋转形体的方法[式(9.6.10)]，分别得到一灭点（平行透视）、二灭点（成角透视）和三灭点（三灭点透视）3 种不同的透视图。其中，三灭点透视仍然可以保证经透视投影后形体不出现倾斜状态。因为建筑物与地面一般保持垂直的状态，在建筑透视图绘制中常采用倾斜画面产生三灭点透视，犹如拍摄高楼大厦时会倾斜相机的镜面。

9.6.8 通过倾斜画面产生透视图

根据与画面成一角度的平行线簇经透视变换后交于灭点的原理，与前节所介绍的保持画面垂直而通过旋转形体来获得透视图的方法不同，下面讨论通过倾斜投影画面的方法来获得透视图的方法。

与画面成一角度的平行线簇经透视变换后交于灭点。这个灭点在画法几何中是这样求得的：过视点作平行线簇的平行线，它与画面的交点就是平行线簇透视投影的灭点。因此，可采用两种不同的方法来获得透视图：其一是画面铅垂而旋转形体使之与画面构成角度；其二是形体铅垂而使画面倾斜。后者也经常使用，例如为了将高层建筑的背景摄入镜头，人们经常将相机倾斜某一角度来摄得三灭点透视的相片。此过程可用"两步得到铅垂方向的透视图"来描述：

首先使形体绕平行于 y 轴的直线旋转 α_y 角，然后选取与原画面 V（垂直面）成 θ 角的平面 K（图 9.6.5）作为新画面（平面 K 与 V 的交线为 GG')，整个变换过程由式(9.6.11)的前半部分及其最后的变换矩阵中可以看出，齐次变换矩阵 P 的右上角 3×1 子阵元素都不为 0，变换后会产生 3 个灭点。由形体绕平行于 y 轴的直线旋转 α_y 角后，造成原平行于 x 轴和 z 轴的平行线簇与画面不平行而产生 2 个灭点。而原垂直于基面的直线簇，因为画面的倾斜而变得与画面不平行而产生第 3 个灭点。

图 9.6.5 表示了在斜平面 K 上建立透视图的方法。在地面 H 上放一个旋转角为 α_y 的立方

体 $ABCDabcd$,以 E 为视点,e 为站点,斜平面 K 与 V(垂直面)的夹角为 θ。

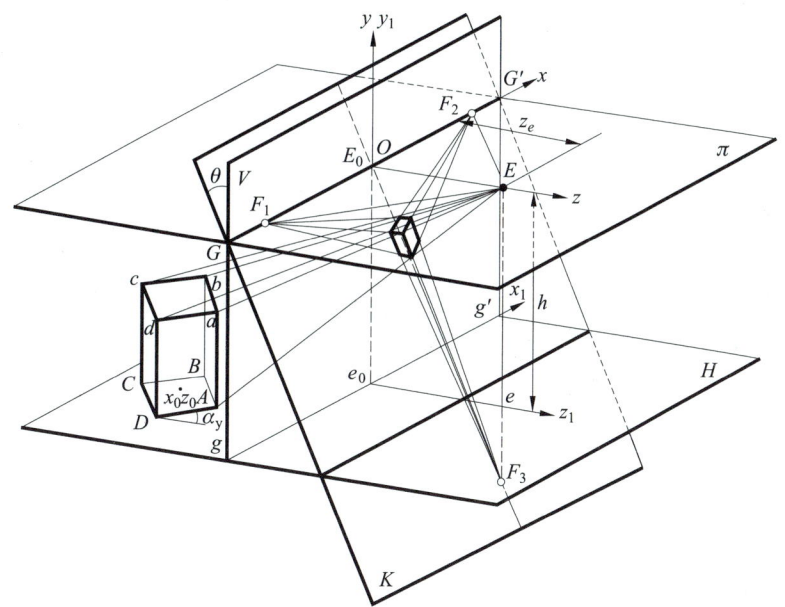

图 9.6.5 倾斜画面得到三灭点透视原理图

产生透视图的原理如下:

过视点 E、V 面与 K 面的交线 GG' 作一水平面 π,过视点 E 作一平面使之同时垂直于 V 面和 K 面(它与平面 π 和 V 构成计算坐标系 $Oxyz$),与两者的交线分别为 E_0e_0 和 E_0F_3,直线 Ee 与画面 K 的交点 F_3 就是立方体垂直棱边的灭点。

在平面 π 上,过 E 引直线分别平行于立方体的侧棱 CB 和 CD,分别交 GG' 于点 F_1 与 F_2,这是立方体两个侧棱方向的灭点。点 F_1、F_2 和 F_3 与点 E 组成一个棱锥,它以 E 为顶点,并以 K 平面上 $F_1F_2F_3$ 为底,棱锥的高就是视距(在照相机上就是物镜中心至底片平面的距离)。直线 E_0F_3 是画面中心轴,而 $|Ee|$ 是视点的高(照相机的高)。

设原形体建立在坐标系 $e_0x_1y_1z_1$ 上:以 H 面为 $y_1=0$ 平面,e_0e_1 为 z_1 轴。画面 K 与垂直坐标平面 $z_1=0$ 的夹角为 θ。$|eE|=h$,$e_0e_1=z_e$。建立一个由形体的原坐标系 $e_0x_1y_1z_1$ 从原点 e_0 平移到 E_0 而得到的新的坐标系 E_0xyz(即 $Oxyz$)。可求得视点为 E、画面为 K 的透视变换矩阵 P:

$$P = \begin{pmatrix} 1 & 0 & 0 & 0 \\ 0 & 1 & 0 & 1 \\ 0 & 0 & 1 & 0 \\ 0 & -h & 0 & 1 \end{pmatrix} \begin{pmatrix} 1 & 0 & 0 & 0 \\ 0 & 1 & 0 & 0 \\ 0 & 0 & 1 & 0 \\ -x_0 & 0 & -z_0 & 1 \end{pmatrix} \begin{pmatrix} \cos\alpha_y & 0 & -\sin\alpha_y & 0 \\ 0 & 1 & 0 & 0 \\ \sin\alpha_y & 0 & \cos\alpha_y & 0 \\ 0 & 0 & 0 & 1 \end{pmatrix}$$

$$\begin{pmatrix} 1 & 0 & 0 & 0 \\ 0 & 1 & 0 & 0 \\ 0 & 0 & 1 & 0 \\ x_0 & 0 & z_0 & 1 \end{pmatrix} \begin{pmatrix} \cos\theta & 0 & 0 & 0 \\ 0 & \cos\theta & 0 & \sin\theta/z_e \\ 0 & 0 & \cos\theta & -\cos\theta/z_e \\ 0 & 0 & 0 & \cos\theta \end{pmatrix}$$

$$= \begin{pmatrix} \cos\theta\cos\alpha_y & 0 & -\cos\theta\sin\alpha_y & \cos\theta\sin\alpha_y/z_e \\ 0 & \cos\theta & 0 & \sin\theta/z_e \\ \cos\theta\sin\alpha_y & 0 & \cos\theta\cos\alpha_y & -\cos\theta\cos\alpha_y/z_e \\ P_{41} & -h\cos\theta & P_{43} & (-h\sin\theta-P_{43})/z_e+\cos\theta \end{pmatrix} \quad (9.6.11)$$

其中，$P_{41}=(-\cos\alpha_y x_0-\sin\alpha_y z_0+x_0)\cos\theta$，$P_{43}=(\sin\alpha_y x_0-\cos\alpha_y x_0+z_0)\cos\theta$。

透视参数为：$p_x=\sin\alpha_y\cos\theta/z_e$，$p_y=\sin\theta/z_e$，$p_z=-\cos\alpha_y\cdot\cos\theta/z_e$，且有 $p_x^2+p_y^2+p_z^2=1/z_e^2$。

产生的透视图将不会出现倾斜的状态，两个水平灭点在视平线上。当 $\theta<0$ 时，垂直灭点在下方，$\theta>0$ 时垂直灭点在上方。

算法 9.6.2 是通过倾斜画面得到透视变换矩阵。

算法 9.6.2 通过倾斜画面产生透视图		
输入：alphaY	float	场景绕平行于 y 轴的轴旋转的角度（度制）
theta	float	画面 K（投影平面）与 xy（V）平面之间的夹角（度制）
h	float	视点的高度
ze	float	视点到视平线的距离
(x0,0,z0)	float	旋转轴的中心（平行于 y 轴）
输出：P[4][4]	float	透视投影变换矩阵
返回值：1——正确返回，0——P[4][4] 无效		

```
int perspective_slant(float alpha_y, float theta, float h, float ze, float xc, float zc, float P[4][4])
{
    float say, cay, sat, cat;

    unit_matrix4X4(P);              //置单位矩阵

    if(fabs(ze)<Eps) return(0);     // |ze| = 0
    say = sin(alpha_y * DEGREE);
    cay = cos(alpha_y * DEGREE);
    sat = sin(theta * DEGREE);
    cat = cos(theta * DEGREE);

    P[0][0] = cay * cat;
    P[0][2] = -say * cat;
    P[0][3] = -P[0][2]/ze;
    P[1][1] = cat;
    P[1][3] = sat/ze;

    P[2][0] = -P[0][2];
    P[2][2] = P[0][0];
    P[2][3] = -P[0][0]/ze;
    P[3][0] = (-cay * xc-say * zc+xc) * cat;
    P[3][1] = -h * cat;
    P[3][2] = (say * xc-cay * zc+zc) * cat;
    P[3][3] = (-h * sat-P[3][2])/ze+cat;

    return 1;                       //正常出口
}
```

9.7 总　　结

　　本章讨论了投影的计算化问题,介绍了几何变换的基础、齐次坐标、齐次变换矩阵以及三维一般几何变换。阐述这些几何变换的指导思想是:尽量将计算(投影图的绘制和阴影的绘制)在一个合适的计算坐标系下进行。

　　其中,以空间一向量为坐标轴构建新坐标系的算法和以任意平面为坐标平面构建新坐标系的算法是这个思想的核心体现。

　　在合适的计算坐标系下计算可以使得:正投影可以是向坐标平面的正投影,也可以是向任意面的投影;可保证投影平面就是坐标平面。这样,所谓的投影(变换)只是取三维坐标中的二维坐标而已,在这个概念下,就没有正投影、轴测投影和透视投影之分了;绕空间任意轴的旋转变换就简单地转化成绕坐标轴的标准旋转变换,由此正投影、轴测投影和透视投影其实是统一的。

　　透视投影是本章的一个重点。证明了:对一个空间形体,一定存在另一个空间形体,使前者在画面上的透视投影与后者的正投影是一样的,且保留了深度方向的对应关系。这个性质可使复杂的透视投影转化成相对简单的正投影,使图形处理大为简化。

　　本章给出了灭点产生的基本原理:与画面成一角度的一组平行线段经透视变换后,它们在投影平面上的延长线相交于同一个灭点。因此,可采用两种不同的方法来获得透视图:一是保持画面铅垂而通过旋转形体使之与画面构成角度以达到透视变换效果;二是通过倾斜投影画面而达到透视变换效果。

　　本章列出了通过对形体进行不同的旋转变换后产生三个灭点的情况;给出了可以保证经透视投影后形体不出现倾斜状态的三种最佳透视变换矩阵,在有二灭点和三灭点的情况下,其中二个灭点将同在一水平线上;给出了通过倾斜画面得到三灭点透视图的齐次透视变换矩阵。这为通过旋转变换产生透视图和通过倾斜画面生成透视图的两种方法中,灭点位置的可预先控制(即可先决定灭点再决定变换矩阵)提供了依据和方法。

第 10 章

阴影绘制计算化

前面几章介绍的一些阴影的绘制方法都是基于手工作图的,本章介绍阴影的计算化绘制。手工绘制阴影是在建筑物已有的正投影图、轴测图和透视图的基础上,根据给定的光线(方向)加绘的阴影。手工绘制的明显缺陷是慢,隐含问题是判定出错。通过人工判定哪些阳面将会产生阴影虽然也有规则可循,但当图纸复杂时,判定不仅需要时间,还很有可能出错。

阴影的计算化绘制,完全是从建筑物的空间表示进行的,它有两个方向:物体投射方向和投影平面(正投影、轴测投影和透视投影),决定物体投影图的绘制;光线的方向,决定阴影的绘制。

基于空间直线和平面交点的求取方法,一步步得到整个建筑物的阴影图。

10.1 阴影的定义与类型

阴影是现实生活中一个很常见的光照现象,人们在许多方面都会利用阴影的作用。在工程上,阴影在建筑、航天飞行器设计的供热、太阳能计算等领域均有重要的应用。阴影也常出现在日常生活中,如唐朝元稹《遣春》诗之三:"岸柳好阴影,风裙遗垢氛。"何其芳《画梦录·墓》:"他们散步到黄昏的深处,散步到夜的阴影里。"周而复的《上海的早晨》里有如下描述:"天空晴朗,下午的阳光把法国梧桐的阴影印在柏油路上"。阴影也被比喻为不愉快不顺利的事情。另外,在摄影中,人们善用阴影创造美妙的画面效果。阴影是许多摄影作品中一个生动的要素,摄影者只要稍加思索,就能创造性地利用阴影,从而提升作品艺术效果(图 10.1.1)。选取那些简洁的、具有鲜明而整齐形状的影子作为拍摄主体,可能得到一幅生动、明晰而有趣味的画面。

图 10.1.1 所给出的另一个提示是,如果要得到一片叶子的阴影,用手工方法肯定是不行的,但是,如果用计算机,我们可以将这叶子的阴影模拟出来。

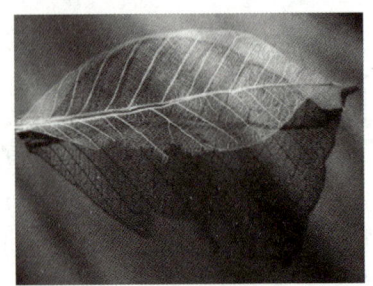

图 10.1.1 一片叶子的阴影

浓重的、有一定方向的阴影,如果是作为均衡画面或增强透视结构的要素,就会在画面构图中起主要的作用。例如那些横贯于画面内的人物、建筑物、树木或植物的阴影会有助于强调画面内的空间。这些阴影产生的明显的斜线可能会交织在画面中,造成鲜明的抽象图案。画面上大面积的阴影,有时会产生意想不到的魅力。

10.1.1 阴影的基本概念

图 10.1.2 所示是工程制图中对阴影机制的描述。计算机图形学中的阴影绘制是自动实现的,希望产生更为逼真的真实感图形,因此它应该比工程制图中的定义更精细一些,例如硬阴影

与软阴影、自身阴影与投射阴影等。而且由于计算机的介入,阴影也可以展示得更漂亮,例如灰度的分类可以多一些。

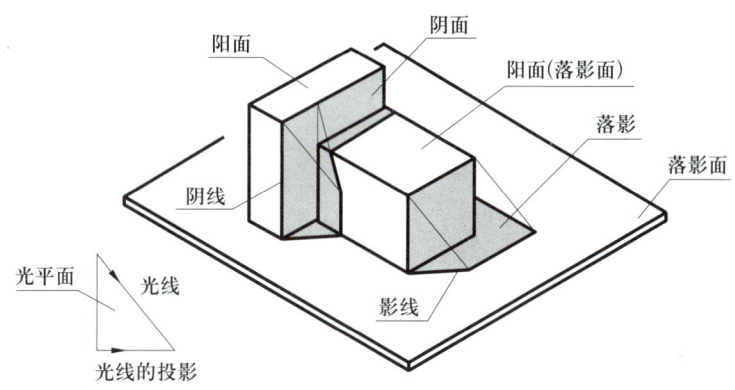

图 10.1.2　工程制图中对阴影机制的描述

阴影可以分为阴和影。阴,是物体自身的,物体背光的面产生自身的阴;影,是一物体投射到其他物体而在其他物体表面或在投影面上产生投射的影。阴和影两者合称为阴影。

10.1.2　自身阴影

处于光照下的景物,光线被不透明的景物本身遮挡而在该景物的背光面产生的阴影称为自身阴影。自身阴影的光线方向与视线方向是不一致的,否则,在画面上看不到在背光面上产生的自身阴影。如图 10.1.3 所示,在平行光线 L(L 与 z 方向相反)的照射下,如果视线在 x 方向,能看到景物 S 的 3 个面 1584、5678 和 1265 是阴影面。如果视线方向与平行光线 L 方向相同,在屏幕上的映像 S' 上的这些阴影面 $1'5'8'4'$、$5'6'7'8'$ 和 $1'2'6'5'$ 在屏幕上均看不到,全部落在阴影 $1'2'6'7'8'4'1'$ 里。注意顶点 3 在 S 画面上不可见,在画面 S' 上的点 $3'$ 是可见的。

因此自身阴影算法是在视向画面上绘制那些根据光源方向确定的背光面上显示的阴影,即从光源位置看过去要确定哪些面是亮的(阳面)或暗的(阴面)。所以从原理上,自身阴影面的求取只要简单地对计算机图形学里的消隐算法作出一点改造:消隐算法中根据视向确定的那些后向面就是阴影算法中根据光源方向确定的那些阴面(但在视向画面上绘制)。

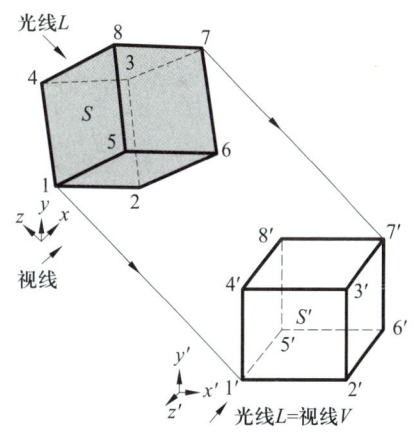

图 10.1.3　自身阴影原理图

由此,产生具有自身阴影的(点光源)光照计算可以分为两个基本步骤:

(1) 将视点移到光源位置,将景物的面分成阳面和阴面,阴面与场景中可能被其他面遮挡的阳面在落影区内。

(2) 将视点移到原来的观察位置对景物的阳面和阴面进行消隐,选用一种光照模型计算景物各面的亮度(如果面在落影区域,那么该面的光强就只有环境光那一项,其他的那几项光强都为零,否则就用正常的模型计算光强),就可得到具有自身阴影效果的图形。

通过这种方式就可以把阴影引入光照模型中。

10.1.3 投射阴影

处于光照下的景物,在其背后的其他景物或平面上产生的较暗的区域称为投射阴影。如图 10.1.4 中物体 A 在物体 B 上产生的阴影和物体 A、物体 B 在平面 Π 上产生的阴影。

投射阴影的区域和形态与光源及景物的形状有很大的关系。如图 10.1.5 所示,在面光源或点光源的照射下,景物 A 在屏幕上产生了 3 个区域:本影区、半影区和无影区(图中其他区域)。不被任何光源照到的称本影区,一部分被照到、一部分不被照到的称半影区。

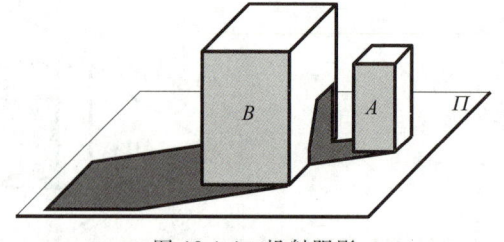

图 10.1.4 投射阴影

景物的投射落影区域实际上是将光源作为观察方向时,景物在与光源反向的某一平面上的落影区(但是,这种落影区的求取并非易事),这个阴影投射平面可以是场景中另一景物的表面(图 10.1.4 中的 B),或简单地是一个非场景范畴的基面,如建筑物所在的地平面(图 10.1.4 中的 Π)或屏幕(图 10.1.5)等。

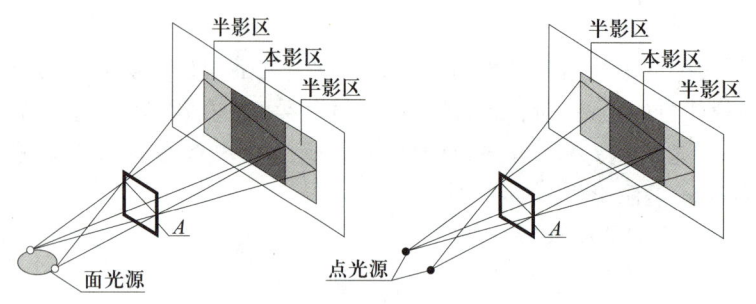 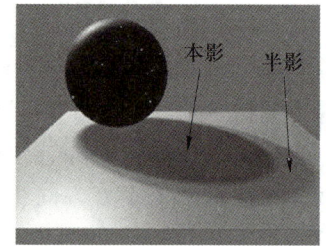

图 10.1.5 本影区和半影区

10.2 基础算法

前面几章介绍的阴影与透视图的作图方法都是基于手工作图的,它们的基础是画法几何的投影理论,基本方法是基于非数学的几何化方法。

与画法几何的方法不同,计算机作图是基于解析方法,将几何问题付诸代数计算。因此,这里有一个如何将画法几何的投影思想、尺规作图思想有效发挥与发扬光大的问题。如何从几何的即空间的思路去求解,而用代数的方法去实现。

10.2.1 面方向的判定

空间平面方程一般通过空间三点建立,设一平面通过空间三点 $P_1(x_1, y_1, z_1)$, $P_2(x_2, y_2, z_2)$, $P_3(x_3, y_3, z_3)$,那么其平面方程为

$$\begin{vmatrix} x & y & z & 1 \\ x_1 & y_1 & z_1 & 1 \\ x_2 & y_2 & z_2 & 1 \\ x_3 & y_3 & z_3 & 1 \end{vmatrix} = 0$$

如果平面方程表示为 $Ax+By+Cz+D=0$，则有

$$\begin{cases} A = \begin{vmatrix} y_1 & z_1 & 1 \\ y_2 & z_2 & 1 \\ y_3 & z_3 & 1 \end{vmatrix} = \begin{vmatrix} y_2-y_1 & z_2-z_1 \\ y_3-y_1 & z_3-z_1 \end{vmatrix} \\ B = \begin{vmatrix} z_1 & x_1 & 1 \\ z_2 & x_2 & 1 \\ z_3 & x_3 & 1 \end{vmatrix} = \begin{vmatrix} z_2-z_1 & x_2-x_1 \\ z_3-z_1 & x_3-x_1 \end{vmatrix} \\ C = \begin{vmatrix} x_1 & y_1 & 1 \\ x_2 & y_2 & 1 \\ x_3 & y_3 & 1 \end{vmatrix} = \begin{vmatrix} x_2-x_1 & y_2-y_1 \\ x_3-x_1 & y_3-y_1 \end{vmatrix} \\ D = -(Ax_1+By_1+Cz_1) \end{cases}$$

向量 (A,B,C) 即为平面的法向量。$C>0$ 时的平面称为前向面；$C<0$ 时的平面称为后向面；$C=0$ 表示平面与投影平面垂直，面在投影面上集聚成一条线。

10.2.2 两向量夹角的计算

在欧几里得空间中，点积被定义为 $\boldsymbol{u} \cdot \boldsymbol{v} = \|\boldsymbol{u}\|\|\boldsymbol{v}\|\cos\theta$。这里 $\|\boldsymbol{x}\|$ 表示 $\boldsymbol{x}$ 长度，θ 表示两个向量之间的角度，即若 $\boldsymbol{u}$ 和 $\boldsymbol{v}$ 都是单位向量（长度为1），它们的点积就是它们夹角的余弦。两个互相垂直的向量的点积总是零。

设向量 $\boldsymbol{u}=(ux,uy,uz)$，向量 $\boldsymbol{v}=(vx,vy,vz)$，令 $w=uxvx+uyvy+uzvz$。当 $w>0$ 时，两向量间夹角小于90°；当 $w<0$ 时，两向量间夹角大于90°；当 $w=0$ 时，两向量间夹角等于90°，即两向量平行或重合。

10.2.3 线面交点的求取

不管是阴影图、透视投影还是透视阴影，最基础与核心的计算是"空间直线与平面的求交计算"（图 10.2.1），在计算中采用的是解析方法。

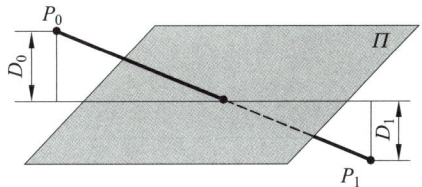

图 10.2.1　空间线面求交

设光线方向的直线参数方程为 $P_0+(P_1-P_0)t=0$，投影面平面 $\varPi$ 的方程为 $Ax+By+Cz+D=0$。

$$\begin{cases} S = \sqrt{A^2 + B^2 + C^2} \\ D_0 = (Ax_0 + By_0 + Cz_0 + D)/S \\ D_1 = (Ax_1 + By_1 + Cz_1 + D)/S \end{cases}$$

当 D_0 与 D_1 异号时,线面有交点,交点参数为 $t = D_0/(D_0 - D_1)$。

最后得到交点(落影点)的坐标为

$$\begin{cases} x_t = x_0 + (x_1 - x_0)t \\ y_t = y_0 + (y_1 - y_0)t \\ z_t = z_0 + (z_1 - z_0)t \end{cases}$$

上面 S 的求取是为了保证得到点到平面的真实距离,因此,在算法编制时是将平面方程系数规格化,即平面 Π 的方程改写为 $ax + by + cz + d = 0$。其中,$a = A/S$、$b = B/S$、$c = C/S$,即 $a^2 + b^2 + c^2 = 1$。

因为在投影面(落影面)上要求取多条光线方向直线与其的交点(落影点),因此,对投影面进行平面方程系数规格化计算是合理的。

由此,可得到算法 10.2.1 空间直线与平面求交点参数解。

算法 10.2.1　空间直线与平面求交点参数解算法
返回值:1——线面有交点(参数 t),0——线面无交点

```
int IntVectorPlane( float x0, float y0, float z0, float x1, float y1, float z1,    //输入:空间线段首末端点
                    float a, float b, float c, float d, )    //输入:规格化平面方程系数(ax+by+cz+d=0)
                    float *t )    //输出:*t,交点位置参数(如果空间向量与面有交点)
{
    float d0, d1, D;
    d0 = a * x0 + b * y0 + c * z0 + d;            //点 P0 到面的距离(平面方程系数已规格化)
    d1 = a * x1 + b * y1 + c * z1 + d;            //点 P1 到面的距离(平面方程系数已规格化)
    if ( isign(d0) ! = isign(d1) )  {             //两点在平面两侧,线面有交点
        D = d0 - d1;                              //点 P0 与 P1 间的距离
        if( abs(D) < Eps )   return 0;            //线向量与面向量平行或线在面上
        *t = d0/D;                                //线与面有交点,交点参数为 t
        return  1;                                //线向量在面的异侧,线面有交点
    }
    else return 0;                                //线向量在面的同侧,线面无交点
}
```

10.3　阴影算法

阴影绘制计算机化可以采用两种方法:模拟法和解析法(阴影算法)。

模拟法按照手工作图的思路编制计算步骤,但是求取空间点在投影面上的落影点的方法不是通过投影作图得到的,而是通过直线与平面求交得到的。

解析法(阴影算法)完全是从建筑物的空间表示进行的,又可分为面法与线法。面法是先得到全部阳面在落影面上的落影后得到形体的整个阴影,线法是先求取阴线(形体上阳面和阴面的交线)在落影面上的落影线段,根据这些落影线段求取形体的整个落影。

下面以平表面体叙述阴影图的计算机生成的基本原理和步骤。

10.3.1 参考坐标系

阴影计算机化时有两个图和两个方向。

(1)绘制物体的投影图。根据物体投影的性质以及正投影、轴测投影或透视投影构建投影坐标系,在这个坐标系下绘制物体的投影图。涉及视线方向(由视点位置及投影平面决定)。

(2)绘制阴影图。根据光线的方向构建阴影计算坐标系,在这个坐标系下绘制物体的阴影图,涉及光线方向。

为方便,常选取参考坐标系的 $z=0$ 平面作为主投(落)影面。

参数	投影图	阴影图
方向	投射方向	光线方向
绘制平面	投影面	落影面
坐标系	投射反方向作为 z 轴正向,投影面作为 $z=0$ 平面	光线反方向作为 z 轴正向,落影面作为 $z=0$ 平面
线显示	可见面上的线用实线显示 不可见面上的线用虚线显示	阴线(阳面与阴面交线)在落影面上的落影用实线显示
面显示	可见面不标识	阴线边界形成的多边形阴影化

10.3.2 投射方向阴的求取

当选取参考坐标系的 $z=0$ 平面作为主落影面,那么,如果形体上面的法向量为 (A,B,C),则当 $C>0$ 时,面为阳面;当 $C<0$ 时,面为阴面;当 $C=0$ 时,面垂直于落影面。

一般情况下按照前面"10.2.1 面方向的判定"一节的方法决定阴面。

10.3.3 光线下阳面和阴面的判定

设平面的法向量为 (A,B,C),光线的方向向量为 (l_x,l_y,l_z)。令 $w=-(l_x,l_y,l_z)\cdot(A,B,C)=-(Al_x+Bl_y+Cl_z)$,则当 $w>0$ 时,平面为阳面;当 $w<0$ 时,平面为阴面;当 $w=0$ 时,平面与光线方向平行。式子前面加"-"号是因为常规的光线方向是指向落影面的。

10.3.4 模拟法求取影

阴影作图的计算机模拟法是用计算机程序模拟手工绘制阴影的步骤,一步一步实现阴影绘制。其基本原则与手工绘制阴影是一样的,作图基础是:点在一个面上落影的作图是落影作图的基础,点在一个面上的落影是过该点的光线与落影面的交点。

模拟法是手工阴影作图方法的计算机模拟,它们的不同点只是落影点的求法不一样。手工作图是采用投影作图法,通过画法几何投影理论求得空间点在投影面上的落影点。而计算机模拟法则是直接采用空间直线与平面求取交点的方法求得空间点在投影面上的落影点。

通过手工作图绘制阴影和透视图	模拟法绘制阴影和透视图
Step1 绘制一个问题的空间示意图,列出已知条件和求解要素; Step2 选定 V 面和 H 面或 W 面,设法将空间问题投射到正投影图上; Step3 利用画法几何投影理论,形成投影面上的求解方案(可能借用第 3 个投影面); Step4 作图,得到交点在 2 个投影面上的投影解。	Step1 分别通过阴线的 2 个端点,以光线方向建立两空间直线(点+方向,表示空间直线); Step2 通过空间直线与一般平面求交算法求取光线与落影面的交点,得到点在落影面上的落影; Step3 重复 Step2 两次;连接阴线端点在落影面上的 2 个落影,得到阴线在落影面的落影,它构成建筑物阴影区域的一条边界; Step4 重复 Step1→Step3,直至求得所有阴线落影。

10.3.5 阴影算法的基本原理

现在叙述计算机产生阴影最重要的算法——阴影算法。9.6.6 透视投影转化为平行投影中已经讲述了透视投影可以转化为平行投影,因此在执行阴影算法前,可以通过平移、旋转等若干步骤,将被显示场景转换到适当的计算坐标系下。下面介绍的阴影算法都是基于平行投影下的,而且,阴影面为某一坐标平面。这不仅会使叙述简单,也使阴影算法的原理与结构变得更清晰。

通过对一个立方体 S 的处理来叙述阴影算法的基本原理。如图 10.3.1 所示,设投影平面为 xoy 面,光线是从 z 轴正向无穷远处发出的,平行照射到物体 S 上。显然,S 在投影平面上的落影区就是 S 经平行投影后,在 xoy 平面上能产生的最大平面区域,即多边形 $a_h A_h B_h C_h C_h d_h a_h$,这是 S 在投影平面 xoy 面上的落影区,即 S 的阴影。

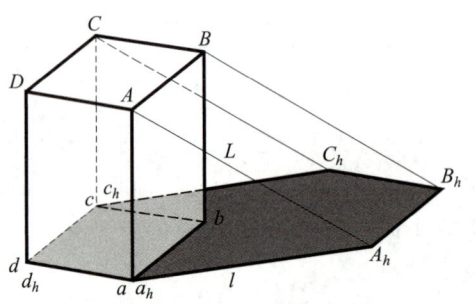

图 10.3.1　阴影算法的基本原理

现在分析一下空间物体 S 上的各个面在 xoy 平面上的投影对产生落影区所做出的贡献。

方法一:面求取法。根据光线的照射方向,S 上有 3 个面 $ADdaA$、$CcdDC$ 和 $ABCDA$ 是光线能照射到的阳面,而另 3 个面 $ABbaA$、$BbcCB$ 和 $abcda$ 是光线不能照射到的阴面。因此,在投影面 xoy 上的落影区可以由 3 个阳面占据的区域合并生成,也可以由 3 个阴面占据的区域合并生成。根据习惯,一般选取 3 个阳面占据的区域合并生成落影区。

方法二:线求取法。落影区也可由以下的方法求取:落影区的边界是,物体上一个阳面和一个阴面的交线(在计算机图形学中称为界线)的投影。图 10.3.1 中,这些边是 AB、BC、Aa、Cc、ad

和 dc，界线的投影分别是 A_hB_h、B_hC_h、A_ha_h、C_hc_h、a_hd_h 和 d_hc_h，最后，阴影边界是 $a_hA_hB_hC_hc_hd_na_h$。

这个例子中物体 S 是个凸多面体，它在平面上的投影也是凸多边形，由方法一可直接求得呈简单凸多边形的落影区。由方法二求得的各阴线的投影线也能构成简单凸多边形落影区。

当物体不是凸多面体时(图 10.3.2a)，求取落影区的方法是一样的。

方法一：面求取法。求取步骤分如下两步：如图 10.3.2a 所示，先求取物体的 3 个阳面 12341、435894 和 56785 在投影面上的投影 1'2'3'4'1'、4'3'5'8'9'4' 和 5'6'7'8'5'(图 10.3.2b)；然后根据这 3 个阳面的投影求得它们的最大区域即为物体落影区(图 10.3.2d)。此时，各阳面的投影区域可能会重叠，因此要求取这些阳面投影多边形的并集，最后得到物体的落影区域。

方法二：线求取法。求取步骤也分成两步：先分离出物体上阳面与阴面的交线 12、23、35、56、67、78、89、94 和 41(图 10.3.2a)，它们在投影面上的投影为 1'2'、2'3'、3'5'、5'6'、6'7'、7'8'、8'9'、9'4' 和 4'1'(图 10.3.2c)；再求取这些投影线在投影面上占据的最大区域，即得到物体的落影区域(图 10.3.2d)。这里，阳面与阴面的交线 56 是一类特殊的阴线，因为它是阳面 67856 与阴面 65326 的交线，而阴面 65326 比阳面 67856 更靠近视点。因此，严格地说，在落影求取的过程中阴线 56 不起作用。

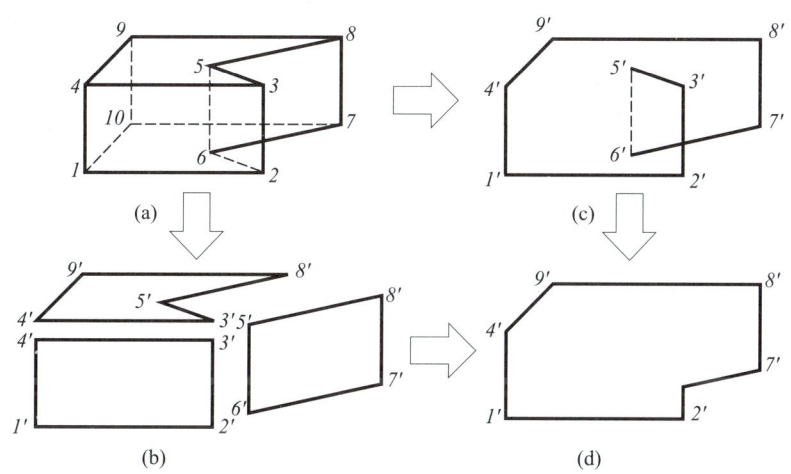

图 10.3.2　一般物体落影区域的求取原理图

[由(a)→(c)→(d)为线求取法，由(a)→(b)→(d)为面求取法]

当物体带有开孔时，落影区的求取方法变成带有内孔的多边形的公共部分(并集)的求取，算法难度将大大增加。这些，将作为习题请读者自行实现。

10.3.6　阴影算法

可以看出，落影区的求取在本质上是一个平面问题，这源于透视变换转换成相应的投影变换。由此，可以得到包含景物自身阴影和投射阴影的阴影算法 10.3.1。由于执行此算法时，投影面 Π 会扩展到场景中各景物的表面(F_{ij} 集合)，如图 10.1.4 中景物 A 在景物 B 的表面上建立投射阴影，得到景物间的投射阴影效果。新场景记录大大增加，算法的复杂性也迅速提高，需要考虑加速算法，如用包围盒办法判定 A 在 B 的表面是否形成投影阴影等。

算法 10.3.1　阴影算法

```
//将视点移到光源位置,建立光源坐标系
  if(点光源)    以此点光源作为视点,求取透视变换矩阵;
  esle    以平行光源方向为 z 轴,构造新的坐标系;
//求取自身阴影
  for （每个景物）｛
    for （每个面）｛
      if(向光面)    f_i = 1;    //阳面
      else    f_i = 0;    //阴面
    ｝
  ｝
//求取基面投射阴影
  求取场景中各景物的向光面在阴影投射平面(基面)Π 上的落影区,记录这些落影区 Γ;
//图 10.1.4 中的景物 A 有 3 个阳面,Γ 中有 3 个投射阴影多边形;
//求取景物间的投射阴影
  for(每个景物)｛
    for(每个面 F_i)｛
      if(F_i 是阳面)｛
        for（每个景物）｛
          for(每个面 F_j)｛
            if(F_j 是阳面)｛
              求取 F_i 在 F_j 上的落影区 F_{ij},记录这些落影区 F_{ij};
              //如图 10.1.4 中的景物 A 在景物 B 的表面上建立投射阴影
            ｝
          ｝
        ｝
      ｝
    ｝
  ｝
//构成新场景
将基面上的投射阴影(落影区 Γ)和景物间投射阴影记录(F_{ij}集合)作为场景的新成分加入原场景中,构成新场景;
//基面落影区 Γ 和景物间的投射阴影记录(F_{ij}集合)均是多边形集合。2 个集合中的多边形
//会有多个重叠部分,可以用求"并"算法得到"整块"投射落影区 Γ 和各 F_{ij})。
```

```
//将视点移回观察位置,建立观察坐标系
  if(有限视点)｛
    以此点作为视点求取透视变换矩阵;
  ｝
  esle｛
    以视向为 z 轴,构造新的坐标系;
  ｝
//对"新场景"在观察坐标系下执行光照模型算法
选取光照模型,对"新场景"在观察坐标系下显示含有自身阴影和投射阴影的图形;
```

图 10.3.3 所示是在点光源下 4 个框架含有自身阴影与投射阴影的例子,图中显示了在点光源下产生的框架自身上的阴影与地平面上的投射阴影。

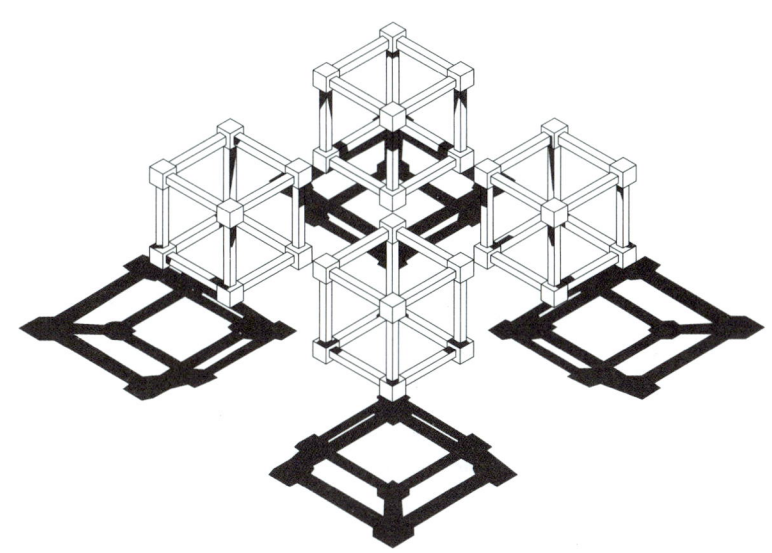

图 10.3.3　在点光源下的 4 个框架的阴影图

框架的外接矩形盒子尺寸为 120×120×120;框架的装配数据分别为(-180.0,0.0,60.0),(60.0,0.0,60.0),(60.0,0.0,-180.0),(-180.0,0.0,-180.0);点光源的位置为(0.0,500.0,0.0)。

其他的阴影生成算法还有阴影多边形算法、阴影域多面体算法等。整体光照模型,如光线跟踪算法和辐射度算法等都可以很好地处理阴影的生成问题,在此不详细叙述。

10.4　总　　结

本章介绍的阴影绘制是通过计算机计算实现的,可以采用模拟手工绘制阴影的方法编制算法,但一般情况下是基于几何的解析法进行计算机绘制的。

当图纸比较复杂时,采用手工绘制阴影难以判定阳面及阴影,而采用解析法只要简单地判定面系数中 C 的符号即可。

现在成熟的软件一般均有自动绘制阴影的功能,点击某个菜单即可得到复杂场景的阴影图。但是,本章介绍的是绘制阴影的基本原理,作为一个学生不仅要知其然,还要知其所以然。建议有能力的学生可根据这些原理自行编制一个算法,在计算机上实现自动绘制阴影图,可以是简单形体的阴影图。

参 考 文 献

[1] 王子茹,黄红武.阴影透视学.大连:大连理工大学出版社,1998.

[2] 董国耀.透视和体视.北京:北京理工大学出版社,1992.

[3] 朱育万,钱承鉴.阴影与透视.北京:高等教育出版社,1991.

[4] 许松照.画法几何与阴影透视.北京:中国建筑工业出版社,1979.

[5] 乐荷卿.建筑透视阴影.长沙:湖南大学出版社,1998.

[6] 谢培青.建筑阴影与透视.哈尔滨:黑龙江科学技术出版社,1985.

[7] 黄钟琏.建筑阴影和透视.上海:同济大学出版社,1995.

[8] [日]尾上孝一.建筑透视图的基本画法.曹希曾,译.西安:陕西科学技术出版社,1981.

[9] 王子茹,贾艾晨.画法几何及工程制图.北京:人民交通出版社,2001.

[10] 何援军.计算机图形学.3版.北京:机械工业出版社,2016.

[11] 何援军.几何计算.北京:高等教育出版社,2013.

[12] 何援军.图形变换的几何化表示——论图形变换和投影的若干问题之一[J].计算机辅助设计和图形学学报,2005,17(4):723-728.

[13] 何援军.投影与任意轴测图的生成——论图形变换和投影的若干问题之二[J].计算机辅助设计和图形学学报,2005,17(4):729-733.

[14] 何援军.透视和透视投影变换——论图形变换和投影的若干问题之三[J].计算机辅助设计和图形学学报,2005,17(4):734-739.

[15] 邱冰,张帆.以理想角度作两点透视图的一种简画法[J].图学学报,2012,33(6),140-145.

郑重声明

高等教育出版社依法对本书享有专有出版权。任何未经许可的复制、销售行为均违反《中华人民共和国著作权法》，其行为人将承担相应的民事责任和行政责任；构成犯罪的，将被依法追究刑事责任。为了维护市场秩序，保护读者的合法权益，避免读者误用盗版书造成不良后果，我社将配合行政执法部门和司法机关对违法犯罪的单位和个人进行严厉打击。社会各界人士如发现上述侵权行为，希望及时举报，本社将奖励举报有功人员。

反盗版举报电话　　（010）58581999　58582371　58582488
反盗版举报传真　　（010）82086060
反盗版举报邮箱　　dd@hep.com.cn
通信地址　　北京市西城区德外大街4号　高等教育出版社法律
　　　　　　事务与版权管理部
邮政编码　　100120